长江上游流域
极端降水气候事件诊断

主 编 赵云发 刘 敏

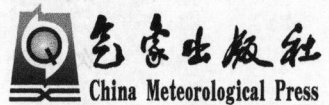

内容简介

本书基于气象水文观测数据,利用泰森多边形法计算面雨量,并通过 Box-Cox 变换,确定了长江各子流域不同时间尺度极端降水事件的阈值,给出了长江流域极端多雨和极端少雨事件年表,分析了极端降水事件时空分布特征,揭示了长江流域尤其是长江上游极端降水事件不同流域间的空间配置关系;诊断分析了长江上游和金沙江流域雨季极端降水事件的大气环流、海洋配置特征,并给出概念模型;开展针对长江流域不同时间尺度极端降水气候事件预测方法研究。

本书可供政府决策以及水利部门对水库水资源合理开发和调度时参考使用,也可供气象、水文、电力等领域的科研及业务人员使用。

图书在版编目(CIP)数据

长江上游流域极端降水气候事件诊断 / 赵云发,刘敏主编. — 北京:气象出版社,2021.8
 ISBN 978-7-5029-7495-4

Ⅰ. ①长… Ⅱ. ①赵… ②刘… Ⅲ. ①长江流域-降水-气候诊断 Ⅳ. ①P426.6

中国版本图书馆 CIP 数据核字(2021)第 139183 号

长江上游流域极端降水气候事件诊断
Changjiang Shangyou Liuyu Jiduan Jiangshui Qihou Shijian Zhenduan

出版发行:	气象出版社		
地　　址:	北京市海淀区中关村南大街46号	邮政编码:	100081
电　　话:	010-68407112(总编室)　010-68408042(发行部)		
网　　址:	http://www.qxcbs.com	E-mail:	qxcbs@cma.gov.cn
责任编辑:	陈　红	终　　审:	吴晓鹏
责任校对:	张硕杰	责任技编:	赵相宁
封面设计:	地大彩印设计中心		
印　　刷:	北京建宏印刷有限公司		
开　　本:	787 mm×1092 mm　1/16	印　张:	12
字　　数:	307 千字		
版　　次:	2021 年 8 月第 1 版	印　次:	2021 年 8 月第 1 次印刷
定　　价:	65.00 元		

本书如存在文字不清、漏印以及缺页、倒页、脱页等,请与本社发行部联系调换

《长江上游流域极端降水气候事件诊断》
编委会

主　编：赵云发　刘　敏

副主编：谢　刚　陈良华　杜良敏　郭广芬

顾　问：张培群　曹光荣　王玉华

撰稿人（以姓氏笔画为序）：

　　王文军　任新楷　刘　敏　孙　晨　杜良敏

　　李　波　李琳琳　李　鹏　吴　瑶　肖　莺

　　陈良华　张　灵　张　俊　周月华　徐卫立

　　郭广芬　高雅琦　鲍正风　熊开国

前 言

近年来,全球气候变暖加速了地球系统的水循环,导致降水时空分布规律发生变化,从而对水资源利用和社会经济发展等产生深刻影响。长江流域横跨我国东部、中部和西部三大经济区,总面积 180 万平方千米,流域人口 4.59 亿,在我国社会经济发展中发挥了重要作用。长江流域大部分属于亚热带季风气候区,降水丰沛,但年降水量时空分布不均,极端降水事件多发,旱涝变化更为频繁。如:1998 年、2020 年的长江流域性大洪水,2016 年长江中下游大洪水,2017 年长江中游大洪水,2018 年长江上游大洪水,2010 年、2012 年和 2020 年 3 次三峡入库洪峰超 7 万 m^3/s 量级;2006 年夏季川渝干旱、2009/2010 年冬春季西南地区干旱、2010/2011 年长江中下游冬春连旱、2019 年长江中下游夏秋连旱等,严重影响长江流域社会经济可持续发展,也对长江上游水库群和三峡水利枢纽工程安全运行、科学调度和发挥水利枢纽工程防洪、抗旱、发电、蓄水、航运的综合效益提出了严峻的考验。由于长江流域特别是上游的地形和气候的复杂性,开展其极端降水事件的时空变化特征、变化成因、影响机理和预报预测方法的研究显得尤为迫切。

目前对长江流域极端降水气候事件及其影响机理和预报预测方法的研究明显不足,同时也是世界难题。为此,根据中国气象局与中国三峡集团公司战略合作框架协议内容,中国长江电力股份公司根据长江三峡水利电力生产、防洪等诸方面工作需要,与长江流域气象中心在 2017—2019 年共同开展了"长江流域极端降水气候事件预测方法研究及软件开发"科研项目的研究。项目基于气象水文观测数据,确定了长江各子流域不同时间尺度极端降水事件的阈值,给出了长江流域极端多雨和极端少雨事件年表,分析了极端降水事件时空分布特征,揭示了长江流域尤其是长江上游极端降水事件不同流域间的空间配置关系;诊断分析了长江上游和金沙江流域雨季极端降水事件的大气环流、海洋配置特征,并给出了概念模型;开展了针对长江流域不同时间尺度极端降水气候事件预测方法研究,这对于充分发挥长江流域水利枢纽的防洪抗旱作用并合理利用水资源、实现水库优化调度创造发电效益最大化具有非常重要的意义。

本书是该项目研究成果的一部分,由三峡梯调通信中心和长江流域气象中心近 20 位专家编写而成。全书分为 4 章,包含了长江流域极端降水气候事件的指标确定、时空变化特征、长江上游和金沙江流域极端降水事件的诊断分析以及 2010 年以来的极端降水事件个例诊断分析。各章作者如下:

第1章:杜良敏,高雅琦,吴瑶,王文军,刘敏,任新楷;

第2章:熊开国,高雅琦,肖莺,吴瑶,孙晨,李波,李琳琳,李鹏;

第3章:高雅琦,郭广芬,吴瑶,孙晨,周月华,张俊,陈良华;

第4章:熊开国,张灵,徐卫立,鲍正风。

鉴于认识水平有限,书中不足或错误在所难免,不足之处恳请广大读者批评指正,以便在后续工作中加以改进。

编者

2021年3月

目 录

前言
第1章 长江流域极端降水气候事件指标的确定 (1)
  1.1 长江流域空间分区 (1)
  1.2 资料处理方法 (2)
    1.2.1 资料 (2)
    1.2.2 面雨量计算方法（泰森多边形法） (2)
    1.2.3 分布转换方法（Box-Cox变换） (3)
  1.3 极端降水气候事件指标的确定 (4)
    1.3.1 指标 (4)
    1.3.2 Box-Cox变换与传统排位法对极端阈值拟合的比较 (4)
第2章 长江流域极端降水气候事件时空特征 (8)
  2.1 年极端降水气候事件的时空分布特征 (9)
    2.1.1 降水时空分布特征 (9)
    2.1.2 面雨量年代际变化特征 (10)
    2.1.3 长江各子流域间年面雨量相关关系 (12)
  2.2 春季极端降水气候事件的时空分布特征 (23)
    2.2.1 面雨量时空分布 (23)
    2.2.2 极端降水气候事件时空分布 (26)
  2.3 夏季极端降水气候事件的时空分布特征 (40)
    2.3.1 面雨量时空分布 (40)
    2.3.2 极端降水气候事件时空分布 (43)
  2.4 秋季极端降水气候事件的时空分布特征 (58)
    2.4.1 面雨量时空分布 (58)
    2.4.2 极端降水气候事件时空分布 (61)
  2.5 冬季极端降水气候事件的时空分布特征 (74)
    2.5.1 面雨量时空分布 (74)
    2.5.2 极端降水气候事件时空分布 (78)
第3章 长江上游极端降水气候事件诊断分析 (92)
  3.1 春季极端降水气候事件诊断分析 (92)
    3.1.1 极端降水气候事件诊断 (92)
    3.1.2 典型个例（2011年和2018年） (94)
    3.1.3 小结 (102)

3.2 夏季极端降水气候事件诊断分析 ………………………………………… (103)
3.2.1 极端多雨气候事件诊断 ………………………………………… (103)
3.2.2 极端少雨气候事件诊断 ………………………………………… (111)
3.2.3 典型个例(2018年) ……………………………………………… (113)
3.2.4 小结 …………………………………………………………… (117)
3.3 秋季极端降水气候事件诊断分析 ………………………………………… (117)
3.3.1 极端多雨气候事件诊断 ………………………………………… (118)
3.3.2 极端少雨气候事件诊断 ………………………………………… (127)
3.3.3 典型个例(2014年) ……………………………………………… (130)
3.3.4 小结 …………………………………………………………… (132)
3.4 冬季极端降水气候事件诊断分析 ………………………………………… (133)
3.4.1 极端多雨气候事件诊断 ………………………………………… (133)
3.4.2 极端少雨气候事件诊断 ………………………………………… (136)
3.4.3 典型个例(1994年和2012年) ………………………………… (137)
3.4.4 小结 …………………………………………………………… (142)

第4章 金沙江雨季极端降水气候事件诊断分析 ………………………………… (143)
4.1 面雨量时空分布 ……………………………………………………………… (143)
4.2 极端多雨气候事件诊断 ……………………………………………………… (144)
4.2.1 面雨量特征 …………………………………………………… (144)
4.2.2 前期海温及环流诊断 ………………………………………… (145)
4.3 极端少雨气候事件诊断 ……………………………………………………… (150)
4.3.1 面雨量特征 …………………………………………………… (150)
4.3.2 前期海温及环流诊断 ………………………………………… (150)

参考文献 ………………………………………………………………………………… (154)
附录:长江流域极端降水气候事件年表 ………………………………………………… (157)
附录A (一级分区)长江全流域极端降水气候事件年表 ……………………… (157)
附录B (二级分区)金沙江流域极端降水气候事件年表 ……………………… (159)
附录C (二级分区)长江上游极端降水气候事件年表 ………………………… (161)
附录D (二级分区)长江中下游极端降水气候事件年表 ……………………… (163)
附录E (三级分区)金沙江上段极端降水气候事件年表 ……………………… (165)
附录F (三级分区)金沙江中下段极端降水气候事件年表 …………………… (167)
附录G (三级分区)岷沱江流域极端降水气候事件年表 ……………………… (169)
附录H (三级分区)嘉陵江流域极端降水气候事件年表 ……………………… (171)
附录I (三级分区)乌江流域极端降水气候事件年表 ………………………… (173)
附录J (三级分区)宜宾—重庆区间极端降水气候事件年表 ………………… (175)
附录K (三级分区)重庆—宜昌区间极端降水气候事件年表 ………………… (177)
附录L (三级分区)汉江流域极端降水气候事件年表 ………………………… (179)
附录M (三级分区)两湖流域极端降水气候事件年表 ………………………… (181)

第1章　长江流域极端降水气候事件指标的确定

近年来的观测事实和相关科学研究都表明长江流域极端降水事件发生的频率正在不断增加,范围不断扩大。1998年夏季长江流域发生了全流域性大洪水,长江中游干流在7—8月间共有8次洪峰过境(周月华 等,1999),造成长江流域经济损失1500多亿元;2016年夏季长江中下游再次遭遇1998年以来最为严重的洪涝灾害,长江干流超警、部分支流发生特大洪水,长江中游遭遇"暴力梅";随后2017年夏季长江中下游再次发生区域性大洪水,两湖流域持续长达11天的强降水过程,雨量超过500 mm,引发了严重洪涝及地质灾害。与此同时,极端少雨事件也频繁发生,2018年盛夏江汉大部降水偏少2~5成,土壤墒情迅速下降,出现伏旱;2019年夏末,长江中下游地区气象干旱持续发展,多地降水偏少程度均排在历史前列,农业生产和水产养殖受到严重影响,江西鄱阳湖水位持续偏低,进入枯水位时间比常年大幅提前。随着社会经济的发展,连年频发的极端事件正在给社会带来日益严重的损害,也受到越来越多的社会关注。

自20世纪90年代Iwashima等(1993)研究极端降水后,各国气象学者开始陆续关注并研究极端降水(任福民 等,2014),诊断对象通常是单日或几日强降水过程,或是以月、季内日降水量极值、暴雨日数等作为极端降水指数来进行分析(Karl et al.,1998;Zhai et al.,1999;Goswami et al.,2006;陈峪 等,2010;任国玉 等,2010)。针对长江流域极端降水的研究,也主要以日降水作为研究对象(杨宏青 等,2005;张文 等,2007;张天宇 等,2007;杨玮 等,2015;高洁,2019)。

从气候预测的角度看,单次或几次强降水过程并不足以概括更长时间尺度的特征,月、季尺度总降水量亦是很重要的研究内容。以汛期预测为例,通常需要提前3~6个月作出降水趋势及降水量预测,而在当前极端事件频发的气候背景下,月、季总降水量的多少,直接关系到是否会出现极端事件,在防灾减灾工作中提前预见期占有重要位置。这里所指的极端降水事件,不仅是月、季尺度的极端多雨,还包括长时间的极端少雨事件。

1.1　长江流域空间分区

将长江流域按照以下3个层次划分,空间分区见图1.1。

一级分区:整个长江流域(以下统称"长江全流域")作为一个分区;

二级分区:将长江流域分为3个区域:金沙江流域、长江上游五大流域(以下简称"长江上游")、长江中下游;

三级分区：将长江流域细分为9个区域：金沙江上段，金沙江中下段，岷沱江流域，嘉陵江流域，乌江流域，宜宾—重庆区间，重庆—宜昌区间，汉江流域及长江中游干流（以下合称"汉江流域"），两湖流域（洞庭湖流域＋鄱阳湖流域）。

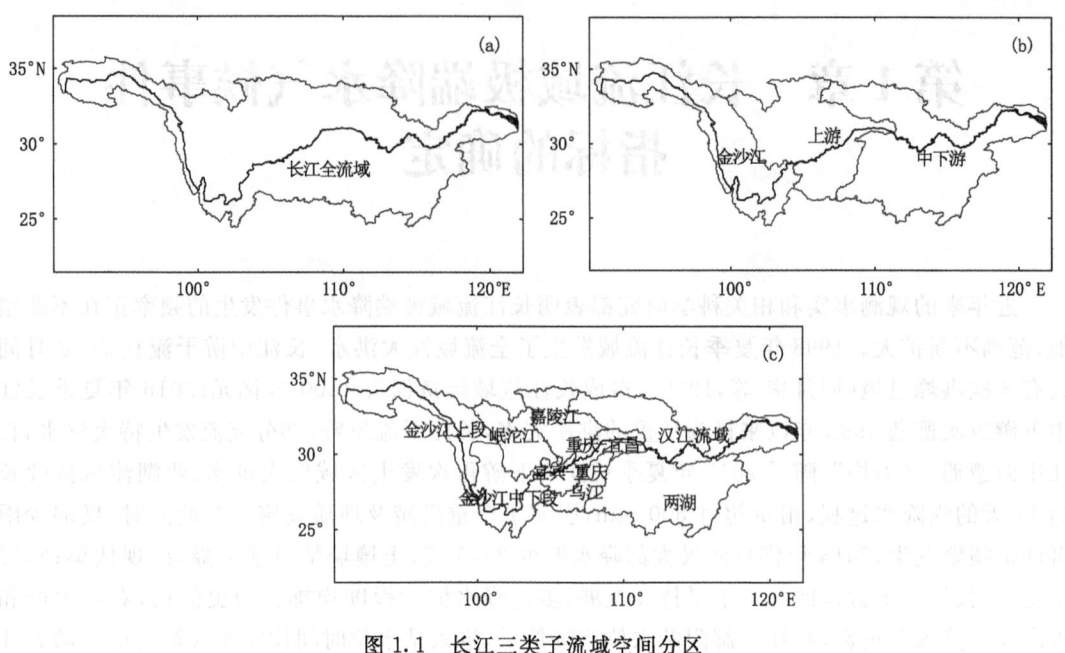

图1.1 长江三类子流域空间分区
(a)一级；(b)二级；(c)三级

1.2 资料处理方法

1.2.1 资料

降水资料使用1961—2017年长江全流域700个气象站点逐月数据，来源于中国气象局国家气象信息中心。

海洋和大气再分析资料来自美国国家海洋和大气管理局（NOAA），https://psl.noaa.gov/。

1.2.2 面雨量计算方法（泰森多边形法）

流域面雨量的计算采用泰森多边形法。

泰森多边形法是由荷兰气候学家A. H. Thiessen提出的一种根据离散分布的气象站降雨量来计算平均降雨量的方法。即将所有相邻气象站连成三角形，作这些三角形各边的垂直平分线，于是每个气象站周围的若干垂直平分线便围成一个多边形，用这个多边形内所包含的一个唯一气象站的降雨强度来表示这个多边形区域内的降雨强度，并称这个多边形为泰森多边形。具体步骤为：

(1)雨量站点自动构建三角网，即构建Delaunay三角网。对雨量站点和形成的三角形编号，记录每个三角形是由哪3个雨量站点构成的。

(2)找出与每个雨量站点相邻的所有三角形的编号,并记录下来。这只要在已构建的三角网中找出具有一个相同顶点的所有三角形即可。

(3)对与每个雨量站点相邻的三角形按顺时针或逆时针方向排序,以便下一步连接生成泰森多边形。设离散点为 o。找出以 o 为顶点的一个三角形,设为 A;取三角形 A 除 o 以外的另一顶点,设为 a,则另一个顶点也可找出,即为 f;则下一个三角形必然是以 of 为边的,即为三角形 F;三角形 F 的另一顶点为 e,则下一三角形是以 oe 为边的;如此重复进行,直到回到 oa 边。

(4)计算每个三角形的外接圆圆心,并记录之。

(5)根据每个雨量站点的相邻三角形,连接这些相邻三角形的外接圆圆心,即得到泰森多边形。对于三角网边缘的泰森多边形,可作垂直平分线与图廓相交,与图廓一起构成泰森多边形。这样,每个多边形面雨量值就是这个多边形中的雨量站点数据。

(6)根据每个站点在流域总面积中占的比例,再乘以面雨量值后累加即得到面雨量值。

1951年以来,流域气象站点逐年增多,以金沙江流域为例,1961年仅35站,而2017年增长至86站(图1.2)。根据站点的变化,采用动态划分的泰森多边形,以减少新增站点及迁站的影响。

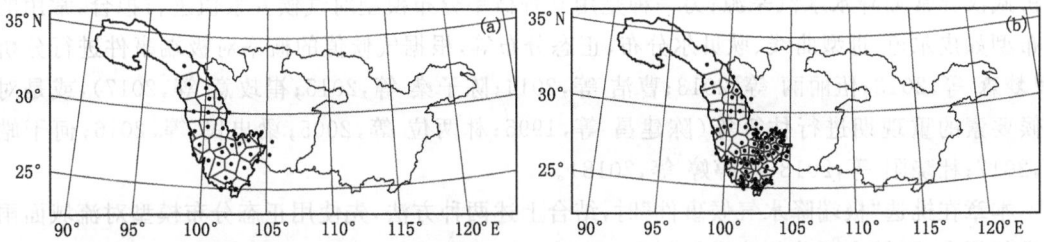

图 1.2 金沙江流域站点分布及泰森多边形法边界切割示意图
(a)1961 年;(b)2017 年

1.2.3 分布转换方法(Box-Cox 变换)

各种气象要素的概率分布都存在不同程度的偏态特征(曹杰 等,2002,2014;郭凌曜 等,2015;杜良敏 等,2018),统计分析时常常需要将其转换为正态分布序列。

有研究表明,经正态分布转换后的数据,具有明显的统计优势(罗梦森 等,2013)。而 Box-Cox 变换和正态分布有机结合构建新的 Box-Cox 正态分布,可以将这些具有一定偏态分布的时间序列转换为近似符合正态分布的新序列,用来研究降水极值分布拟合问题(曹洁 等,2014;崔玫意 等,2017),优于其他常用的广义极值(GEV)等分布,对掌握降水极值分布规律具有重要意义。

Box-Cox 变换的表达式为:

$$Y_i(\lambda) = \begin{cases} \dfrac{y_i^\lambda - 1}{\lambda}, & \lambda \neq 0 \\ \ln y_i, & \lambda = 0 \end{cases}$$

式中,λ 是一个待定的变换参数,最佳 λ 值由 python 程序中 scipy.stat.boxcox 函数自动生成,为极大似然相似估计值。

逆变换表达式为:

$$Y_i = \begin{cases} \left(\dfrac{1+\lambda y_i(\lambda)}{\lambda}\right)^{\frac{1}{\lambda}}, & \lambda \neq 0 \\ \exp(y_i(\lambda)), & \lambda = 0 \end{cases}$$

利用 Box-Cox 变换可将原始计算所得的面雨量序列转化为近似符合正态分布的新序列。

1.3 极端降水气候事件指标的确定

1.3.1 指标

对气候要素极值的概率统计主要有 2 种方法，一种是基于统计样本的百分位法，该方法目前多用来对日极端降水进行挑选，如翟盘茂等（2003）以 1961—1990 年逐年日降水量的第 99 个百分位值的 30 年均值定义极端降水事件的阈值，苏布达等（2006）考虑了长江上游降水的特殊性，利用 95% 分位降水量代替常规的暴雨标准 50 mm 定义了极端强降水事件，陈波等（2010）对华中地区 4 个不同百分位的强降水事件进行了区分，张灵等（2014）挑选强降水事件分析武汉异常强降水水汽来源；另一种是用某种概率分布模型对气候要素值进行拟合，常用的分布型如皮尔逊-Ⅲ型曲线、耿贝尔分布、正态分布等，根据气候值的概率对极端事件进行分析（罗梦森 等，2013；伍丽丽 等，2013；曹洁 等，2014；陈子燊 等，2015；崔玫意 等，2017），或是对气候要素的重现期进行估算等（陈建昌 等，1995；林两位 等，2005；梁忠民 等，2016；何干皓 等，2017；杜晓阳 等，2018；牟婷婷 等，2018）。

本章在挑选"极端降水气候事件"时，结合上述两种方法，先使用正态分布模型对流域面雨量进行拟合，再结合百分位法进行判定。

将原始面雨量序列经过变换后得到一个近似正态分布的新面雨量序列，计算出各年面雨量在正态分布中所占的百分比，取 10% 和 90% 百分位反算出对应的原始面雨量值作为阈值。定义 10% 对应的面雨量值为极端少雨气候事件阈值、90% 对应的面雨量值为极端多雨气候事件阈值。变换后的面雨量小于少雨阈值的年份定义为发生极端少雨气候事件、面雨量大于多雨阈值的年份定义为发生极端多雨气候事件。

附录给出了上述 13 个长江子流域分区的极端降水气候事件年表。

1.3.2 Box-Cox 变换与传统排位法对极端阈值拟合的比较

Box-Cox 变换在极端阈值拟合中具有明显优势。传统年数排位法是直接在降水序列排序基础上，取相应百分位处的值作为阈值，但这种方法的前提实际上是假定数据遵循正态分布。研究表明（杜良敏 等，2018），长江流域月降水量经常呈 Gamma 分布，正态通过率低，而季节降水通过正态检验的站点比率相对月降水略高，但也仍是正态分布、Gamma 分布各占一半。因而在这种正态假设不成立的情况下，所挑选的阈值随着时间序列的延长或者缩短，会产生剧烈变化。而采用 Box-Cox 变换方法挑选出来的阈值，由于原始数据经过了正态化处理，则有效解决了传统排位法的上述问题。

以夏季为例，采用分布转化法提取的阈值与普通年数排位法的阈值列于表 1.1，可以看出，当参与排序的面雨量序列时长发生变化时，普通年数排位法阈值在相当一部分流域发生明显变化，主要有长江中下游（两湖流域）、岷沱江流域、重庆—宜昌区间等，阈值浮动超过 30 mm

(表中以"*"标出);而 Box-Cox 转换后阈值变化明显减小,绝大多数流域变动在 10 mm 之内。

表 1.1　分布转换法提取的阈值与年数排位法阈值对比

长江流域分区		极端多雨气候事件阈值(夏季)				极端少雨气候事件阈值(夏季)			
		普通年数排位法		Box-Cox 变换		普通年数排位法		Box-Cox 变换	
		1961—2010年共50年	1961—1990年共30年	1961—2010年共50年	1961—1990年共30年	1961—2010年共50年	1961—1990年共30年	1961—2010年共50年	1961—1990年共30年
一级分区	长江全流域	550.0*	515.7*	533.6	509.5	410.3	409.9	399.2	394.4
二级分区	金沙江流域	448.3	448.7	443.8	432.0	340.3	340.3	340.0	345.2
	长江上游	538.2	552.9	543.3	535.5	406.8	426.7	402.3	416.7
	长江中下游	655.0*	576.2*	619.0*	583.0*	409.5*	370.5*	396.4	377.8
三级分区	金沙江上段	358.6	348.1	351.8	338.6	241.2	242.1	252.5	255.2
	金沙江中下段	607.3	634.2	615.3	602.6	421.2	421.2	441.9	441.5
	岷沱江流域	544.8*	580.1*	547.9	565.2	393.1	415.2	396.1	416.1
	嘉陵江流域	549.3	538.4	554.4	553.1	339.9	348.8	335.0	350.7
	乌江流域	660.8	659.3	652.3	624.6	351.4	346.7	373.0	363.2
	宜宾—重庆区间	632.2	632.2	621.6	609.5	379.1	379.1	402.3	411.4
	重庆—宜昌区间	610.2*	692.7*	640.3	636.0	331.1	331.1	352.0	352.8
	汉江流域	589.4	565.2	586.9	577.1	330.4	325.3	339.9	327.4
	两湖流域	704.7*	614.6*	668.2*	601.8*	397.0*	351.6*	396.0	382.0

以嘉陵江流域秋季(9—11 月)面雨量序列为例。该流域 1961—2017 年的原始面雨量序列在 190~210 mm 出现频次最多(图 1.3a),相对于其平均值 235.9 mm 具有明显偏移,并不满足正态分布;出现这种偏态分布的原因在于面雨量的年代际分布不均,20 世纪 80 年代中后期开始至 2010 年,嘉陵江流域经历了一段面雨量严重偏少时期,整体均值维持在 200 mm 左右,极大拉低了整体均值;期间发生了 4 次极端少雨气候事件(图 1.4),分别在 1991 年、1997 年、1998 年和 2002 年,4 年秋季面雨量均仅有 140~160 mm。

采用 Box-Cox 正态分布转换后的序列频次分布如图 1.3b,拟合序列均值为 2.5,与拟合频次分布最大值一致,满足正态分布。对比图 1.3c 可以看出,Box-Cox 转换并没有任意改变原始面雨量序列的走势,拟合序列仅在竖轴方向进行了拉伸(或压缩)。

根据定义,取拟合序列 10% 和 90% 处反算极端降水气候事件阈值,极端少雨气候事件的阈值为 169.5 mm,极端多雨气候事件的阈值为 313.6 mm。

当然,并非所有面雨量序列均不满足正态分布。以秋季岷沱江流域为例,1961 年以来面雨量呈缓慢减少趋势(图 1.5c),较少出现明显的年代际雨量分布不均,因为该流域原始面雨量序列本身就满足正态分布(图 1.5a)。但为了保证不同子流域间极端阈值挑选规则的一致性,对这类满足正态分布的序列,我们依然对其进行 Box-Cox 正态转换,转换后的序列将比其原始序列更接近标准正态分布型(图 1.5b)。

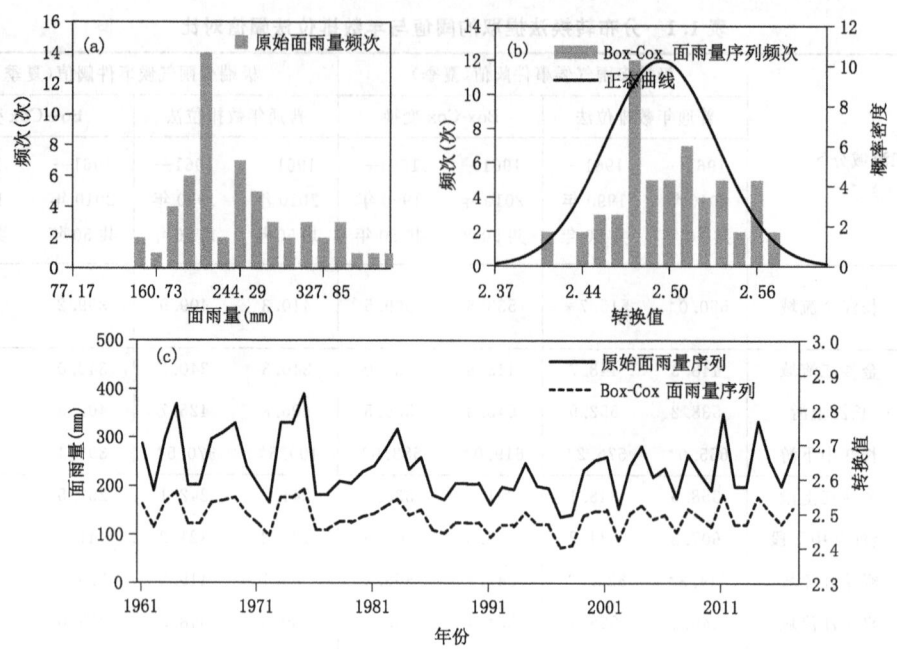

图1.3 嘉陵江流域1961—2017年秋季(9—11月)面雨量序列及其Box-Cox变换拟合序列分布
(a)原始面雨量频次分布;(b)Box-Cox变换拟合序列频次分布;(c)原始面雨量序列
和Box-Cox变换拟合序列

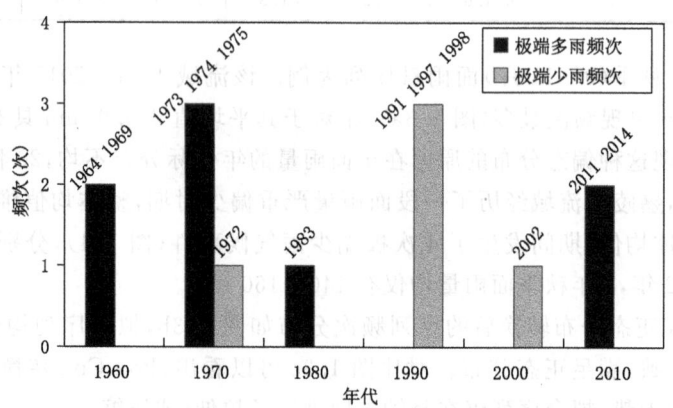

图1.4 嘉陵江流域秋季极端降水气候事件年代际频次分布

利用Box-Cox变换后,原始面雨量序列被转换成了更为近似正态分布的新面雨量序列,经转换后全部子流域面雨量序列在月、季、年各时间尺度上均通过正态分布检验,如图1.6。

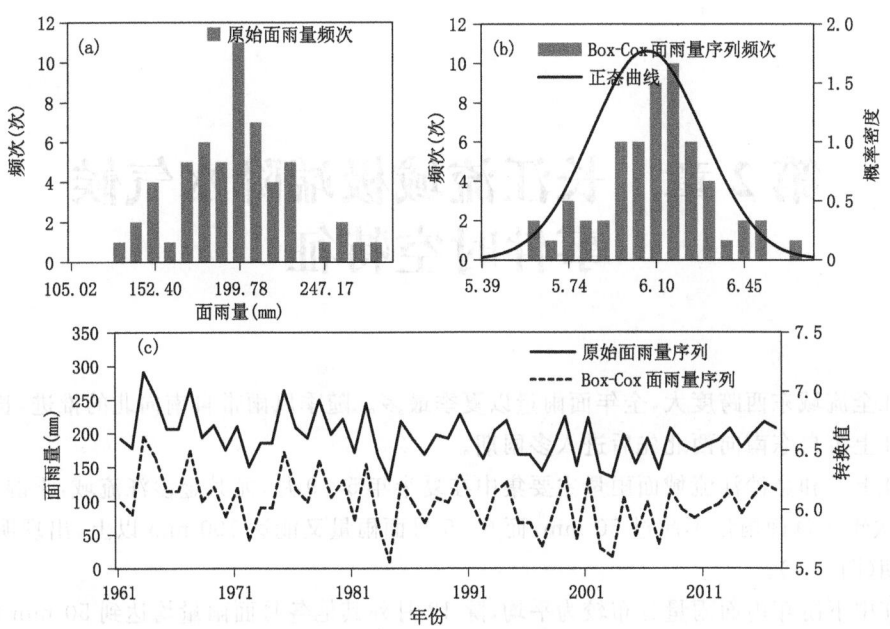

图 1.5 岷沱江流域 1961—2017 年秋季（9—11 月）面雨量序列及其 Box-Cox 变换拟合序列分布
(a)原始面雨量频次分布；(b)Box-Cox 变换拟合序列频次分布；(c)原始面雨量序列
和 Box-Cox 变换拟合序列

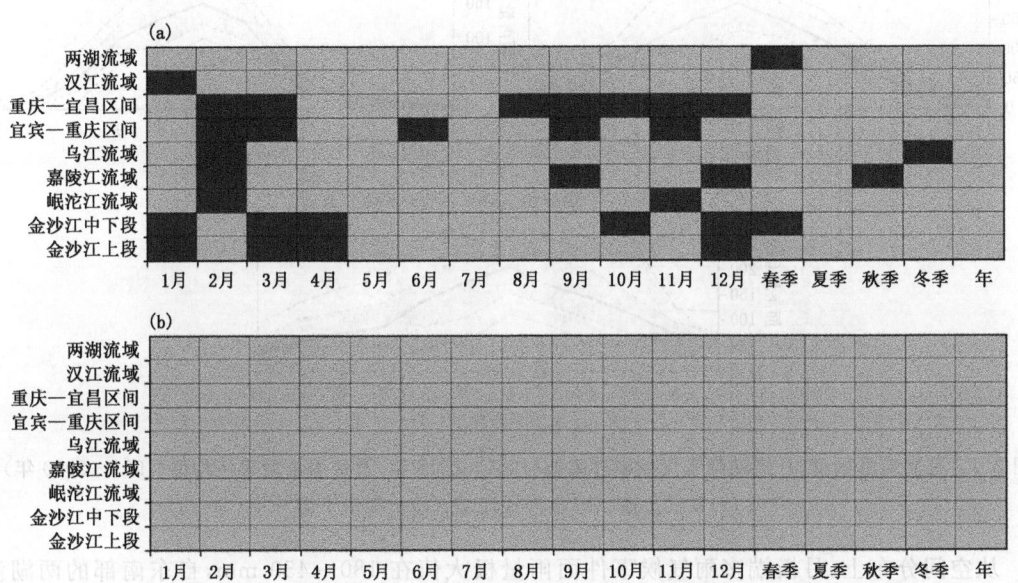

图 1.6 长江各流域月、季、年面雨量序列通过正态检验情况分布
(a)原始面雨量序列；(b)正态转换后面雨量序列
（黑色表示未通过正态分布检验，灰色表示通过正态分布检验）

第 2 章 长江流域极端降水气候事件时空特征

长江全流域东西跨度大,全年面雨量以夏季最多。随季风雨带自南向北的推进,长江中下游和长江上游自东南向西北先后进入多雨期。

长江上游和金沙江流域面雨量主要集中在夏半年 5—9 月,尤其金沙江流域,干湿季分明,10 月至次年 4 月面雨量不超过 50 mm,而 6—9 月面雨量又能达 100 mm 以上,出现明显的降水集中期(图 2.1)。

长江中下游年内面雨量分布较为平均,除 12 月外其他各月面雨量均达到 50 mm 以上,其中 3—8 月面雨量均值超过 100 mm,极大值在 200 mm 以上(图 2.1)。

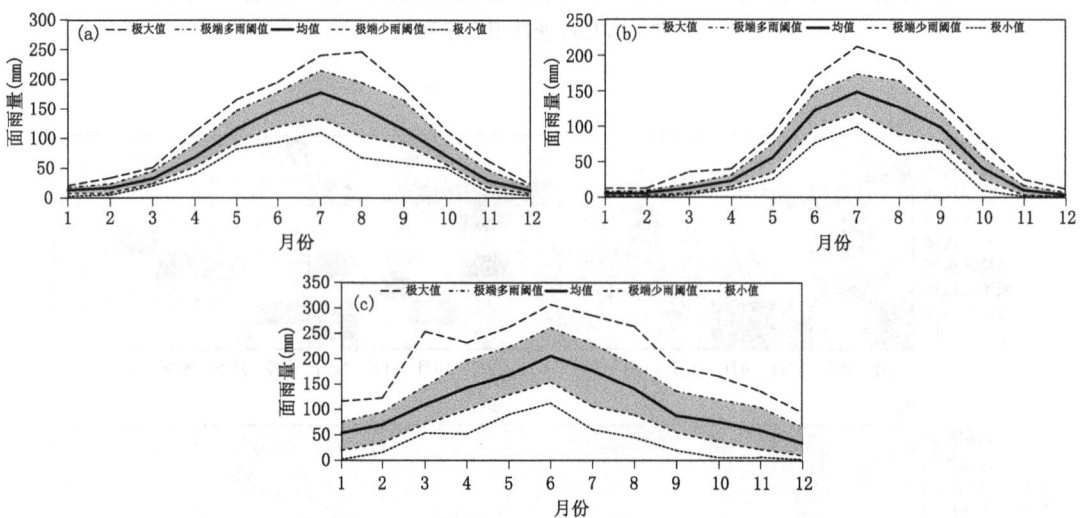

图 2.1 月面雨量极值、月极端降水气候事件阈值(1961—2017 年)及月面雨量多年均值(1981—2010 年)
(a)长江上游;(b)金沙江流域;(c)长江中下游

从空间分布上,月极端多雨气候事件面雨量极大值在 180~450 mm,自东南部的两湖流域向西北部的金沙江递减;极端少雨气候事件面雨量极值则不超过 10 mm,长江以北面雨量仅有 0~1 mm,长江以南为 1~7 mm(表 2.1)。

表 2.1　长江子流域月面雨量极值分布（1961—2017 年）

子流域名称	面雨量极大值(mm)	面雨量极小值(mm)
金沙江上段	182.1	0.0
金沙江中下段	293.5	0.5
岷沱江流域	275.0	1.1
嘉陵江流域	306.2	0.3
乌江流域	367.5	4.3
宜宾—重庆区间	309.8	7.5
重庆—宜昌区间	451.4	1.8
汉江流域	330.9	0.1
两湖流域	420.6	2.9

2.1　年极端降水气候事件的时空分布特征

2.1.1　降水时空分布特征

长江全流域年平均降水量(1981—2010 年)1191.6 mm，其中金沙江流域 865.6 mm，岷沱江流域 965.6 mm，嘉陵江流域 995.0 mm，乌江流域 1107.9 mm，宜宾—重庆区间 1046.2 mm，重庆—宜昌区间 1133.8 mm，长江中下游 1327.9 mm。

长江全流域年平均降水量空间分布很不均匀（图 2.2），等雨量线呈东北—西南走向，降水量从东南沿海向西北内陆递减，而且愈向内陆减少愈为迅速。金沙江流域、岷沱江流域和嘉陵江流域上游降水量为 400～800 mm，属于半湿润地区；其他地区降水量大多在 800 mm 以上，属于湿润地区，其中长江中下游大部地区降水量大于 1200 mm，江西省及其附近地区降水量达 1600 mm 以上。长江全流域内最大年平均降水量出现在安徽黄山(2269 mm)，其次是湖南南岳(2058 mm)和江西庐山(2024 mm)；最小年平均降水量出现在甘肃东南的文县(440 mm)，其次是甘肃东南的武都(461 mm)和四川北部的茂县(462 mm)。

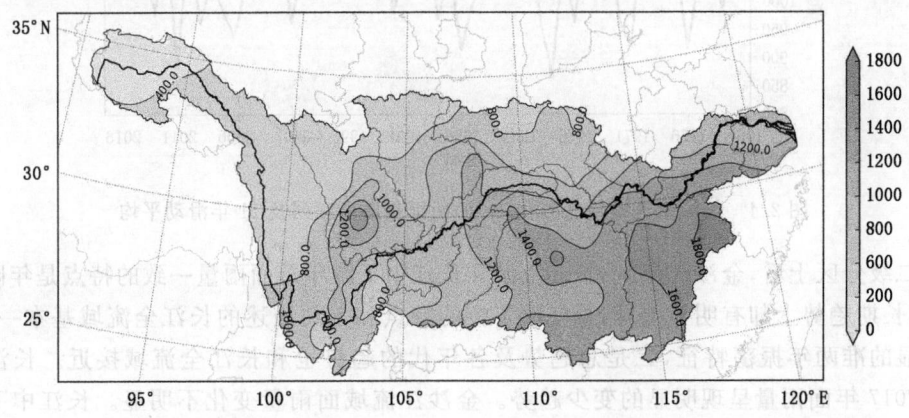

图 2.2　长江全流域年度(1—12 月)平均降水量空间分布(单位：mm)

长江全流域月降水量时间分布表现为单峰型变化曲线,冬干夏雨,具有典型的亚热带季风气候特征。降水量3月开始增多,峰值出现在6月,其次是7月,8—10月逐月减少,11月以后进入冬季,降水稀少。4—9月是降水的主要时段,降水量达877 mm,占年均降水量的74%。

长江上游降水量4月开始增多,7月出现峰值,降水峰值出现时间较全流域偏晚。长江上游7—9月降水量比全流域多,10月基本持平,其他时段则明显低于全流域平均值(图2.3)。

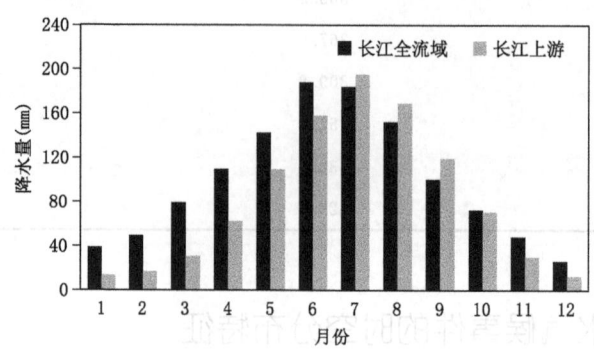

图2.3　长江全流域、长江上游月平均降水量逐月分布

2.1.2　面雨量年代际变化特征

年际变化大是长江全流域年总面雨量的主要特点,自1961年以来该流域年总面雨量以7 mm/10a 的增长趋势缓慢增加,各年代变化特征不同,20世纪80年代中期及以前呈现明显的准两年震荡,没有明显的趋势;20世纪80年代中期到90年代末,则由明显偏少转到明显偏多;90年代末到21世纪初又由多转少,近10年来呈现明显的增加趋势,其中,1998年为面雨量极大值年,总面雨量为1196 mm;少雨极值出现在1978年,面雨量为869.9 mm(图2.4)。

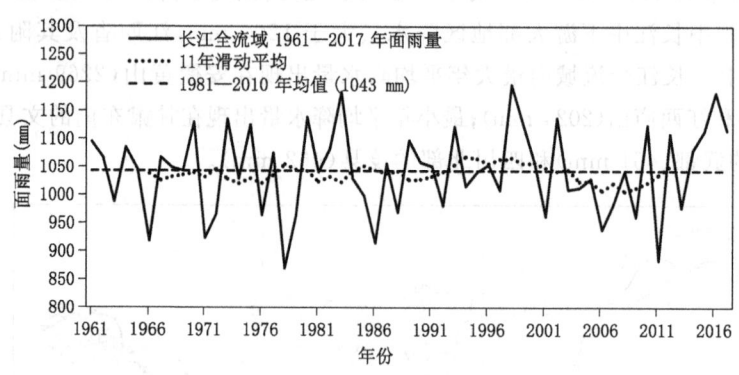

图2.4　长江全流域年度(1—12月)面雨量历史序列及11年滑动平均

从二级分区上看,金沙江流域、长江上游和长江中下游年总面雨量一致的特点是年际变化大,但在长期趋势上却有明显差异,长江中下游的特点和上文描述的长江全流域基本一致,一是有明显的准两年振荡特征,二是总趋势及各年代的趋势也和长江全流域接近。长江上游1961—2017年面雨量呈现明显的变少趋势。金沙江流域面雨量变化不明显。长江中下游年面雨量极大值为1610.9 mm,出现在2016年;年面雨量极小值为989.1 mm,出现在1978年。

长江上游极端降水偏多的极值年是1967年,年面雨量达1106.3 mm;极端少雨极值发生在2006年,年面雨量为808.5 mm。金沙江流域极端多雨极值发生在1998年,年面雨量为766 mm,极端少雨极值年为2011年,年面雨量为545.8 mm(图2.5)。

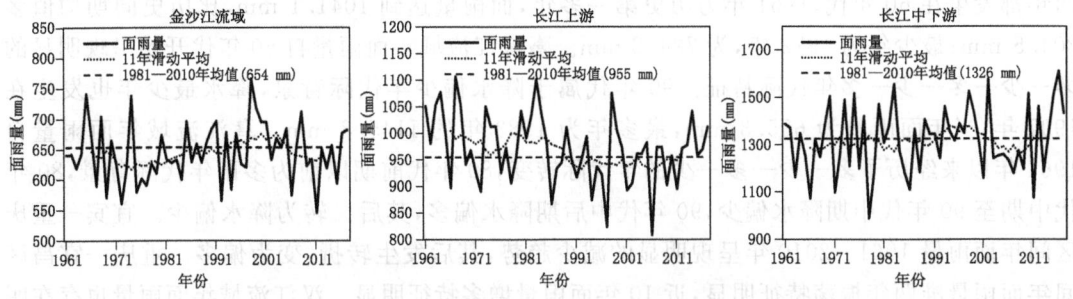

图2.5 二级分区流域年度(1—12月)面雨量历史序列及11年滑动平均

对于三级分区,各区域面雨量的年际和年代际变化各不相同(图2.6)。金沙江上段1961年以来面雨量变化趋势为准两年振荡式增多,20世纪80年代以前降水偏少明显,这一时段也集中发生了多次极端少雨气候事件;金沙江中下段的趋势与前者相反,60年代极端多雨事件

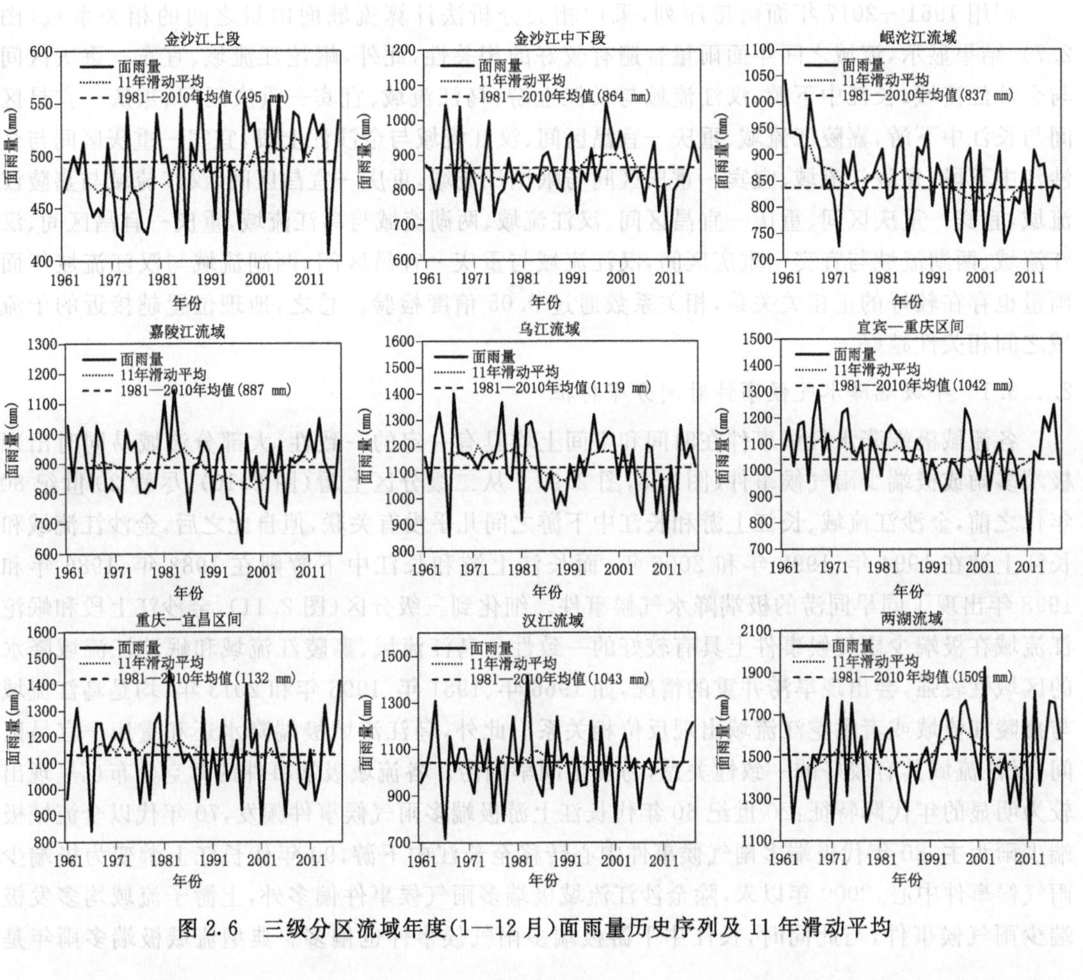

图2.6 三级分区流域年度(1—12月)面雨量历史序列及11年滑动平均

频发,而2000年之后,降水明显偏少,2011年为降水异常偏少年,该年面雨量为617.1 mm,比常年平均(864.3 mm)少247.2 mm,偏少接近3成。岷沱江流域年面雨量自1961年以来呈现明显的减少趋势。这一特征在20世纪60年代至70年代中期最为明显,岷沱江流域极端多雨两年都发生在60年代,1961年为历史第一多年,面雨量达到1041.1 mm,比历史同期均值多204.5 mm;最少年为1972年,为724.8 mm。嘉陵江流域年面雨量自60年代开始呈现明显的多—少—多—少—多年代际特征。90年代属于降水偏少年代际背景,降水最少年也发生在1997年,当年面雨量为635.3 mm,最多年为1983年的1145.8 mm。乌江流域年面雨量自1961年以来经历了多—少—多—少的年代际转变,80年代前期以前为多雨年代际背景,80年代中期至90年代中期降水偏少,90年代中后期降水偏多,其后又转为降水偏少。宜宾—重庆区间年面雨量1961—2010年呈现明显的减少趋势,其后发生转折,变为偏多。重庆—宜昌区间年面雨量准两年振荡特征明显,近10年面雨量增多特征明显。汉江流域年面雨量也存在明显的准两年振荡。两湖流域年面雨量在80年代以前具有较好的准两年振荡特征,80年代降水偏少,90年代以后转为降水偏多,21世纪前10年降水偏少明显,2010年后又转为多雨年代际背景。

2.1.3 长江各子流域间年面雨量相关关系

利用1961—2017年面雨量序列,采用相关分析法计算流域面雨量之间的相关系数(图2.7),结果显示,流域之间年面雨量普遍有较好的相关性,此外,岷沱江流域、宜宾—重庆区间与金沙江流域,长江中下游、汉江流域与长江上游,乌江流域、宜宾—重庆区间、重庆—宜昌区间与长江中下游,嘉陵江流域、重庆—宜昌区间、汉江流域与金沙江上段,宜宾—重庆区间与金沙江中下段,嘉陵江流域、宜宾—重庆区间与岷沱江流域,重庆—宜昌区间、汉江流域与嘉陵江流域,宜宾—重庆区间、重庆—宜昌区间、汉江流域、两湖流域与乌江流域,重庆—宜昌区间、汉江流域、两湖流域与宜宾—重庆区间,汉江流域与重庆—宜昌区间,两湖流域与汉江流域年面雨量也存在较好的正相关关系,相关系数通过0.05信度检验。总之,地理位置越接近的子流域之间相关性越好。

2.1.3.1 年极端降水气候事件时间分布特征

各流域极端降水气候事件在时间和空间上均具有一定的一致性,大部分流域易同时出现极端多雨或极端少雨气候事件(图2.8,图2.9)。从二级分区上看(图2.10),尽管20世纪80年代之前,金沙江流域、长江上游和长江中下游之间几乎没有关联,但自此之后,金沙江流域和长江上游在1994年、1998年和2006年,而长江上游和长江中下游则在1983年、1986年和1998年出现了同旱同涝的极端降水气候事件。细化到三级分区(图2.11),金沙江上段和岷沱江流域在极端少雨气候事件上具有较好的一致性。乌江流域、嘉陵江流域和岷沱江流域降水的区域性较强,会出现旱涝并重的情况,如1966年、1981年、1996年和2013年,均是乌江流域与嘉陵江流域或者岷沱江流域出现反位相关系。此外,乌江流域极端降水还和重庆—宜昌区间、汉江流域具有较好的一致性关系,易发生同旱同涝。各流域极端事件的时空分布也呈现出较为明显的年代际特征:20世纪60年代长江上游极端多雨气候事件频发,70年代以全流域极端少雨为主,80年代极端多雨气候事件中心转移至长江中下游,90年代长江上游变为极端少雨气候事件中心,2000年以来,除金沙江流域极端多雨气候事件偏多外,上游子流域均多发极端少雨气候事件,与此同时,长江中下游极端多雨气候事件也偏多。典型流域极端多雨年是

1983年和1998年,而极端少雨年是1978年、1986年、2006年和2011年。需要注意的是金沙江流域特别是金沙江上段,这一区域常表现出与其他流域反向的特点(表2.2)。

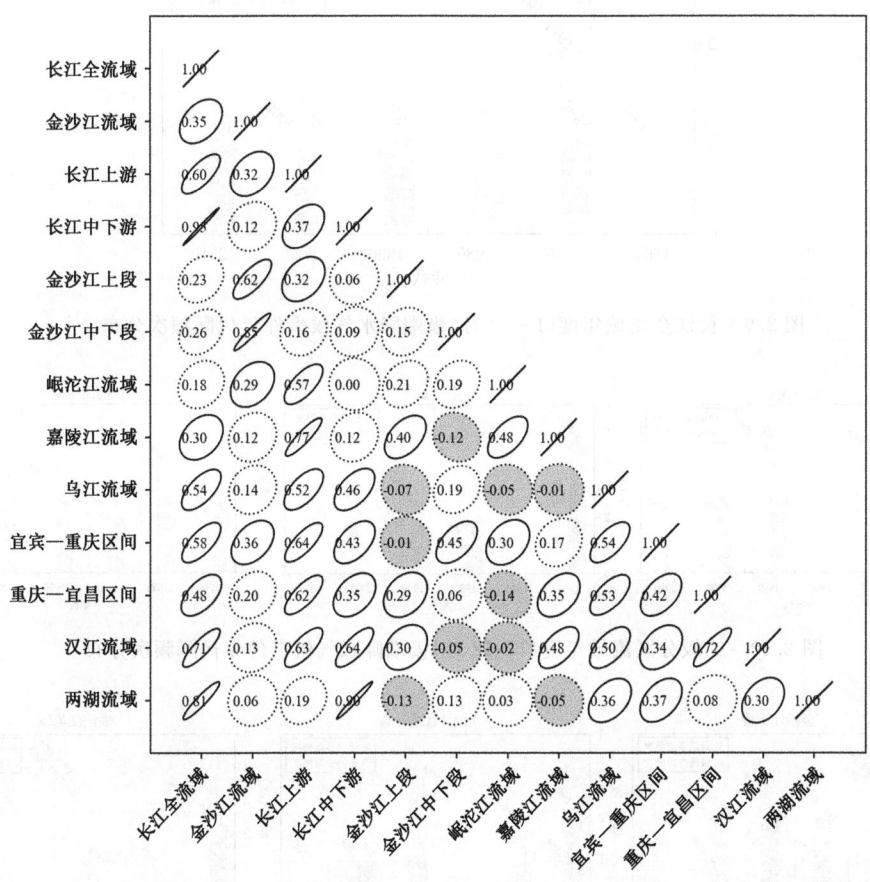

图 2.7 长江各子流域年度(1—12月)面雨量相关系数分布
(实线边框通过0.05信度检验)

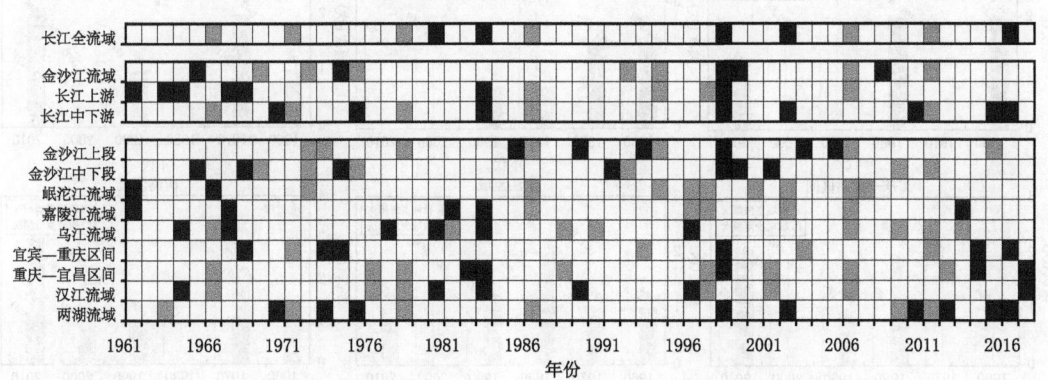

图 2.8 长江各子流域年度(1—12月)极端降水气候事件历史分布
(黑色为极端多雨气候事件、灰色为极端少雨气候事件)

1983 年和 1958 年，而极端少雨年是 1978 年、1955 年、2006 年和 2011 年。简单来说的长度的年份
引发故事因从事之历史方面的整理数据整理，开始而面流域的交面的故事 2.2%。

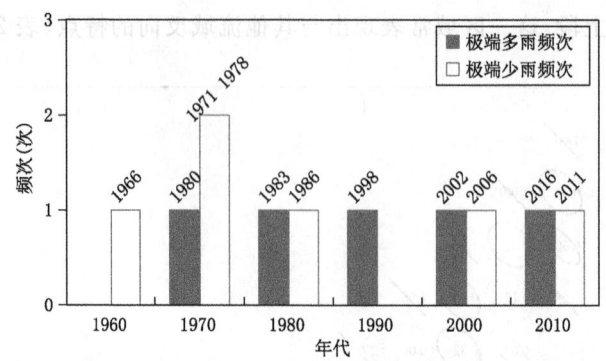

图 2.9 长江全流域年度（1—12 月）极端降水气候事件年代际频次分布

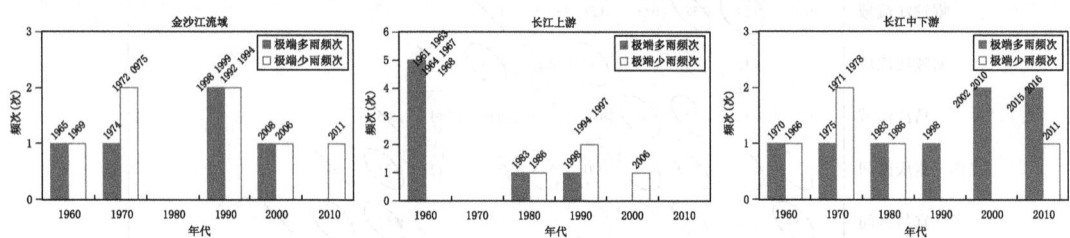

图 2.10 二级分区流域年度（1—12 月）极端降水气候事件年代际频次分布

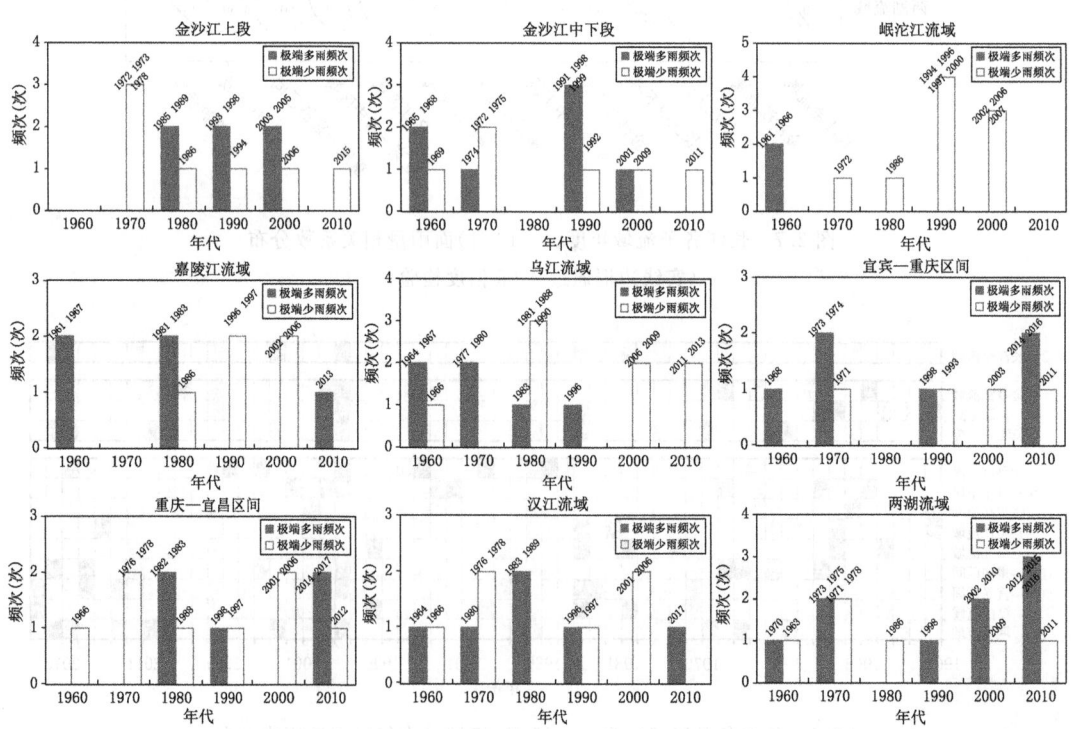

图 2.11 三级分区流域年度（1—12 月）极端降水气候事件年代际频次分布

表 2.2 长江各子流域年度(1—12月)极端降水气候事件年表

	多雨90%的阈值(mm)	多雨年份(面雨量,mm)	少雨10%的阈值(mm)	少雨年份(面雨量,mm)
长江全流域	1136.8	1998(1196.0)、1983(1182.9)、2016(1181.4)、1980(1138.6)、2002(1136.8)	944.6	1978(869.9)、2011(883.6)、1986(914.6)、1966(917.8)、1971(923.5)、2006(937.8)
金沙江流域	706.5	1998(766.0)、1965(741.2)、1974(738.2)、1999(718.0)、2008(711.9)	585.1	2011(545.8)、1972(560.8)、1992(565.4)、1969(570.8)、2006(574.4)、1975(579.5)、1994(583.9)
长江上游	1051.2	1967(1106.3)、1983(1101.8)、1964(1077.6)、1998(1075.6)、1968(1054.9)、1963(1052.8)、1961(1051.3)	887.4	2006(808.5)、1997(823.5)、1986(866.6)、1994(873.7)
长江中下游	1500.5	2016(1610.9)、2002(1577.5)、1983(1555.6)、1998(1525.6)、1975(1517.6)、2010(1516.9)、2015(1515.7)、1970(1504.9)	1140.6	1978(989.1)、1966(1073.0)、2011(1076.4)、1971(1098.2)、1986(1110.6)
金沙江上段	542.5	1989(560.6)、2005(557.9)、1998(553.2)、2003(552.9)、1993(548.5)、1985(544.8)	429.8	1994(401.0)、2015(406.2)、1986(417.4)、1973(420.3)、1978(425.4)、1972(425.6)、2006(428.6)
金沙江中下段	962.5	1998(1047.2)、1965(1042.8)、1968(1038.6)、1974(997.8)、1999(974.7)、2001(967.0)、1991(963.6)	749.6	2011(617.1)、1975(725.3)、1992(732.7)、2009(737.4)、1972(739.3)、1969(739.9)
岷沱江流域	944.8	1961(1041.1)、1966(1007.3)	765.9	1972(724.8)、2002(725.8)、2006(730.8)、1997(732.5)、1986(743.4)、1996(755.8)、2007(759.8)、2000(762.7)、1994(765.1)
嘉陵江流域	1026.9	1983(1145.8)、1981(1109.4)、2013(1050.3)、1961(1028.4)、1967(1028.2)	764.7	1997(635.3)、2006(740.6)、1986(740.8)、1996(743.2)、2002(748.3)
乌江流域	1286.3	1967(1401.1)、1977(1367.4)、1964(1330.1)、1996(1319.5)、1980(1305.7)、1983(1294.5)	977.2	2011(852.3)、1966(855.9)、1981(917.5)、2013(934.1)、2006(938.8)、2009(941.4)、1988(960.9)、1990(975.3)
宜宾—重庆区间	1197.5	1968(1305.3)、2016(1250.2)、1974(1235.2)、1998(1233.4)、1973(1220.3)、2014(1203.6)	926.0	2011(716.2)、1971(915.7)、1993(919.6)、2003(921.6)
重庆—宜昌区间	1320.0	1982(1452.8)、2017(1413.1)、1998(1402.8)、1983(1387.1)、2014(1320.9)	963.1	1966(842.3)、2001(867.0)、2006(896.2)、1997(921.0)、1976(947.1)、1988(952.8)、2012(957.6)、1978(960.1)

续表

	多雨90%的阈值(mm)	多雨年份(面雨量,mm)	少雨10%的阈值(mm)	少雨年份(面雨量,mm)
汉江流域	1210.5	1983(1415.7)、1964(1308.3)、1980(1241.0)、1989(1240.5)、1996(1220.5)、2017(1214.0)	870.9	1966(717.1)、2001(788.7)、1978(795.7)、1976(828.2)、1997(841.5)、2006(845.2)
两湖流域	1745.9	2002(1924.3)、2012(1811.5)、1970(1782.4)、1998(1766.1)、2015(1763.9)、1973(1763.6)、2016(1755.5)、1975(1755.2)、2010(1753.0)	1267.8	2011(1105.8)、1971(1178.5)、1963(1186.4)、1978(1189.0)、1986(1240.8)、2009(1261.6)

2.1.3.2 年极端降水气候事件空间分布特征

从长江全流域及各子流域极端多雨降水事件合成可以看出(图2.12),当长江全流域发生极端多雨气候事件时,除长江上游北部外,长江流域其他大部降水均偏多。长江全流域降水量自两湖流域至金沙江上游逐渐减少,长江中游干流及两湖流域降水量普遍在1500 mm以上,降水量大于2000 mm中心位于长江中游干流西段和鄱阳湖,长江上游北部降水量大部少于1000 mm,金沙江上中游西岸少于500 mm。当金沙江流域发生极端多雨气候事件时,宜宾—重庆区间、乌江流域上游降水也同时异常偏多。金沙江上中游降水量大部在500~1000 mm,金沙江下游、长江上游干流和乌江流域降水量在1000~1500 mm,长江中下游降水中心偏北,位于两湖流域中北部。长江上游发生极端多雨气候事件时,降水异常偏多中心主要位于长江上游东段至长江中游西段,金沙江中游降水异常偏少,同时长江下游降水也呈现异常偏少特征。这从降水量合成图上也可以看出,长江上游极端多雨时,长江上游东段至长江中游西段降水量普遍在1000~1500 mm,金沙江中游西岸降水量则少于500 mm,长江下游降水量大部少于1200 mm。长江中下游流域发生极端多雨气候事件时,长江中下游沿江及南部年总降水量大部在1500 mm以上,洞庭湖水系南部和鄱阳湖水系大部在2000 mm以上,长江中游北部小于1000 mm,与此同时,金沙江上中游降水容易偏少,金沙江上游降水量少于500 mm。金沙江流域往往与其他流域出现相反情况,可能的原因是,金沙江上段属横断山脉地区,地理、地势环境复杂,观测站点少,降水信息获取不足。该流域既受东南季风和西南季风影响,又受青藏高原影响,加之地形的影响,降水影响系统与长江中下游地区也并不完全相同。

当金沙江流域发生极端多雨气候事件时,长江上游降水容易偏多,前者还对应长江沿江及以北降水容易偏多,后者则是长江上游南部降水容易偏多,长江流域其他大部容易偏少。从降水量分布图上也可以看出,金沙江上段极端多雨气候事件年,长江流域年1000 mm雨量线较金沙江中下段极端多雨气候事件年偏西、偏北。当岷沱江流域或嘉陵江流域发生极端多雨气候事件时,降水偏多异常中心也位于此地区,长江流域其他地区降水容易偏少,其中岷沱江流域发生极端多雨气候事件时,长江中下游沿江及以北地区降水极易偏少,此时,长江中下游年1000 mm雨量线位于沿江地区,明显较气候平均或嘉陵江流域发生极端多雨气候事件时偏南。宜宾—重庆区间发生极端多雨气候事件的同时,金沙江下游东部至乌江流域降水容易偏多,降水偏多的中心偏向于长江上游;重庆—宜昌区间极端多雨情况与宜宾—重庆区间相反,当重庆—宜昌区间发生极端多雨气候事件时,降水偏多的中心偏向于长江中游。乌江流域类似重庆—宜昌区间。当汉江流域发生极端多雨气候事件时,长江上、中、下游干流区间降水容易偏多,岷沱江流域和两湖流域降水容易偏少,呈现出长江流域西北部和东南少、中间降水多的分布特征;当两湖流域发生极端多雨气候事件时,长江上游东部起至长江中下游大部地区降水异常偏多,呈现出东多西少的降水距平分布形态。总体上,宜宾—重庆区间、重庆—宜昌区间、乌江流域和汉江流域极端多雨气候事件年降水量合成图分布特征较为一致,1500 mm 降水区主要位于长江中下游中部,在洞庭湖西北部和鄱阳湖中北部分别存在一个极值中心,对于乌江流域和汉江流域而言,它们的年 1000 mm 降水线相对于宜宾—重庆区间和重庆—宜昌更偏北区间。两湖流域极端多雨气候事件年降水量合成图分布特征与长江全流域极端多雨气候事件时类似。

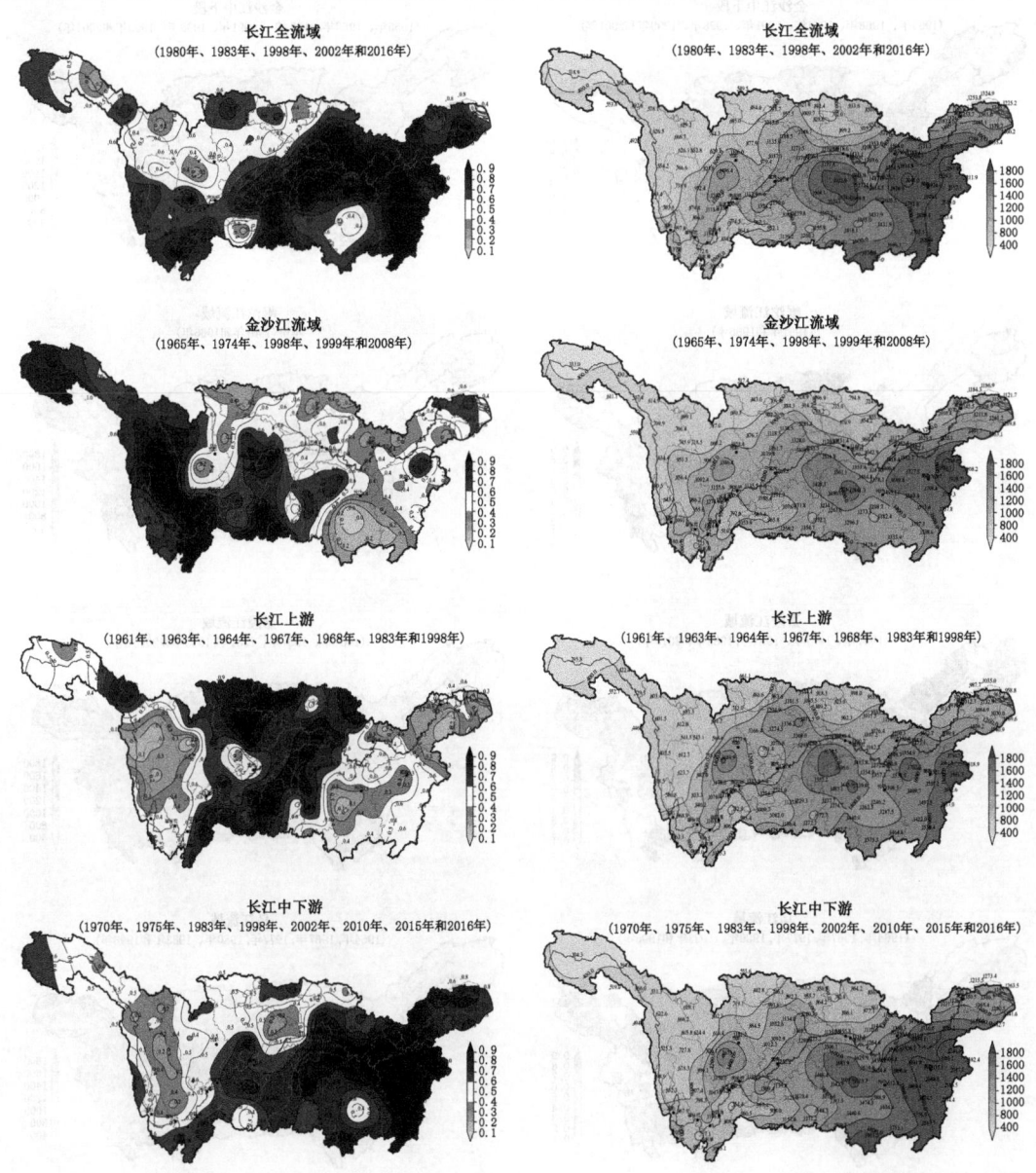

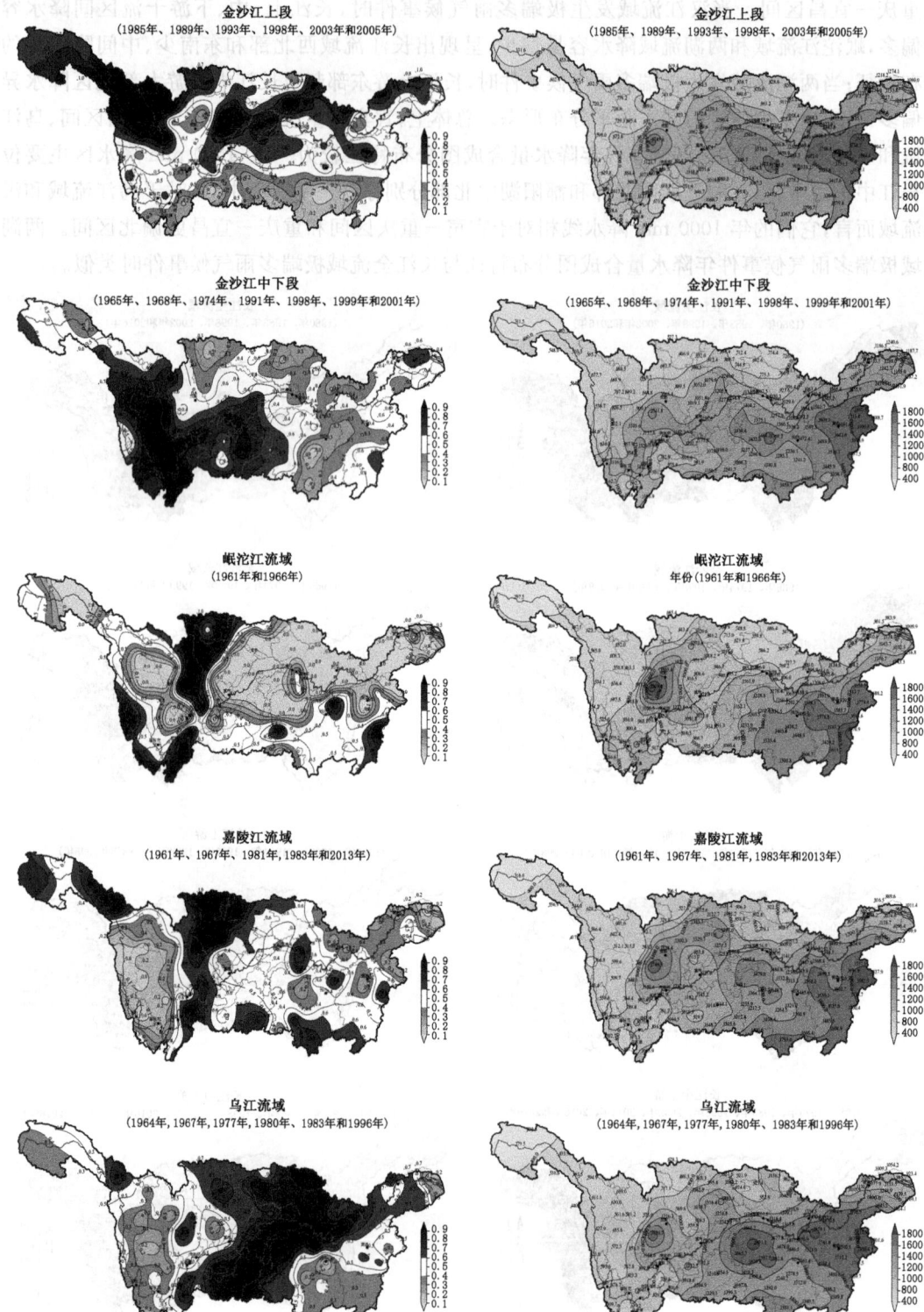

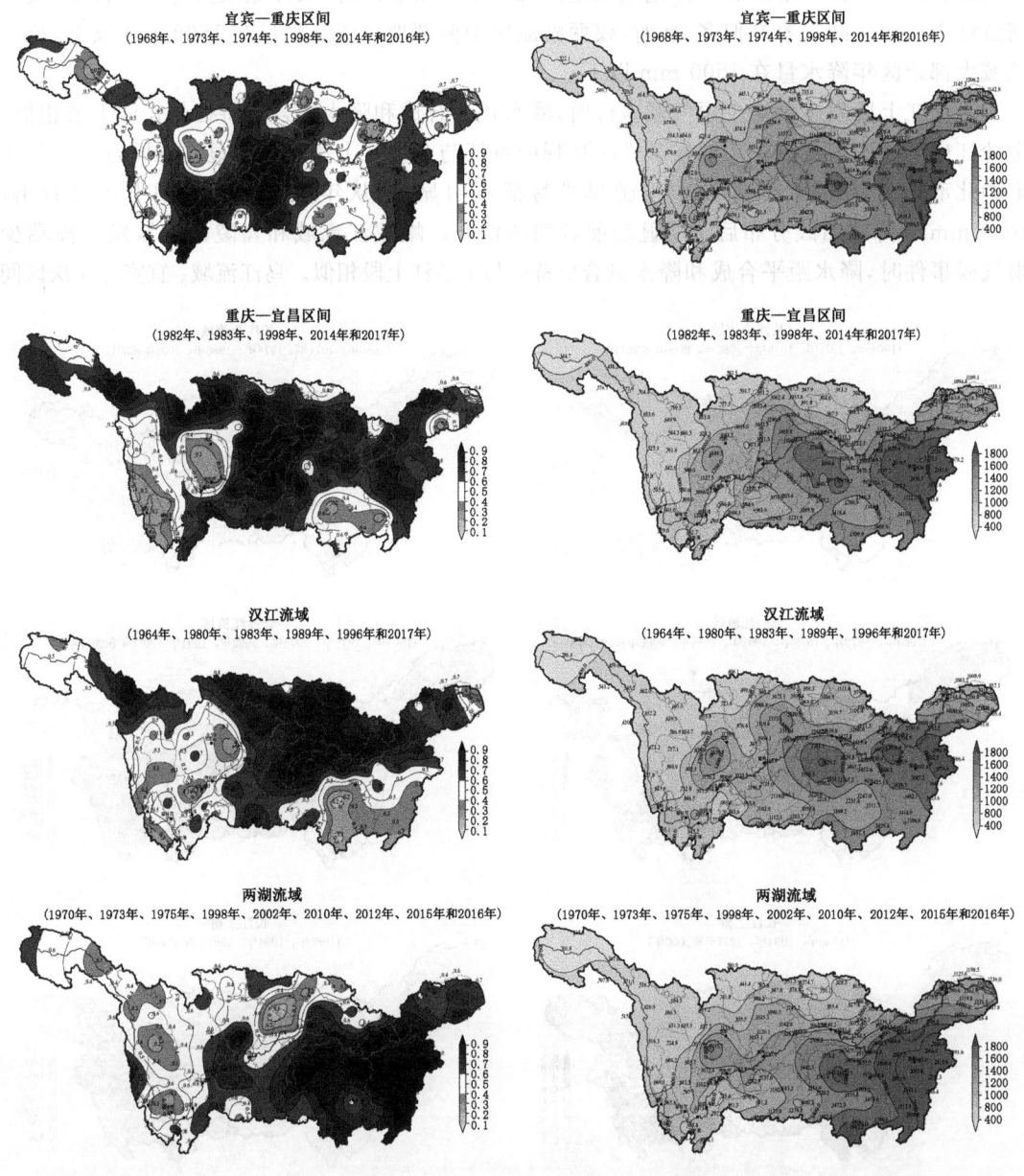

图 2.12 长江各子流域年度(1—12 月)极端多雨年降水正距平频次合成(左,单位:次)和
降水量合成(右,单位:mm)

从长江全流域及各子流域极端少雨降水事件合成分析可见(图 2.13),极端少雨情况与极端多雨情况并不相同,当子流域发生极端少雨气候事件时,其他流域大部也是以降水偏少为主,空间的一致性较好。长江全流域极端少雨气候事件发生时,长江上游东部至长江中下游极易少雨,仅金沙江下游全年降水易偏多。降水量上,长江全流域全年降水量大部在 1500 mm 以下,其中长江上游大部和长江中下游北部大部在 1000 mm 以下,金沙江上中游大部在 500 mm 以下。长江中下游发生极端少雨气候事件时降水距平合成和降水量合成特征与长江

全流域相似。长江上游或金沙江流域发生极端少雨气候事件时,长江流域大部降水偏少,仅两湖流域南部地区降水容易偏多,此时,仅两湖流域中南部地区年降水量在 1500 mm 以上,长江流域大部地区年降水量在 1500 mm 以下。

金沙江上段发生极端少雨气候事件时,降水距平合成和降水量合成特征与长江上游相似。金沙江中下段发生极端少雨气候事件时呈现的特征与金沙江上段存在明显的不同,这时,长江上游北部降水容易偏多,长江中下游旱涝特征不明显,但从年降水量合成图上可以看出,1000 mm 年降水量线分布后者明显较前者偏西偏北。岷沱江流域和嘉陵江流域发生极端少雨气候事件时,降水距平合成和降水量合成特征与金沙江上段相似。乌江流域、宜宾—重庆区间

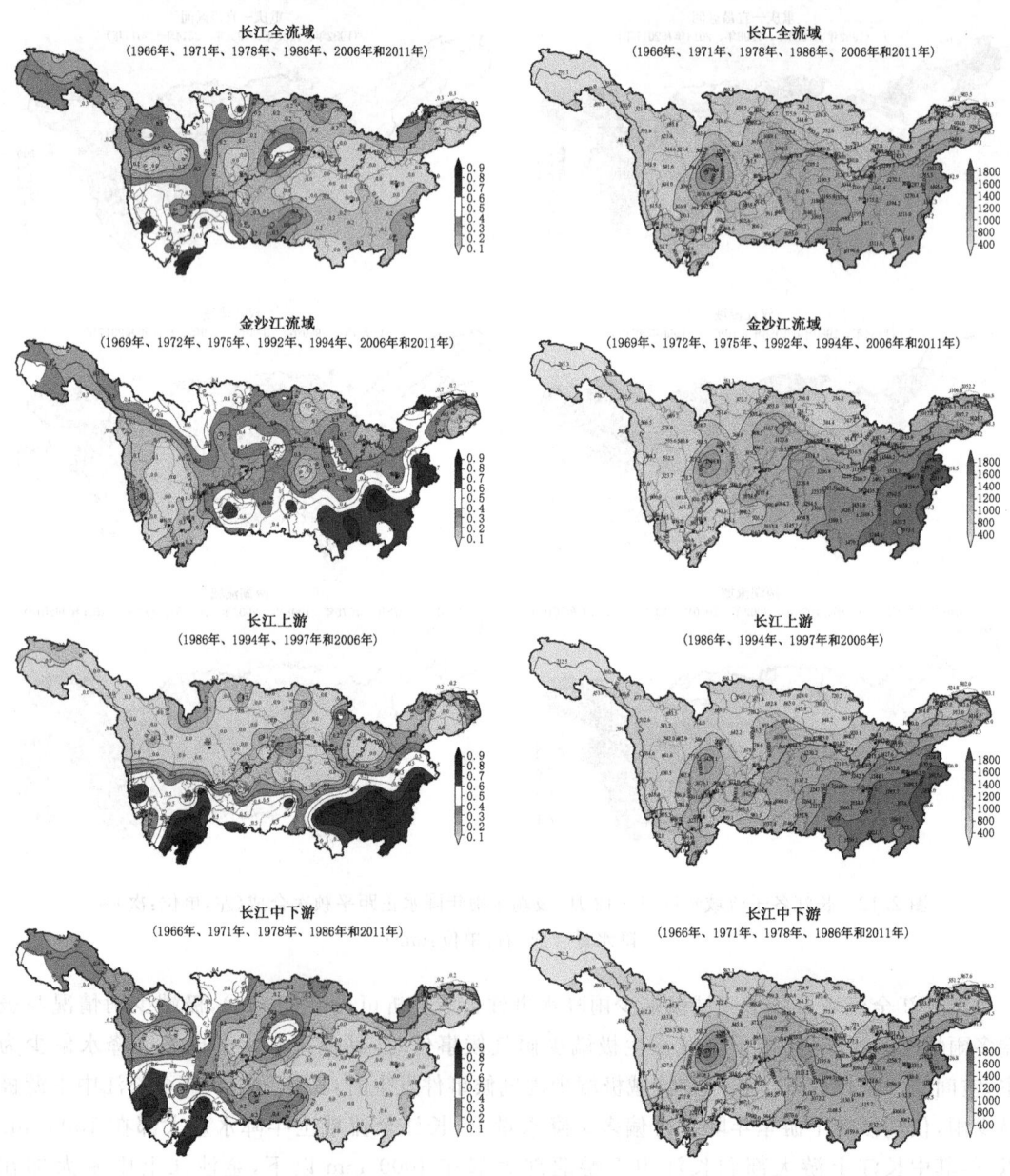

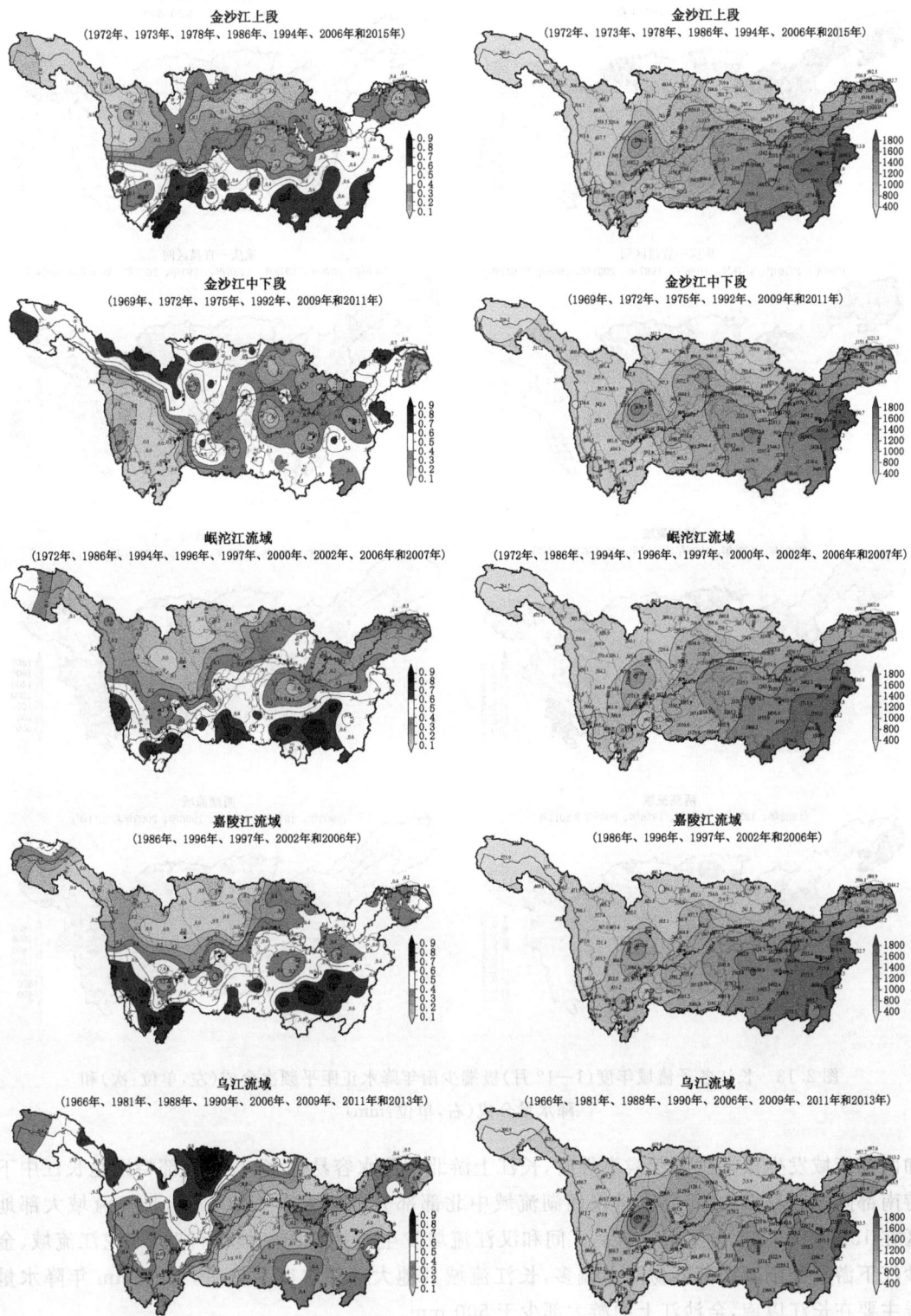

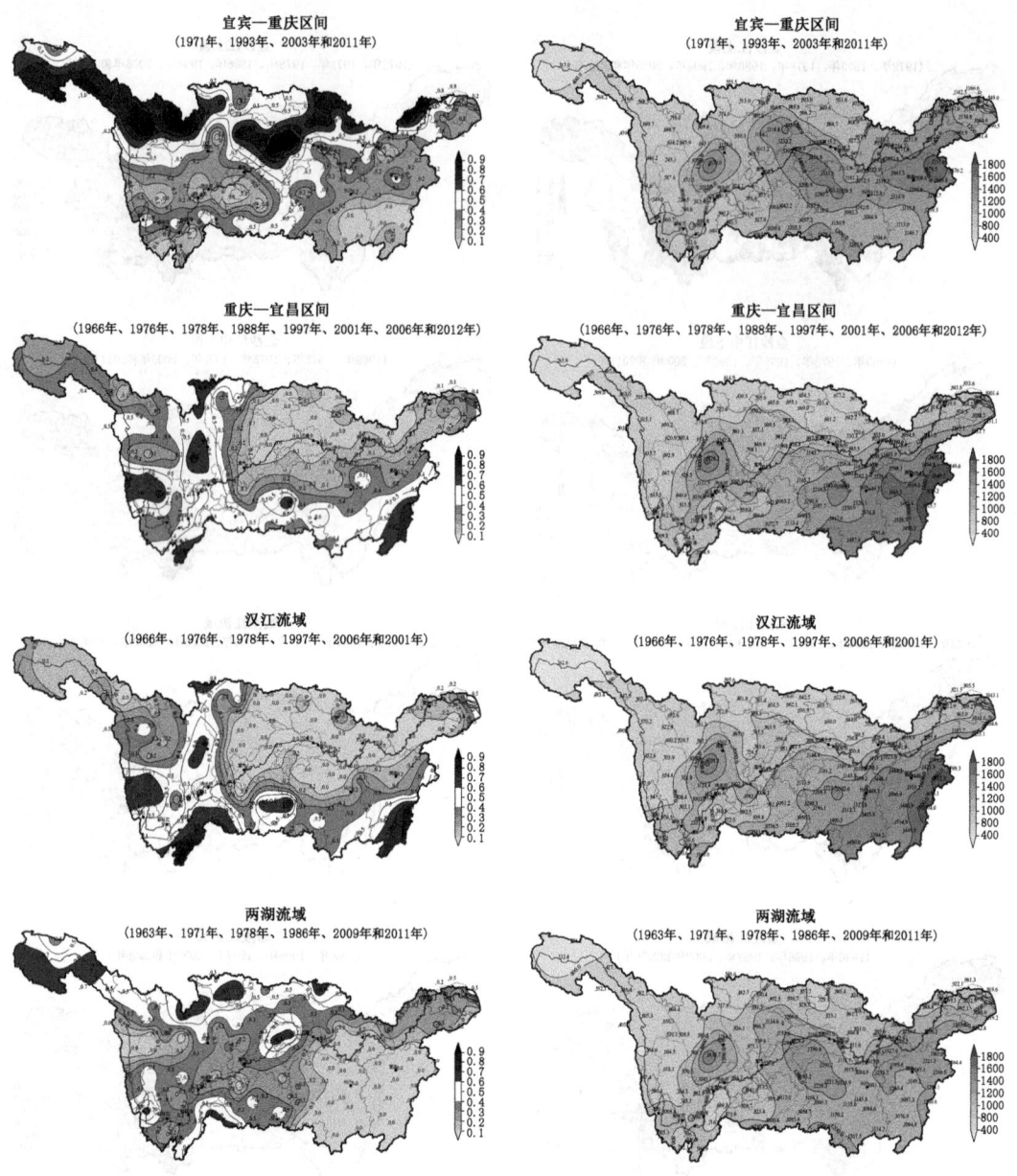

图 2.13 长江各子流域年度(1—12月)极端少雨年降水正距平频次合成(左,单位:次)和降水量合成(右,单位:mm)

和两湖流域发生极端少雨气候事件时,长江上游北部降水容易偏多,长江南部特别是长江中下游南部降水容易偏少,年降水量仅两湖流域中北部部分地区大于 1500 mm,长江流域大部地区在 1500 mm 以下。重庆—宜昌区间和汉江流域发生极端少雨气候事件时,岷沱江流域、金沙江下游和鄱阳湖南部容易降水偏多,长江流域其他大部降水容易偏少,1000 mm 年降水量线主要在长江以南,金沙江上中游大部少于 500 mm。

由上述分析可见,对于年极端降水气候事件,在时间上,20 世纪 60 年代长江上游极端多雨气候事件频发,70年代以全流域极端少雨为主,80年代极端多雨气候事件多发生于长江中下游,90年代长江上游极端少雨气候事件频发,2000年以来,金沙江流域和长江中下游极端多雨气候事件偏多,而长江上游以极端少雨气候事件为主。空间上,当长江上游发生极端多雨气候事件时,长江中下游降水可能偏少;反之,长江中下游发生极端多雨气候事件时,长江上游尤其是上游北部降水可能偏少。另外,金沙江流域降水与大部分流域极端多雨气候事件反相。当任一流域发生极端少雨气候事件时,长江全流域降水一致性明显好于极端多雨气候事件时情形;上游流域间容易发生南北反相的情况;长江中下游发生极端少雨时,上游以北流域也可能降水偏少。

2.2 春季极端降水气候事件的时空分布特征

长江流域地处亚洲季风区,季风气候显著。春季是冬季风向夏季风环流转换的过渡期,也是华南前汛期、江南春雨、南海夏季风等气候事件集中爆发的时期,此时中高纬冷空气势力依然活跃,而热带暖湿气流也加强北上,冷暖空气的交汇易造成不稳定能量增加,进而引起天气的变化,甚至带来一些极端天气事件。下面将分析春季长江流域极端事件出现的年份及其年代际特征,以及出现极端事件降水的空间分布特征。

2.2.1 面雨量时空分布

从一级分区长江全流域来看,1961年以来春季面雨量年际波动较大,在20世纪70年代达到峰值,目前处在降水偏多的年代际背景中。20世纪70年代也是极端多雨气候事件高发时期,共有3年(1973年、1975年和1977年)达到极端多雨气候事件标准,其中1973年达到极值355.9 mm;极端少雨气候事件的分布较为分散,2011年为极端少雨气候事件,春季面雨量178.7 mm,排历史少雨第1位(图2.14)。

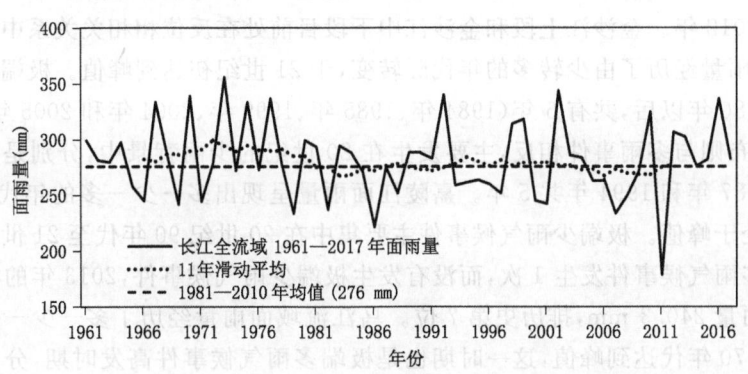

图2.14 长江全流域春季(3—5月)面雨量历史序列及11年滑动平均

从二级分区来看,金沙江面雨量呈较为明显的上升趋势,其中在21世纪初期为极端多雨的高发时间段,年份有2001年、2004年和2007年。极端少雨气候事件多发生在20世纪90年代之前,分别是1963年、1969年、1979年和1987年共4年,进入21世纪后仅2014年发生极端少雨气候事件。长江上游面雨量呈现出多—少—多的变化趋势,20世纪60年代和70年代为极端多雨气候事件高发时期,共有5年(1963年、1967年、1972年、1973年和1977年)达到极端多雨气候事件标准,占总多雨年数的 71.4%(其他为 1992 年和 2002 年),极值也出现在 1967 年的极端多雨气候事件中,为 272.4 mm。极端少雨气候事件的分布相对较为分散,分别是 1979 年、1986 年、1987 年、1994 年、1995 年、2000 年和 2011 年共 7 年。长江中下游 1961 年以来春季面雨量大体呈由多转少的变化趋势,20 世纪 70 年代为极端多雨气候事件高发时期,共有 3 年(1973 年、1977 年和 1975 年)达到极端多雨气候事件标准。极端少雨气候事件的分布相对较为分散,分别是 1986 年、2007 年和 2011 年共 3 年。2010 年以来,发生极端少雨气候事件 1 次、极端多雨气候事件 1 次,2011 年为极端少雨气候事件,春季面雨量 219.1 mm,排历史第 1 位。我们可以看到三个流域年代际背景还是截然不同的,总的来说,多雨区从下游向上游转移(图 2.15)。

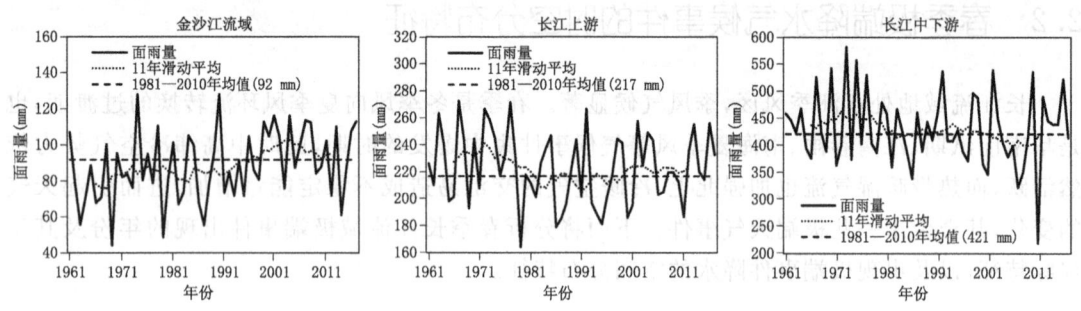

图 2.15　二级分区流域春季(3—5 月)面雨量历史序列及 11 年滑动平均

从三级分区来看,金沙江上段面雨量呈较为明显的增多趋势,近 10 年发生 3 次极端多雨气候事件,分别是 2011 年、2013 年和 2017 年;极端少雨出现 20 世纪 70 年代以前。金沙江中下段 1961 年以来面雨量经历了少—多—少的年代际转变,极端多雨年份共 6 年,分别为 1974 年、1978 年、1984 年、1990 年、2004 年和 2007 年,其中 1990 年达到极值 193.2 mm。极端少雨气候事件则主要出现在 20 世纪 90 年代以前,21 世纪以来发生两次极端少雨气候事件,分别是 2014 年和 2012 年。金沙江上段和金沙江中下段目前处在反位相关关系中。

岷沱江面雨量经历了由少转多的年代际转变,于 21 世纪初达到峰值。极端多雨气候事件全部发生在 1980 年以后,共有 5 年(1984 年、1985 年、1999 年、2004 年和 2005 年)。极端少雨气候事件的分布则与多雨事件相反,主要发生在 20 世纪的少雨背景中,分别是 1979 年、1983 年、1986 年、1987 年和 1994 年共 5 年。嘉陵江面雨量呈现出多—少—多的年代际转变,在 20 世纪 60 年代处于峰值。极端少雨气候事件主要集中在 20 世纪 90 年代至 21 世纪初期。2010 年以来,极端多雨气候事件发生 1 次,而没有发生极端少雨气候事件,2013 年的极端多雨气候事件,春季面雨量 240.3 mm,排历史第 7 位。乌江流域面雨量经历了多—少—多的年代际转变,于 20 世纪 70 年代达到峰值,这一时期也是极端多雨气候事件高发时期,分别是 1972 年、1974 年和 1977 年。2010 年以来,极端多雨气候事件发生 1 次,极端少雨气候事件发生两次,其中 2011 年和 2017 年为极端少雨气候事件,春季面雨量是 147.3 mm 和 233.8 mm,分别排历史第 1 位和第 8 位;2016 年为极端多雨气候事件,春季面雨量 371.1 mm,排历史第 3 位。宜宾—重庆区间面雨量经历了由多转少的年代际转变,于 20 世纪 90 年代达到峰值。极端少雨气候事件的分布相对较为分散,在各年代际背景中均有发生。2010 年以来,极端少雨发生 1 次,2011 年春季面雨量 153.5 mm,排历史第 1 位。重庆—宜昌区间面雨量经历了多—少—多的年代际转变。

汉江流域面雨量经历了由多转少的年代际转变,20世纪60—70年代是极端多雨气候事件高发时期。极端少雨气候事件则出现1980年以后。2010年以来,发生极端少雨气候事件1次,即2011年的极端少雨气候事件,春季面雨量152.3 mm,排历史第1位。两湖流域面雨量大体上呈由多到少的年代际转变,于20世纪70年代达到峰值。极端少雨气候事件则主要出现在21世纪。2010年以来,发生极端少雨气候事件1次,极端多雨气候事件1次,2011年为极端少雨气候事件,春季面雨量279.3 mm,排历史第1位(图2.16)。

通过上面分析可以看到2011年长江流域大部降水异常少,仅仅金沙江上段降水异常多,成因诊断将在后文进行分析。

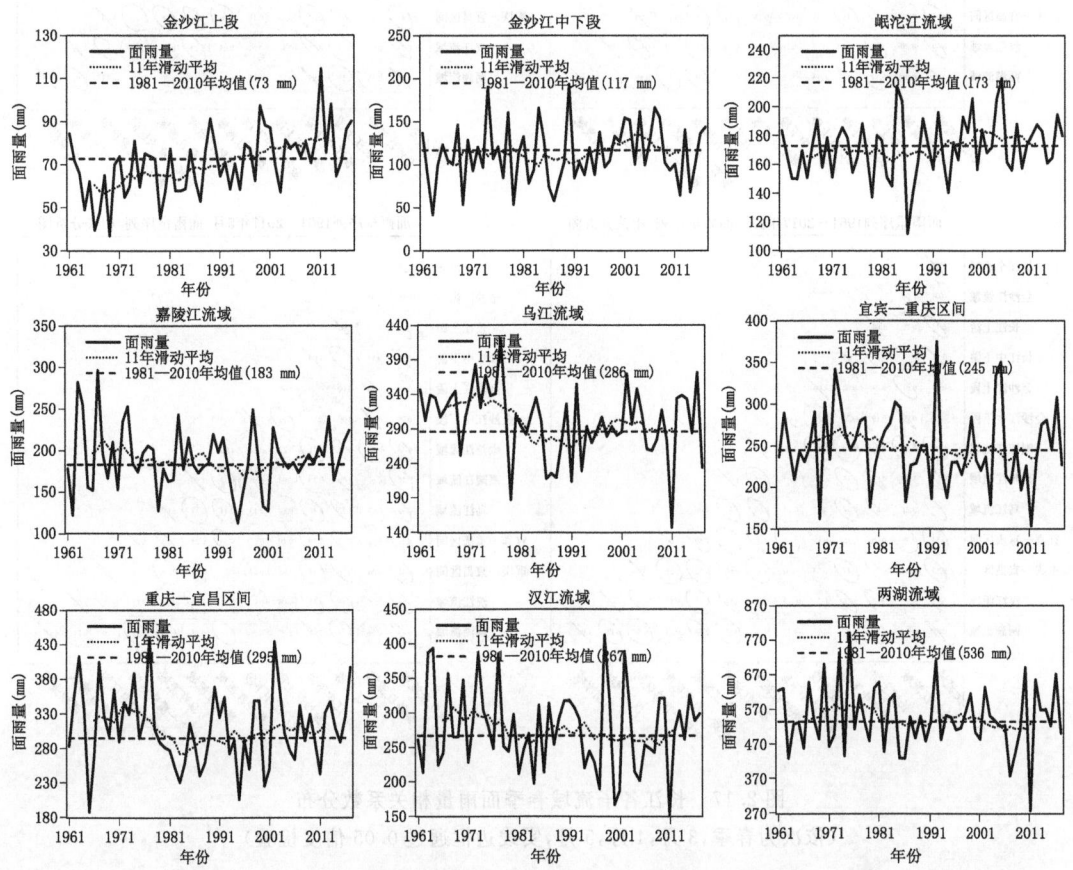

图2.16 三级分区流域春季(3—5月)面雨量历史序列及11年滑动平均

利用1961—2017年面雨量序列,采用相关分析法计算每两个流域面雨量之间的相关系数,结果显示,金沙江春季面雨量与岷沱江的相关系数可以达到0.50,并通过显著性检验;岷沱江流域与金沙江流域、宜宾—重庆区间相关系数较好;嘉陵江流域与重庆—宜昌区间相关性较好,接近0.6;乌江流域与宜宾—重庆区间相关系数为0.62,汉江流域与嘉陵江流域相关系数为0.70。总体来说,邻近的两流域相关性很高,并通过显著性检验。通过对比春季和3月、4月和5月相关系数发现(图2.17),流域显著性关系并没有发生明显改变,说明季节内流域相关性变化不大。

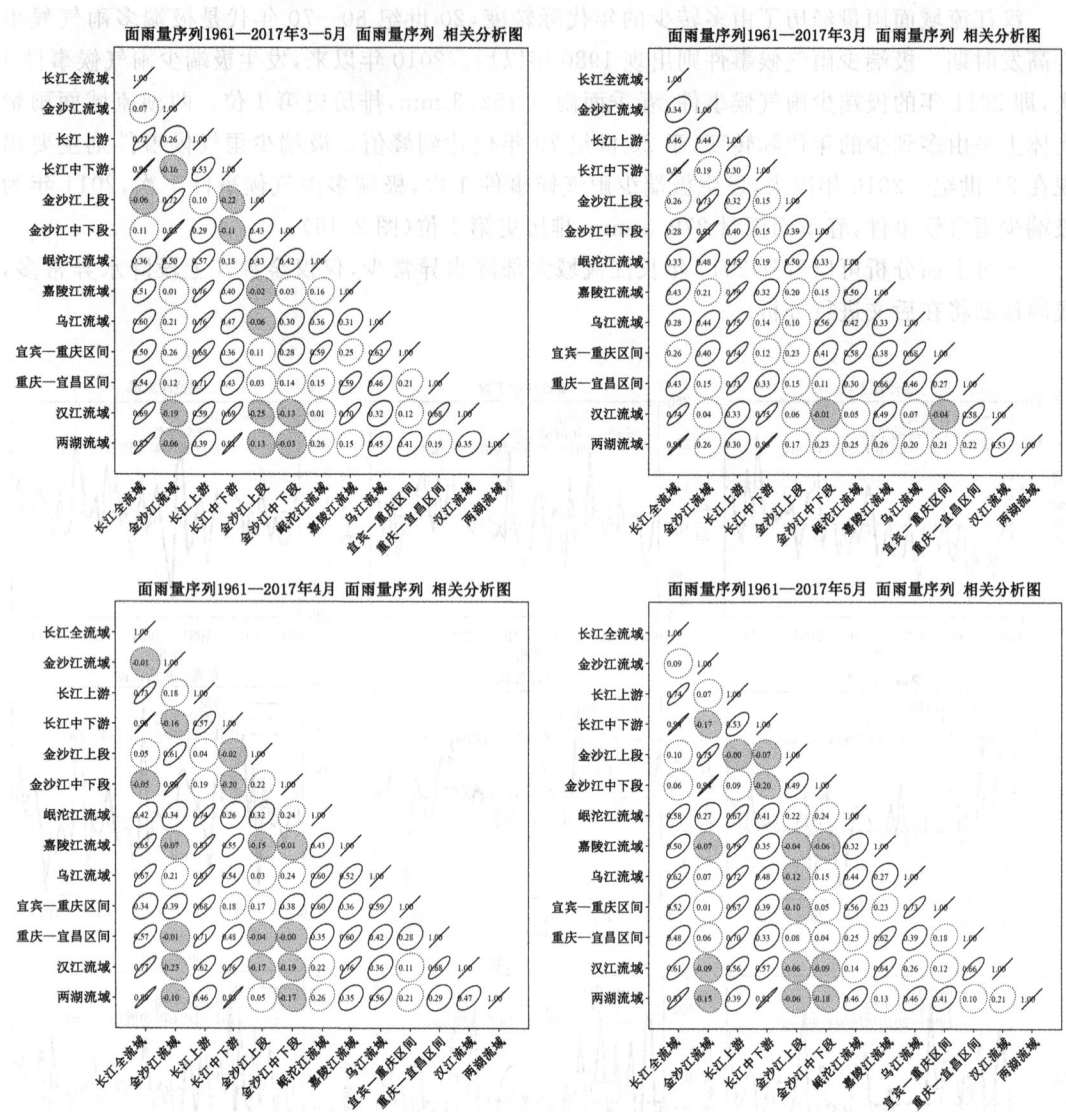

图 2.17 长江各子流域春季面雨量相关系数分布
（依次为春季，3月，4月，5月，实线边框通过0.05信度检验）

2.2.2 极端降水气候事件时空分布

从长江各子流域春季极端降水气候事件时间分布来看（图 2.18），长江全流域共发生 12 次极端降水气候事件，其中极端多雨气候事件为 8 次，主要出现在 20 世纪 60—70 年代，1973 年春季全流域面雨量为 355.9 mm，居历史第 1 位；极端少雨气候事件为 4 次，分别出现在 20 世纪 80 年代和 21 世纪初期，2011 年面雨量仅有 178.7 mm，居历史倒数第 1 位。

当全流域发生极端多雨气候事件时，往往长江中下游也达到极端多雨的标准，也就表明中下游降水对极端事件的贡献非常大。当全流域发生极端少雨气候事件时，有 3 年长江中下游也达到极端少雨的标准，而 1979 年上游达到极端少雨标准，中下游并没有达到极端标准，也

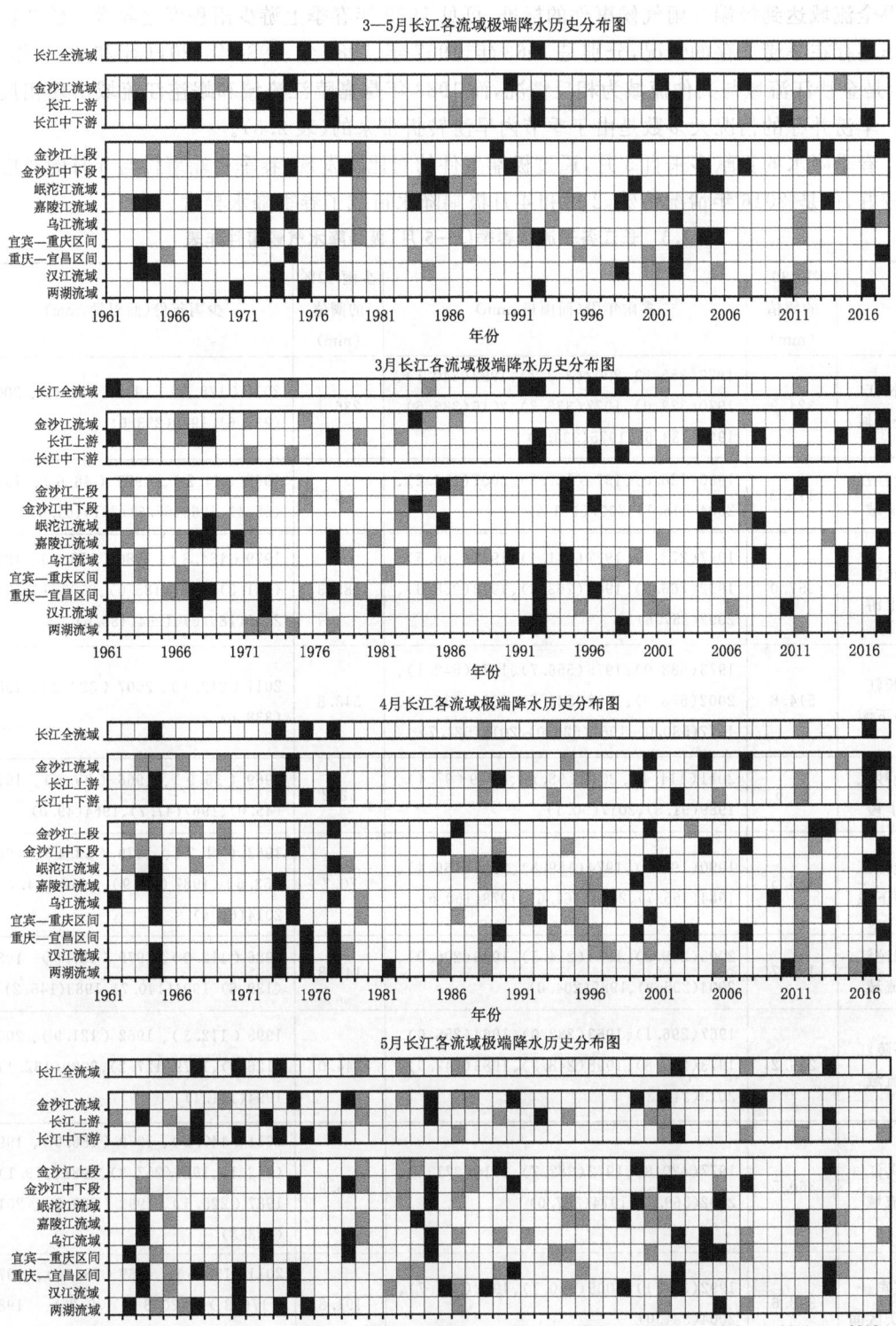

图 2.18 长江各子流域春季极端降水气候事件历史分布
(黑色为极端多雨气候事件、灰色为极端少雨气候事件)

使得全流域达到极端少雨气候事件的标准,可见1979年春季上游少雨程度之异常。长江流域春季还存在旱涝并存的情况,分别是1963年、1967年、1983年、1984年、2011年和2017年,有5年是金沙江流域与其他流域为相反情况,而1983年是嘉陵江流域和岷沱江流域出现相反情况。旱涝并存的情况大多数是由于季节内旱涝转折带来的(表2.3)。

春季降水的贡献多来自5月,通过极端事件的对比也发现,春季极端事件与5月的对应关系较好,但是2016年情况特殊,3月和4月极端降水造成了春季降水异常。

表2.3 长江各子流域春季(3—5月)极端降水气候事件年表

	多雨90%的阈值(mm)	多雨年份(面雨量,mm)	少雨10%的阈值(mm)	少雨年份(面雨量,mm)
长江全流域	324.9	1973(355.9)、2002(343.7)、1992(340.1)、1970(339.0)、1977(336.7)、2016(336.6)、1967(333.6)、1975(333.5)	236.1	2011(178.7)、1986(221.6)、2007(233.6)、1979(233.6)
金沙江流域	113.2	1990(128.0)、1974(127.8)、2001(116.2)、2004(116.1)、2007(113.6)	63.7	1969(44.2)、1979(48.6)、1987(55.4)、1963(55.6)、2014(61.0)
长江上游	257.0	1967(272.4)、1977(271.4)、1972(266.5)、1992(266.5)、1963(263.2)、1973(258.6)、2002(257.6)	189.3	1979(164.3)、1986(178.9)、1995(181.2)、1987(185.0)、2000(185.9)、2011(186.6)、1994(188.6)
长江中下游	514.8	1973(582.0)、1975(556.7)、1970(542.1)、2002(538.6)、1992(536.7)、2010(535.2)、1977(530.0)、1967(526.0)、2016(521.7)	343.8	2011(219.1)、2007(322.2)、1986(338.6)
金沙江上段	89.6	2011(114.4)、2013(98.1)、1999(97.4)、1989(91.3)、2017(90.1)	52.2	1969(36.9)、1966(39.5)、1979(45.0)、1967(47.7)、1964(49.0)
金沙江中下段	156.5	1990(193.2)、1974(189.8)、2007(166.4)、1984(165.7)、2004(161.6)、1978(160.5)	70.7	1963(41.7)、1979(53.4)、1969(53.6)、1987(57.9)、2012(64.7)、2014(68.4)
岷沱江流域	197.7	2005(219.9)、1984(214.5)、1999(206.0)、2004(205.9)、1985(204.0)	145.8	1986(112.0)、1979(137.5)、1987(139.6)、1994(140.7)、1983(145.2)
嘉陵江流域	239.2	1967(296.1)、1963(282.0)、1964(255.0)、1973(252.8)、1998(248.8)、1983(242.9)、2013(240.3)	144.0	1995(112.3)、1962(121.9)、2001(126.9)、1979(127.2)、2000(132.4)、1994(141.1)
乌江流域	360.5	1977(420.8)、1972(382.7)、2016(371.1)、2002(369.2)、1974(367.0)	235.9	2011(147.3)、1979(186.9)、1991(213.1)、1986(217.3)、1988(219.1)、1987(225.5)、1993(229.1)、2017(233.8)
宜宾—重庆区间	308.6	1992(375.1)、2005(350.1)、1972(341.7)、2004(334.0)	191.8	2011(153.5)、1969(162.4)、1979(176.3)、2003(179.2)、1986(182.4)、1991(186.2)、1994(187.4)
重庆—宜昌区间	380.0	1977(440.1)、2002(434.3)、1963(412.8)、1967(404.4)、2017(396.8)、1974(388.5)	242.2	1965(188.0)、1995(206.1)、2000(225.3)、1983(231.0)、1987(240.4)

续表

	多雨90%的阈值（mm）	多雨年份（面雨量，mm）	少雨10%的阈值（mm）	少雨年份（面雨量，mm）
汉江流域	355.7	1998(412.3)、1964(393.3)、2002(388.3)、1963(386.8)、1977(385.5)、1973(385.1)、1967(356.9)	203.5	2011(152.3)、2000(167.3)、2001(186.6)、1997(189.8)、1984(197.7)、2005(201.9)
两湖流域	664.9	1975(790.9)、1973(734.1)、1992(711.5)、1970(700.7)、2010(691.5)、2016(672.4)	428.4	2011(279.3)、2007(379.3)

2.2.2.1 极端多雨气候事件时空分布特征

(1)长江全流域。长江全流域1961年以来春季面雨量年际波动较大，在20世纪70年代达到峰值。这一时期也是极端多雨事件高发时期，共有3年(1973年、1975年和1977年)达到极端多雨事件标准，其中1973年达到极值355.62 mm；极端多雨事件的分布较为分散，在70年代以外的多雨年代际背景中也有发生，分别是1967年、1970年、1992年、2002年和2016年共5年(图2.19)。

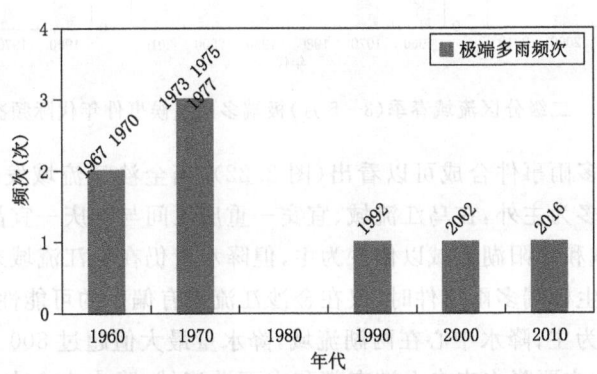

图2.19 长江全流域春季(3—5月)极端多雨气候事件年代际频次分布

从长江全流域春季极端降水事件合成可以看出(图2.20)，当发生极端多雨事件时，主要降水发生在除金沙江流域与岷沱江流域西部的整个长江流域，降水量最大值超过950 mm，降水中心位于鄱阳湖东部。

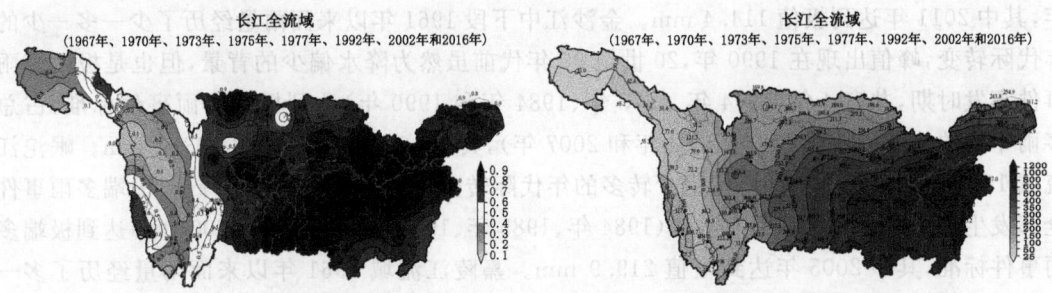

图2.20 长江全流域春季(3—5月)极端多雨年降水正距平频次合成(左，单位：次)和降水量合成(右，单位：mm)

(2) 二级分区流域。金沙江流域1961年以来春季面雨量呈较为明显的上升趋势,21世纪初期为极端多雨事件高发时期,共有3年(2001年、2004年和2007年)达到极端多雨事件标准,但面雨量极值反而出现在20世纪的两次极端多雨事件中:最大为1990年的128 mm,其次为1974年的127.8 mm。长江上游1961年以来春季面雨量呈现先减少后增加的变化趋势,20世纪60年代和70年代为极端多雨事件高发时期,共有5年(1963年、1967年、1972年、1973年和1977年)达到极端多雨事件标准,占总多雨年数的61%(其他2年为1992年和2002年),极值也出现在1967年的极端多雨事件中,为272.4 mm。长江中下游1961年以来春季面雨量大体呈由多转少的变化趋势,20世纪60—70年代为极端多雨事件高发时期,共有5年(1967年、1970年、1973年、1975年和1977年)达到极端多雨事件标准,占总多雨年数的66.6%(其他4年为1992年、2002年、2010年和2016年),极值也出现在1973年的极端多雨事件中,为582 mm(图2.21)。

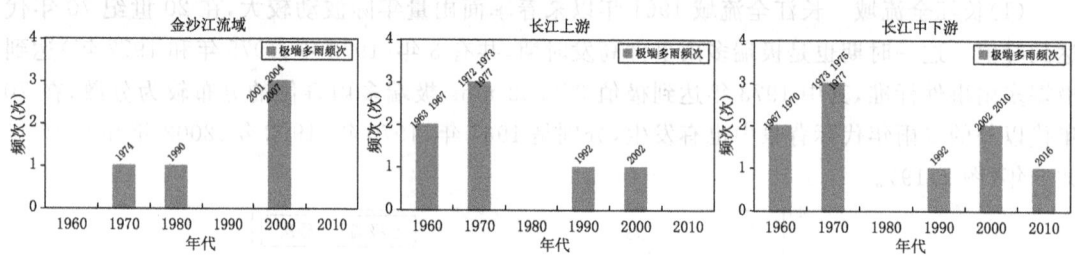

图2.21　二级分区流域春季(3—5月)极端多雨气候事件年代际频次分布

从春季极端降水多雨事件合成可以看出(图2.22),当金沙江流域发生极端多雨事件时,除了金沙江流域以偏多为主外,在乌江流域、宜宾—重庆区间与重庆—宜昌区间偏多的可能性也较大,而洞庭湖流域和鄱阳湖流域以偏少为主,但降水量仍在长江流域东南部的洞庭湖流域最大。当长江上游发生极端多雨事件时,仅在金沙江流域有偏少的可能性,长江上游及长江流域其他地区都以偏多为主;降水中心在两湖流域,降水量最大值超过800 mm。当长江中下游发生极端多雨事件时,主要降水来自上游东部和中下游流域,降水中心在两湖流域,降水量最大值接近950 mm;长江上游的金沙江流域至岷沱江流域西部、嘉陵江流域中部降水并不一定偏多。

(3) 三级分区流域。金沙江上段1961年以来春季面雨量呈较为明显的增多趋势,于21世纪10年代达到峰值;极端多雨年份共5年,分别为1989年、1999年、2011年、2013年和2017年,其中2011年达到极值114.4 mm。金沙江中下段1961年以来面雨量经历了少—多—少的年代际转变,峰值出现在1990年,20世纪90年代前虽然为降水偏少的背景,但也是极端多雨事件高发时期,共有4年(1974年、1978年、1984年和1990年)达到极端多雨事件标准,占总多雨年数的66%(其他2年为2004年和2007年),其中1990年达到极值193.2 mm。岷沱江流域1961年以来面雨量经历了由少转多的年代际转变,于21世纪初达到峰值,极端多雨事件全部发生在1980年以后,共有5年(1984年、1985年、1999年、2004年和2005年)达到极端多雨事件标准,其中2005年达到极值219.9 mm。嘉陵江流域1961年以来面雨量经历了多—少—多的年代际转变,在20世纪60年代处于峰值,这一时期也是极端多雨事件高发时期,共有3年(1963年、1964年和1967年)达到极端多雨事件标准,占总多雨年数的近一半(其他4年为1973年、1983年、1998年和2013年),其中1967年达到极值296.1 mm。乌江流域1961

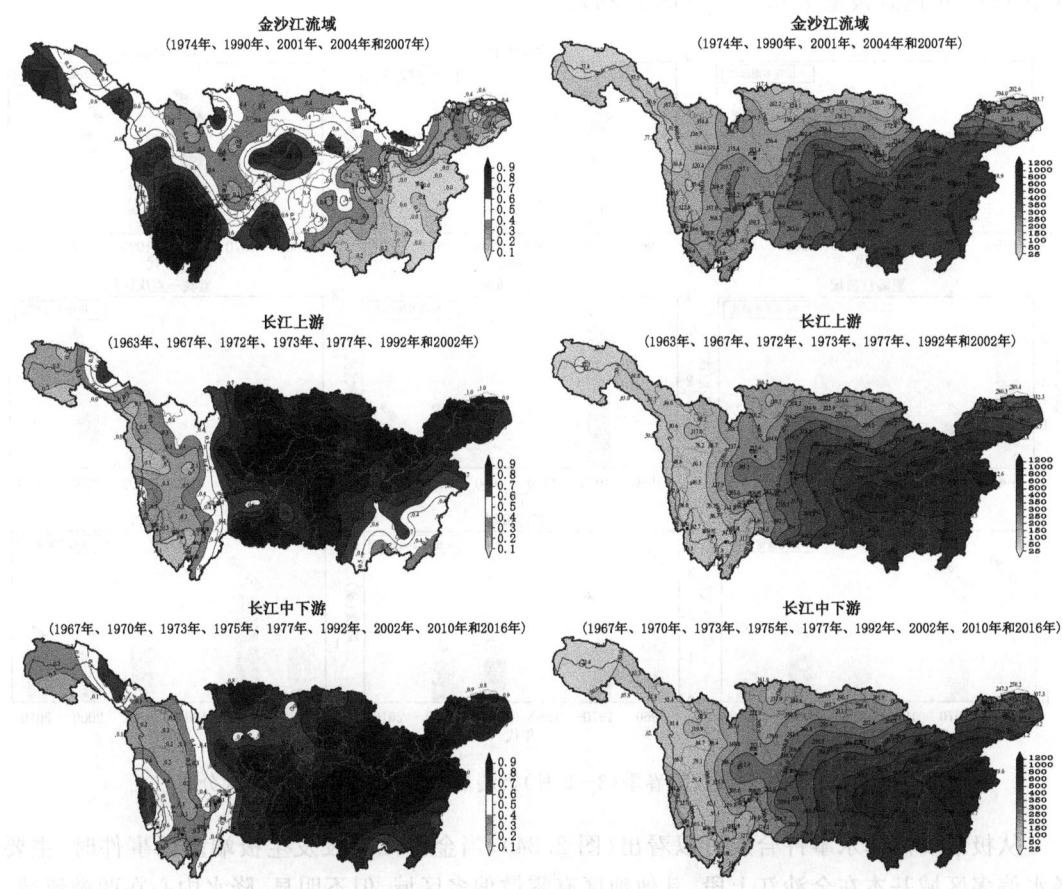

图 2.22 二级分区流域春季(3—5 月)极端多雨年降水正距平频次合成(左,单位:次)和
降水量合成(右,单位:mm)

年以来面雨量经历了多—少—多的年代际转变,于 20 世纪 70 年代达到峰值,这一时期也是极端多雨事件高发时期,共有 3 年(1972 年、1974 年和 1977 年)达到极端多雨事件标准,占总多雨年数的 66%(其他 2 年为 2002 年和 2016 年),其中 1977 年达到极值 420.8 mm。宜宾—重庆区间 1961 年以来面雨量经历了由多转少的年代际转变,于 20 世纪 90 年代达到峰值,共有 4 年(1972 年、1992 年、2004 年和 2005 年)达到极端多雨事件标准,其中 1992 年达到极值 375.1 mm。重庆—宜昌区间 1961 年以来面雨量经历了多—少—多的年代际转变,于 20 世纪 70 年代达到峰值,20 世纪 60—70 年代也是极端多雨事件高发时期,共有 4 年(1963 年、1967 年、1974 年和 1977 年)达到极端多雨事件标准,占总多雨年数的 66%(其他 2 年为 2002 年和 2017 年),其中 1977 年达到极值 440.1 mm。汉江流域 1961 年以来面雨量经历了由多转少的年代际转变,20 世纪 60—70 年代是极端多雨事件高发时期,共有 5 年(1963 年、1964 年、1967 年、1973 年和 1977 年)达到极端多雨事件标准,其他 2 年为 1998 年和 2002 年,其中 1998 年达到极值 412.3 mm。两湖流域 1961 年以来面雨量大体上呈由多到少的年代际转变,于 20 世纪 70 年代达到峰值,这一时期也是极端多雨事件高发时期,共有 3 年(1970 年、1973 年和 1975 年)达到极端多雨事件标准,占总多雨年数的 50%(其他 3 年为 1992 年、2010 年和 2016 年),

其中1975年达到极值790.9 mm(图2.23)。

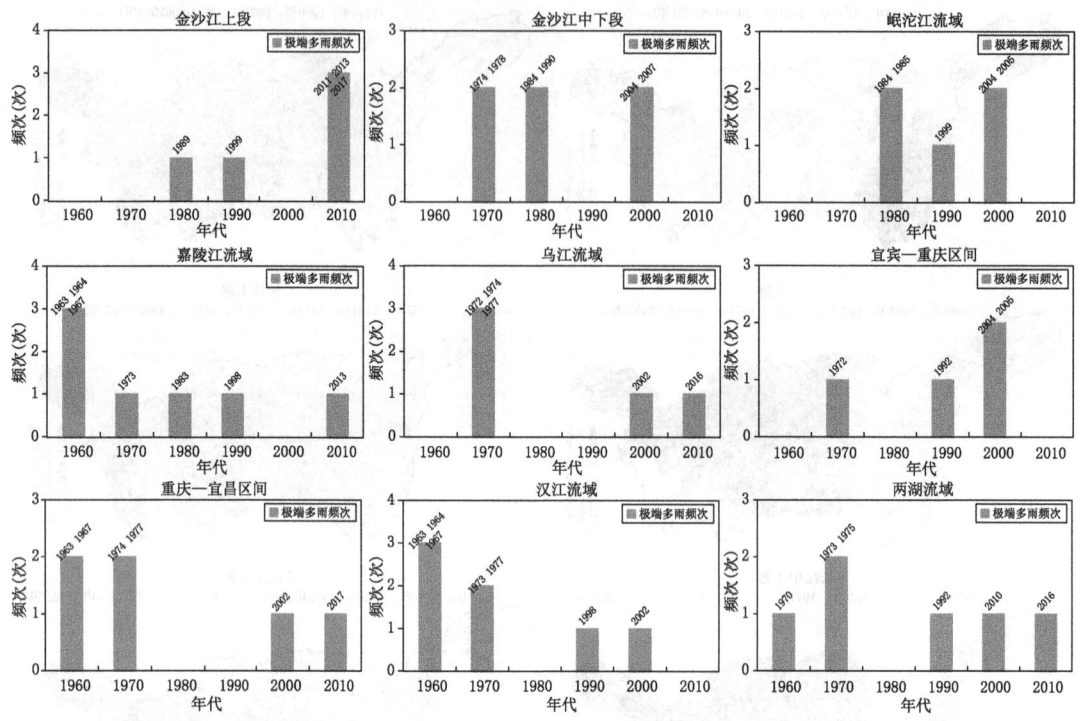

图 2.23　三级分区流域春季(3—5月)极端多雨气候事件年代际频次分布

从极端多雨降水事件合成可以看出(图2.24),当金沙江上段发生极端多雨事件时,主要降水偏多区域基本在金沙江上段,其他地区有零散偏多区域,但不明显,降水中心在两湖流域,降水量最大值超过600 mm。当金沙江中下段发生极端多雨事件时,主要降水偏多地区位于金沙江中下段、乌江流域、宜宾—重庆区间和重庆—宜昌区间,降水中心在两湖流域,降水量最大值超过600 mm;长江东部的洞庭湖流域、鄱阳湖流域和长江下游干流区间降水并不一定偏多。当岷沱江流域发生极端多雨事件时,主要降水偏多区域位于岷沱江流域以及与岷沱江流域相邻的宜宾—重庆区间和乌江流域,嘉陵江流域降水量最大值超过350 mm;汉江流域有偏少可能。当嘉陵江流域发生极端多雨事件时,主要降水偏多区域位于岷沱江流域、乌江流域以及除金沙江流域以外的整个长江以北地区,降水中心在两湖流域,降水量最大值超过350 mm;金沙江流域与洞庭湖局部则为偏少。当乌江流域发生极端多雨事件时,长江流域几乎全部以降水偏多为主,仅在金沙江上游局部和鄱阳湖南部存在偏少区域,乌江流域降水量最大值超过400 mm。当宜宾—重庆区间发生极端多雨事件时,宜宾—重庆区间最大降水量接近400 mm,岷沱江流域、嘉陵江流域、乌江流域、长江上游及两湖流域南部降水偏多可能性较大,而乌江流域反而偏少可能性较大。当重庆—宜昌区间发生极端多雨事件时,除金沙江流域中部与两湖流域东南部外,长江流域其他区域全以偏多为主,重庆—宜昌区间最大降水量可达500 mm。当汉江流域发生极端多雨事件时,长江流域大部以降水偏多为主,但在金沙江流域、岷沱江流域西部和两湖流域东南部有偏少区域,汉江流域的降水量最大值超过了600 mm。当两湖流域发生极端多雨事件时,除金沙江流域以外的长江流域大部几乎都以偏多为主,而两湖流域是降水中心,降水量最大值超过1000 mm。

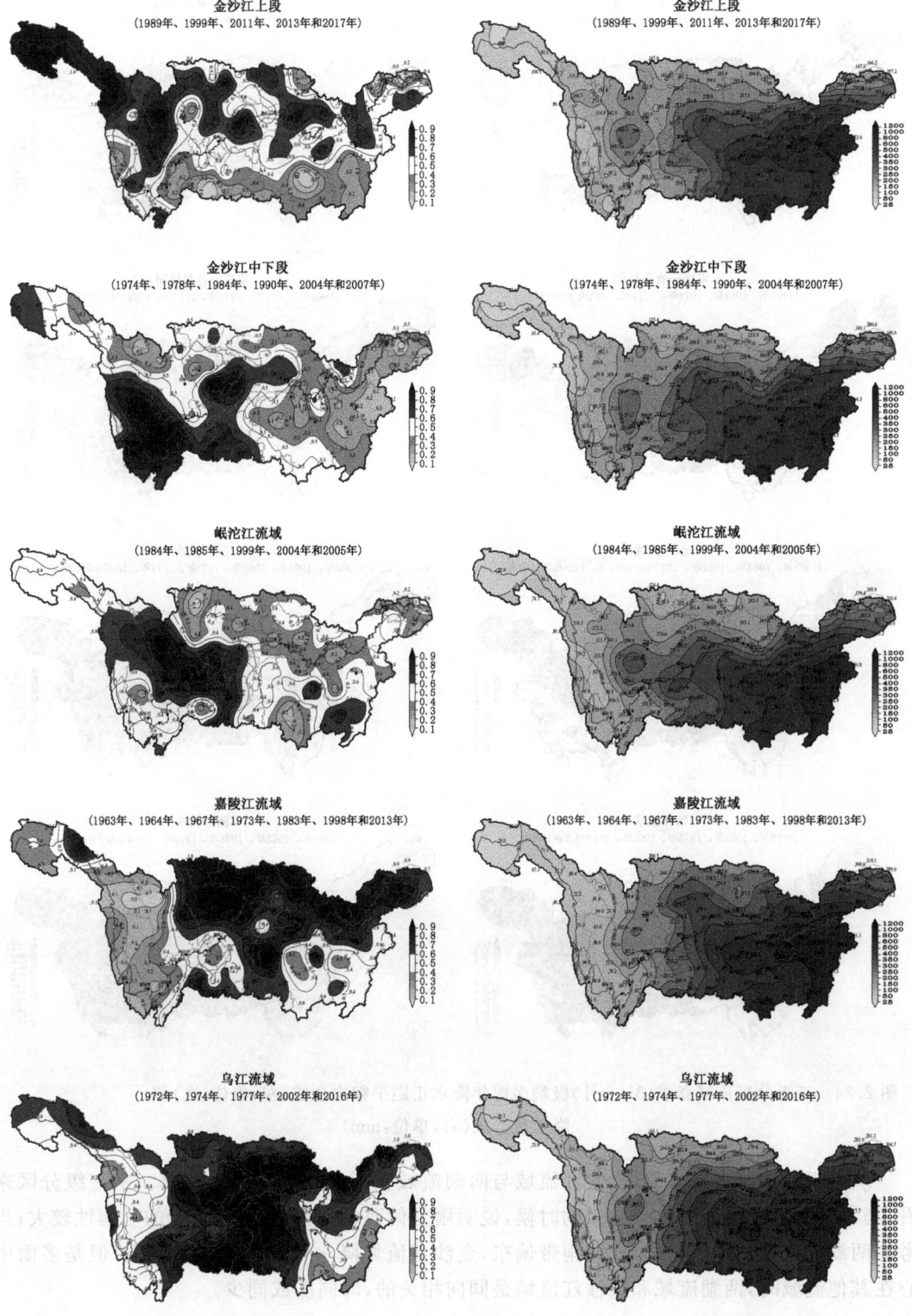

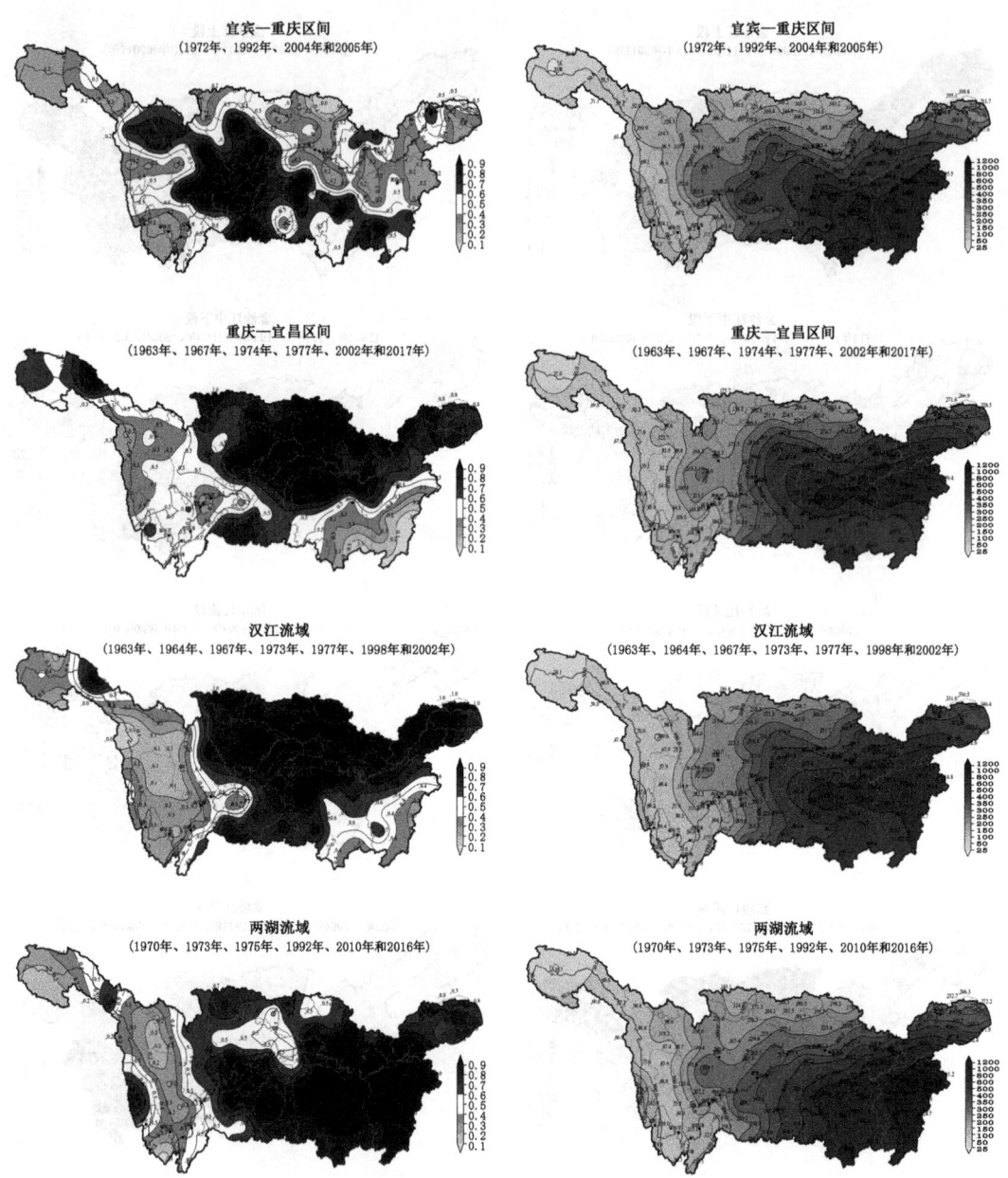

图 2.24 三级分区流域春季(3—5月)极端多雨年降水正距平频次合成(左,单位:次)和
降水量合成(右,单位:mm)

从一级和二级分区来看,金沙江流域与两湖流域呈现出明显的相反情况。从三级分区来看,当考虑金沙江流域降水异常多的时候,说明雨带偏西,两湖流域降水偏少的可能性较大;当考虑两湖流域异常多的时候,说明雨带偏东,金沙江流域降水偏少的可能性较大,但是多雨中心在其他流域时,两湖流域和金沙江流域是同向相关的,即同多或同少。

2.2.2.2 极端少雨气候事件时空分布特征

(1)长江全流域。1961 年以来,长江全流域春季极端少雨事件共发生了 4 年,分别是 1979年、1986 年、2007 年和 2011 年,其中 2011 年为极端少雨事件,春季面雨量 178.7 mm,排历史第 1 位(图 2.25)。

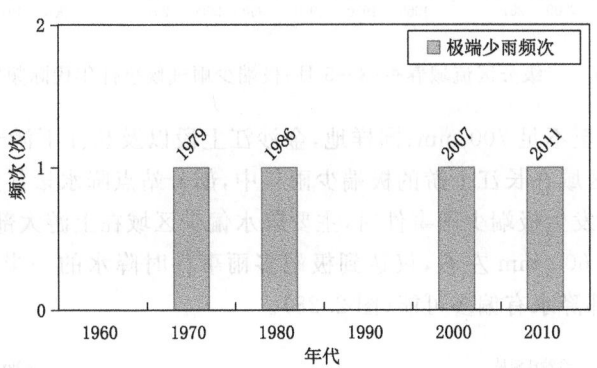

图 2.25　长江全流域春季(3—5月)极端少雨气候事件年代际频次分布

从长江全流域极端降水事件合成可以看出(图 2.26),极端少雨年份仅在金沙江流域上游和长江上游干流区间东部有偏多可能,而这些区域在长江全流域的极端少雨年中,部分站点降水量甚至还会超过长江全流域的极端多雨年份。

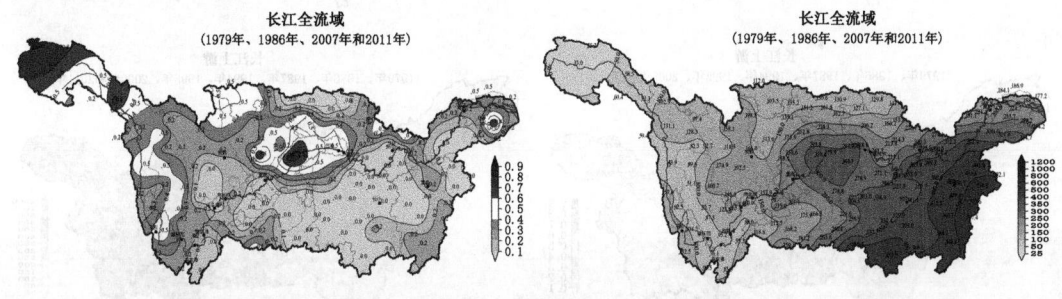

图 2.26　长江全流域春季(3—5月)极端少雨年降水正距平频次合成(左,单位:次)和
降水量合成(右,单位:mm)

(2)二级分区流域。金沙江流域极端少雨事件主要发生在 20 世纪 90 年代之前,分别是1963 年、1969 年、1979 年和 1987 年这 4 年;2010 年以来,发生 1 次极端少雨事件,在 2014 年。长江上游极端少雨事件的分布相对较为分散,分别是 1979 年、1986 年、1987 年、1994 年、1995年、2000 年和 2011 年共 7 年。长江中下游极端少雨事件的分布相对较为分散,分别是 1986年、2007 年和 2011 年共 3 年(图 2.27)。

从长江流域极端降水事件合成图上分析,当金沙江流域发生极端少雨事件时,除了乌江流域及重庆—宜昌区间以外的长江上游乃至整个长江流域都以偏少为主,金沙江流域的降水量最大值降至 80 mm 左右,只达到极端多雨事件时降水的一半。当长江上游发生极端少雨事件时,长江流域以一致偏少为主,仅在金沙江上游北部和长江下游干流区间东部有偏多可能;两

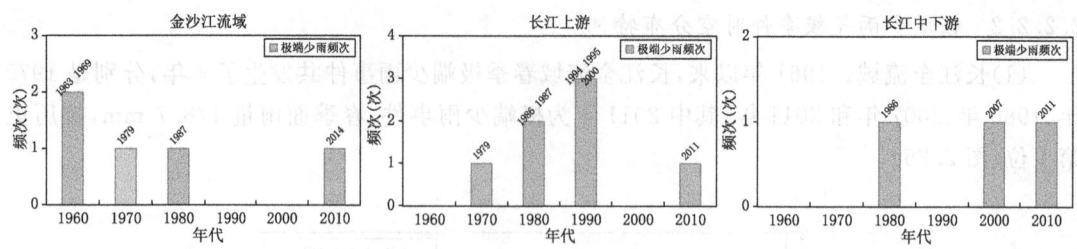

图 2.27　二级分区流域春季(3—5月)极端少雨气候事件年代际频次分布

湖流域最大降水量降至不足 700 mm；同样地，金沙江上段以及长江下游干流区间东部降水并不一定偏少，而这些区域在长江上游的极端少雨年中，部分站点降水量甚至还会超过极端多雨年份。当长江中下游发生极端少雨事件时，主要降水偏少区域在上游大部和长江中下游，两湖流域最大降水量降至 600 mm 左右，仅达到极端多雨事件时降水的一半左右；同样金沙江北部、嘉陵江流域东南部降水有偏多可能(图 2.28)。

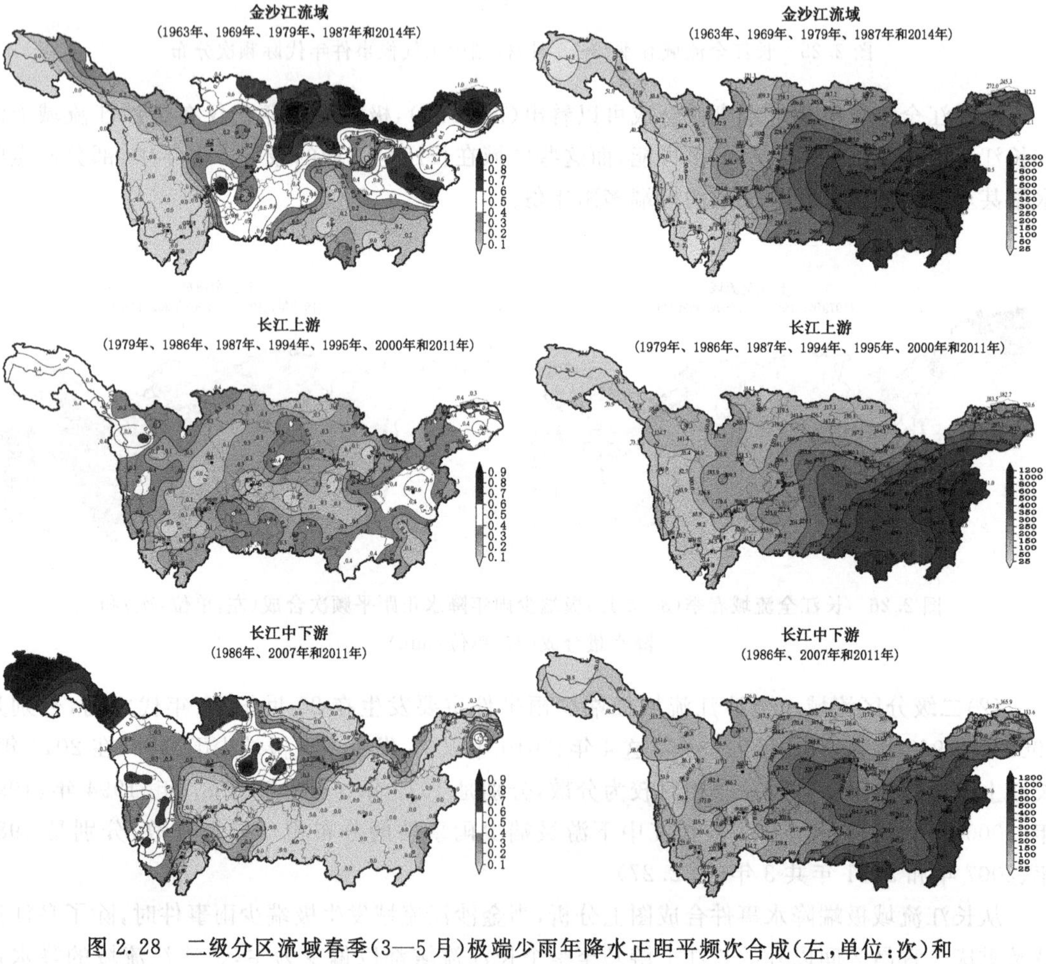

图 2.28　二级分区流域春季(3—5月)极端少雨年降水正距平频次合成(左，单位：次)和降水量合成(右，单位：mm)

(3)三级分区流域。金沙江上段极端少雨事件则主要出现在20世纪60年代,共有4年(1964年、1966年、1967年和1969年),占总少雨年数的80%(其余1年为1979年)。金沙江中下段极端少雨事件的分布相对较为分散,在少雨的年代际背景中均有发生,分别是1963年、1969年、1979年、1987年、2012年和2014年共6年。岷沱江流域极端少雨事件主要发生在20世纪的少雨背景中,分别是1979年、1983年、1986年、1987年和1994年共5年。嘉陵江流域极端少雨事件则主要集中在20世纪90年代,分别是1994年、1995年和2000年,其余还有1962年、1979年和2001年。乌江流域极端少雨事件发生频率较高,分别是1979年、1986年、1987年、1988年、1991年、1993年、2011年和2017年共8年。宜宾—重庆区间极端少雨事件的分布相对较为分散,在各年代际背景中均有发生,分别是1969年、1979年、1986年、1991年、1994年、2003年和2011年共7年。重庆—宜昌区间极端少雨事件则分别是1965年、1983年、1987年、1995年和2000年共5年。汉江流域极端少雨事件则出现在1980年以后,分别是1984年、1997年、2000年、2001年、2005年和2011年共6年。两湖流域极端少雨事件则主要出现在21世纪,分别是2007年和2011年共2年(图2.29)。

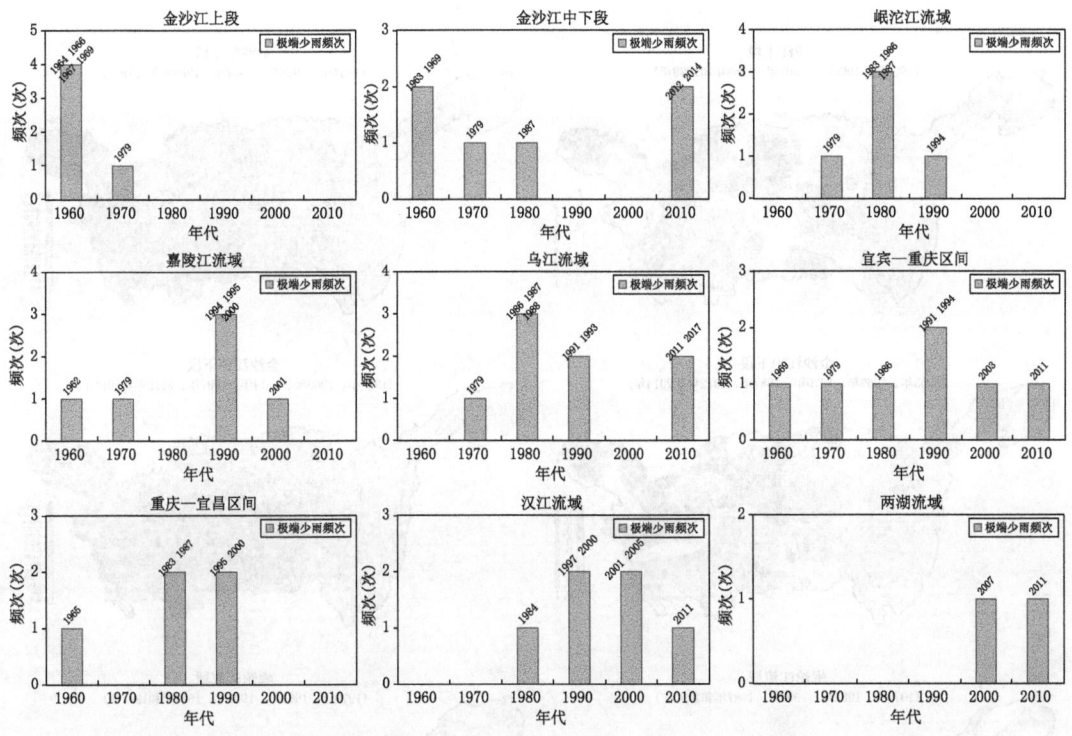

图2.29 三级分区流域春季(3—5月)极端少雨气候事件年代际频次分布

从极端少雨降水事件合成图上分析,当金沙江上段发生极端少雨事件时,主要降水偏少区域在整个金沙江流域和岷沱江流域西部以及洞庭湖流域和鄱阳湖流域大部,但两湖流域最大降水量仍维持在600 mm左右,与极端多雨事件时相接近;乌江流域、重庆—宜昌区间和汉江流域降水并不一定偏少。当金沙江中下段发生极端少雨事件时,主要降水偏少区域除了金沙江中下段,主要在金沙江全流域、岷沱江流域、洞庭湖流域和鄱阳湖流域南部,两湖流域最大降水量超过700 mm左右，甚至比极端多雨事件时降水更多；同样地，位于乌江流域、重庆—宜昌区间、鄱阳湖北部以及长江下游干流区间降水并不一定偏少。当岷沱江流域发生极端少雨事件时，主要降水偏少区域包括了整个长江上游以及中游干流区间和洞庭湖流域西部，嘉陵江流域最大降水量不足300 mm；同样地，乌江流域上游、洞庭湖流域北部降水偏多可能性较大。当嘉陵江流域发生极端少雨事件时，主要降水偏少区域包括了除金沙江流域以外的整个长江以北地区与长江干流区间，嘉陵江最大降水量不足250 mm左右。当乌江流域发生极端少雨事件时，长江流域几乎全部以降水偏少为主，只在长江流域北部的乌江流域及下游干流区间存在偏多可能。当宜宾—重庆区间发生极端少雨事件时，主要降水偏少区域几乎包括了整个长江流域，仅重庆—宜昌区间偏多。当重庆—宜昌区间发生极端少雨事件时，重庆—宜昌区间最大降水量仅在300 mm左右，而长江流域整体也以降水偏少为主，仅在乌江流域和鄱阳湖北部偏多。当汉江流域发生极端少雨事件时，金沙江流域和岷沱江流域北部以及两湖流域南部降水反而偏多。当两湖流域发生极端少雨事件时，主要降水偏少区域位于汉江流域、长江中下游干流区间及长江以南地区，而金沙江流域和嘉陵江流域以及重庆—宜昌区间以偏多为主（图2.30）。

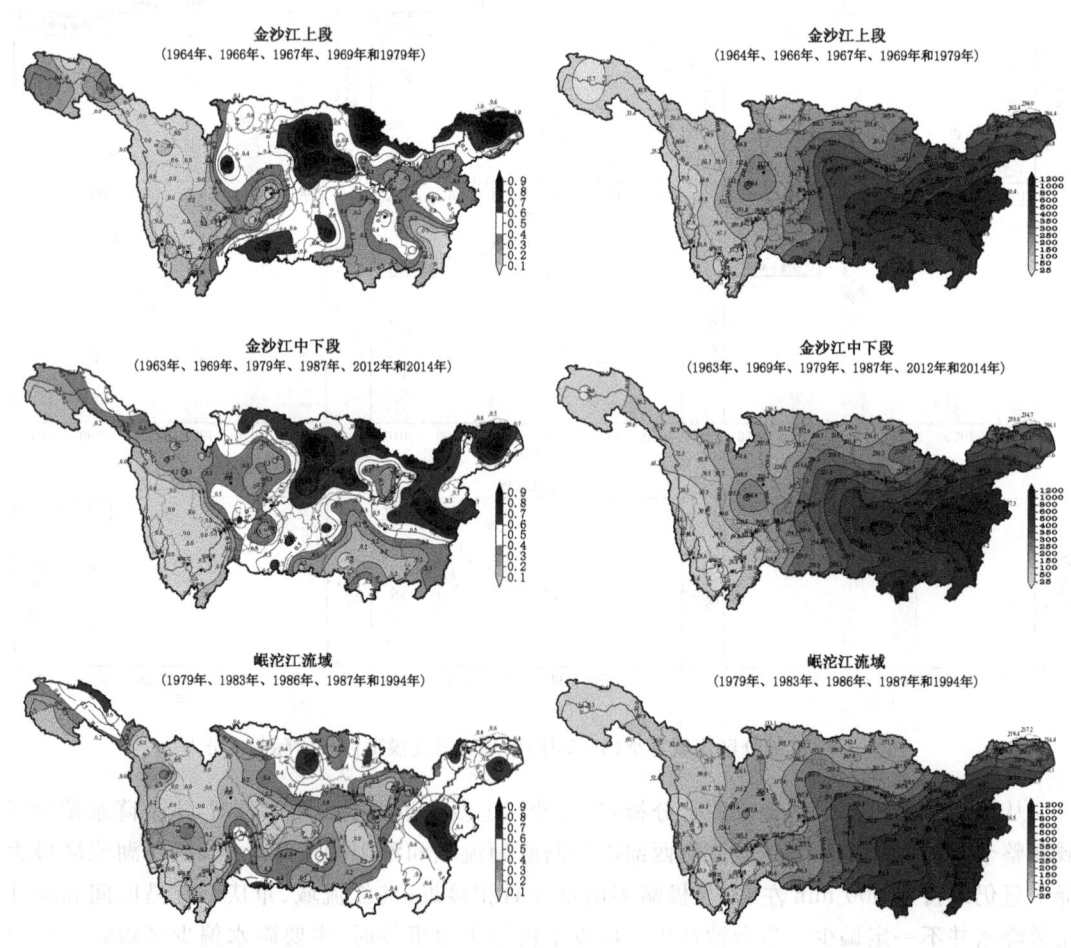

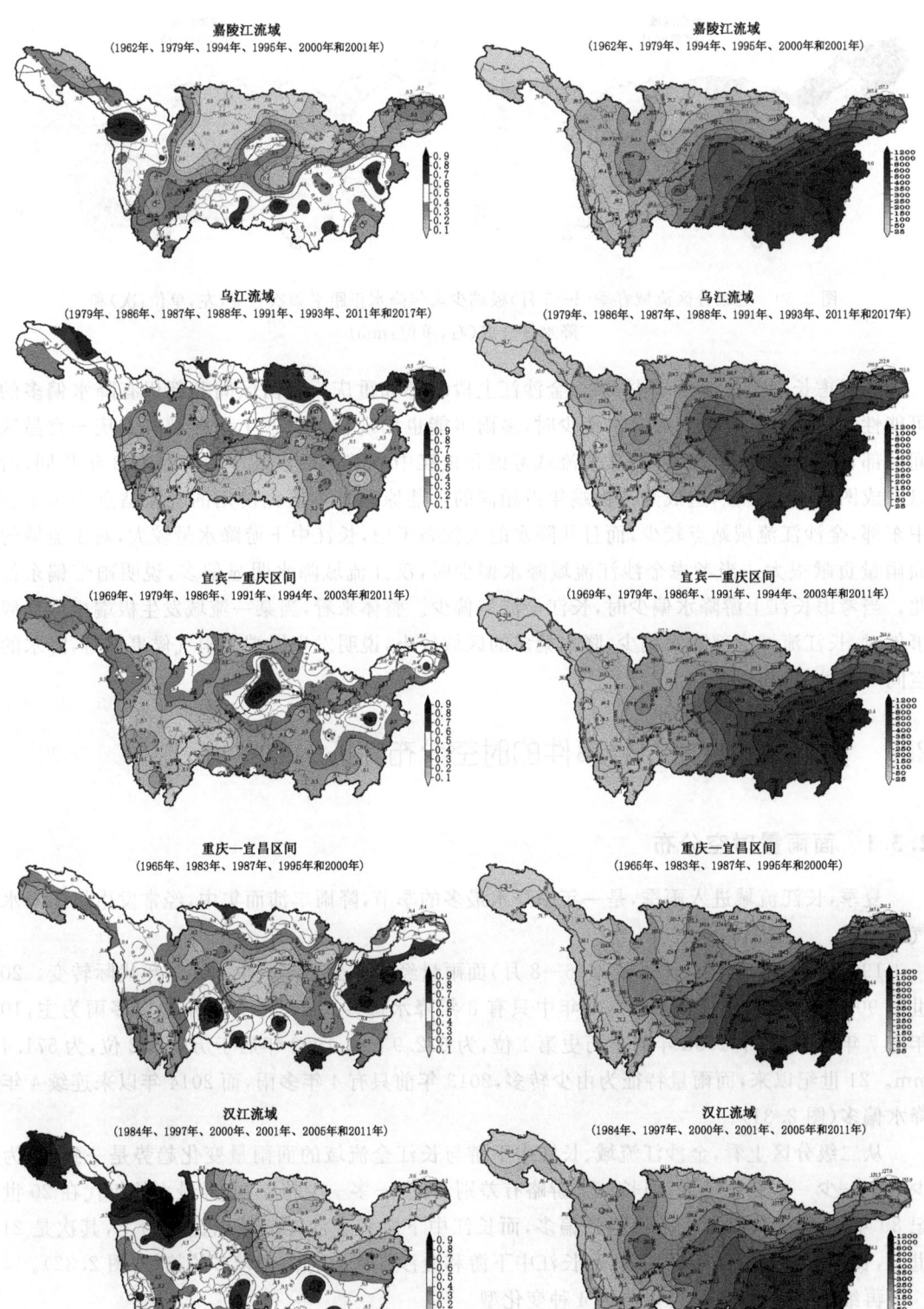

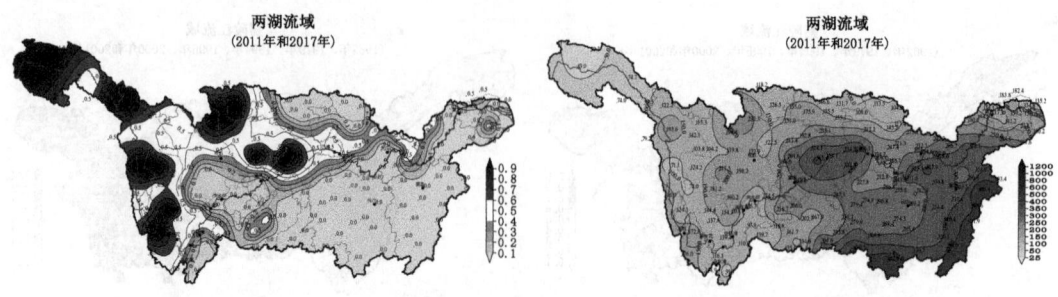

图 2.30 三级分区流域春季(3—5月)极端少雨年降水正距平频次合成(左,单位:次)和降水量合成(右,单位:mm)

当考虑长江全流域极端少雨时,金沙江上段北部和重庆—宜昌区间北部仍有降水偏多的可能性。当考虑长江中下游降水偏少时,多雨可能也出现在金沙江上段北部和重庆—宜昌区间北部,仔细研究其年份发现,从全流域考虑和长江中下游考虑极端少雨年份有3年相同,所以合成图也较为类似,造成筛选极端年份相同的可能原因是本研究使用的气象站点多集中在中东部,金沙江流域站点较少,而且从降水的气候态考虑,长江中下游降水量较大,对于流域的面雨量贡献很大。当考虑金沙江流域降水偏少时,汉江流域降水明显偏多,说明雨带偏东偏北。当考虑长江上游降水偏少时,长江全流域偏少。整体来看,当某一流域发生极端少雨气候事件时,长江流域大部降水偏少,降水偏多的区域较小,说明发生极端少雨气候事件时,降水的空间一致性较好。

2.3 夏季极端降水气候事件的时空分布特征

2.3.1 面雨量时空分布

夏季,长江流域进入雨季,是一年中降水最多的季节,降雨丰沛而集中,经常发生极端降水气候事件。

1961年以来,长江全流域夏季(6—8月)面雨量经历了少—多—少—多的年代际转变。20世纪90年代之前,以少雨为主,30年中只有8年降水偏多。20世纪90年代以多雨为主,10年有7年偏多,其中1998年居于历史第1位,为622.9 mm,1999年居于历史第2位,为571.4 mm。21世纪以来,面雨量特征为由少转多,2013年前只有4年多雨,而2014年以来连续4年降水偏多(图2.31)。

从二级分区上看,金沙江流域、长江中下游与长江全流域的面雨量变化趋势是一致的,为少—多—少—多变化特征,但长江上游略有差别,为少—多—少特征,差异最大的年代在20世纪80年代,这期间长江上游面雨量偏多,而长江中下游和金沙江流域以偏少为主,其次是21世纪,长江上游基本呈年际振荡,而长江中下游和金沙江流域有由少转多的趋势(图2.32)。

再细化到三级分区,可以分为4种变化型。

第1型,与全流域一致,为少—多—少—多的变化特征,这些流域有嘉陵江流域、乌江流域、重庆—宜昌区间和两湖流域。但转变的年代有着较大的差异。嘉陵江流域和重庆—宜昌

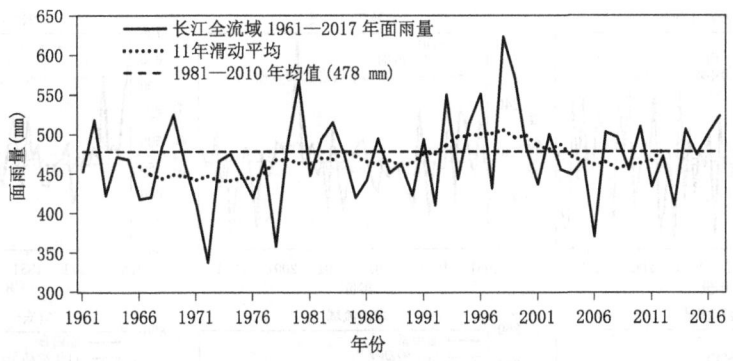

图 2.31　长江全流域夏季（6—8 月）面雨量历史序列及 11 年滑动平均

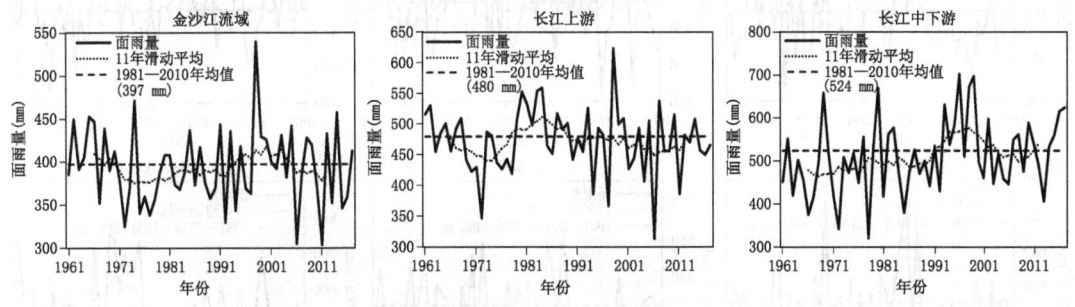

图 2.32　二级分区流域夏季（6—8 月）面雨量历史序列及 11 年滑动平均

区间，20 世纪 60—70 年代以偏少为主；80 年代降水转多，为 1961 年以来降水最多的年代；90 年代转少；21 世纪以来，又有所增多。与嘉陵江流域和重庆—宜昌区间不同之处在于，乌江流域和两湖流域首次由少转多，发生在 20 世纪 90 年代。

第 2 型，金沙江中下段、宜宾—重庆区间和岷沱江流域为多—少—多—少的变化特征。共同之处在于，首次多转少发生在 20 世纪 60—70 年代；21 世纪以来，降水有减少的趋势。不同之处在于，少转多发生年代不一致，岷沱江流域发生在 20 世纪 80 年代，金沙江中下段发生在 20 世纪 90 年代，而宜宾—重庆区间两者兼有之。

第 3 型，金沙江上段为少—多的变化特征。21 世纪之前，金沙江上段处于偏少的阶段，21 世纪之后处于偏多的阶段，但近 3 年中有 2 年偏少。

第 4 型，汉江流域在 20 世纪 80 年代之前以偏少为主，之后转为年际振荡特征。

可以发现，虽然各子流域多雨—少雨变化各有差异，但与全流域变化特征较为一致的子流域数量是最多的（图 2.33）。

长江中下游的夏季面雨量仍然在二级分区的 3 个流域中占比最重，其次是长江上游，金沙江流域与全流域相关性相对较低一些，但也能通过显著性检验；3 个流域之间，金沙江流域与长江上游、长江上游与长江中下游相关性好，相关系数分别是 0.61、0.34，均通过显著性检验，而金沙江流域地处高原，地理位置特殊，与长江中下游不具备显著相关性。从三级分区的角度来看，(1) 长江全流域除了与岷沱江相关没有通过显著性检验外，与其他流域都通过信度检验，与嘉陵江流域和金沙江上段相关分别为 0.27 和 0.42，其他流域相关系数均在 0.5 以上；(2) 金沙江流域除了与自身包含的流域关系较好外，还与长江上游和宜宾—重庆区间相关系数较

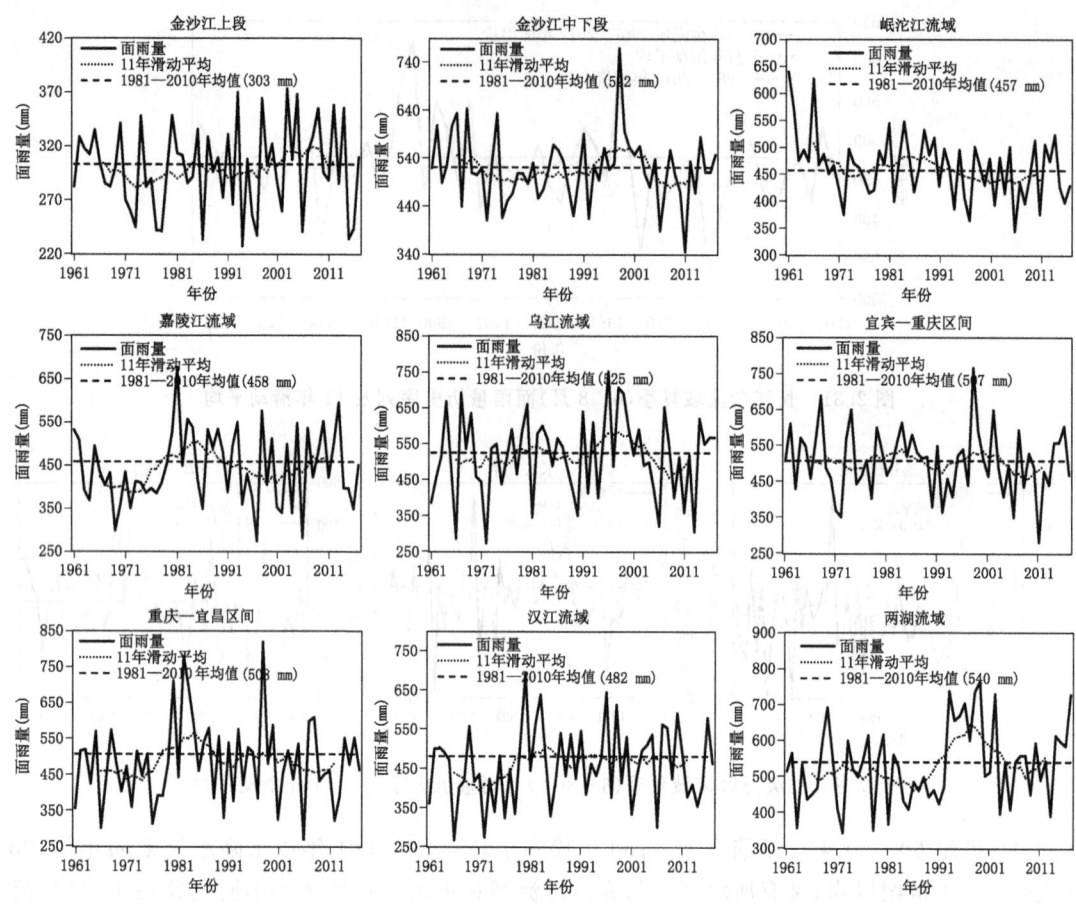

图 2.33 三级分区流域夏季(6—8月)面雨量历史序列及 11 年滑动平均

高,均在 0.5 以上;(3)长江上游除了与自身包含的流域关系较好外,还与汉江流域相关达 0.53;(4)长江中下游除了与汉江流域和两湖流域相关较好外,与上游的乌江流域、宜宾—重庆区间、重庆—宜昌区间相关也通过了信度检验,与岷沱江流域、嘉陵江流域是不显著的反相关关系;(5)金沙江上段与岷沱江流域、嘉陵江流域和重庆—宜昌区间相关均通过了信度检验,与其他流域相关不显著;(6)金沙江中下段与岷沱江流域、宜宾—重庆区间、重庆—宜昌区间、乌江流域及两湖流域相关均通过了信度检验,与其他流域相关不显著;(7)岷沱江流域除了与长江上游相关显著外,仅与嘉陵江流域、宜宾—重庆区间相关通过了显著性检验,与其他流域均呈不显著的反相关关系;(8)嘉陵江流域除与上述有显著性相关外,还与汉江流域和重庆—宜昌区间相关较好;(9)乌江流域除了与岷沱江流域、嘉陵江流域呈反相关,与金沙江上段相关未通过显著性检验外,与其他流域相关系数均通过了显著性检验;(10)宜宾—重庆区间除了与金沙江上段和嘉陵江流域相关不显著外,与其他流域相关系数均通过了信度检验;(11)重庆—宜昌区间与岷沱江流域呈反相关关系,与两湖流域相关未通过信度检验,与其他流域相关系数均通过信度检验;(12)汉江流域与岷沱江流域呈反相关关系,与金沙江流域相关系数未通过信度检验,与其他流域相关系数均通过了信度检验;(13)两湖流域与金沙江上段、岷沱江流域、嘉陵江流域呈反相关关系,与金沙江流域、长江上游和重庆—宜昌区间相关系数未通过信度检验,与长江全流域、长江中下游和乌江流域相关极显著(图 2.34)。

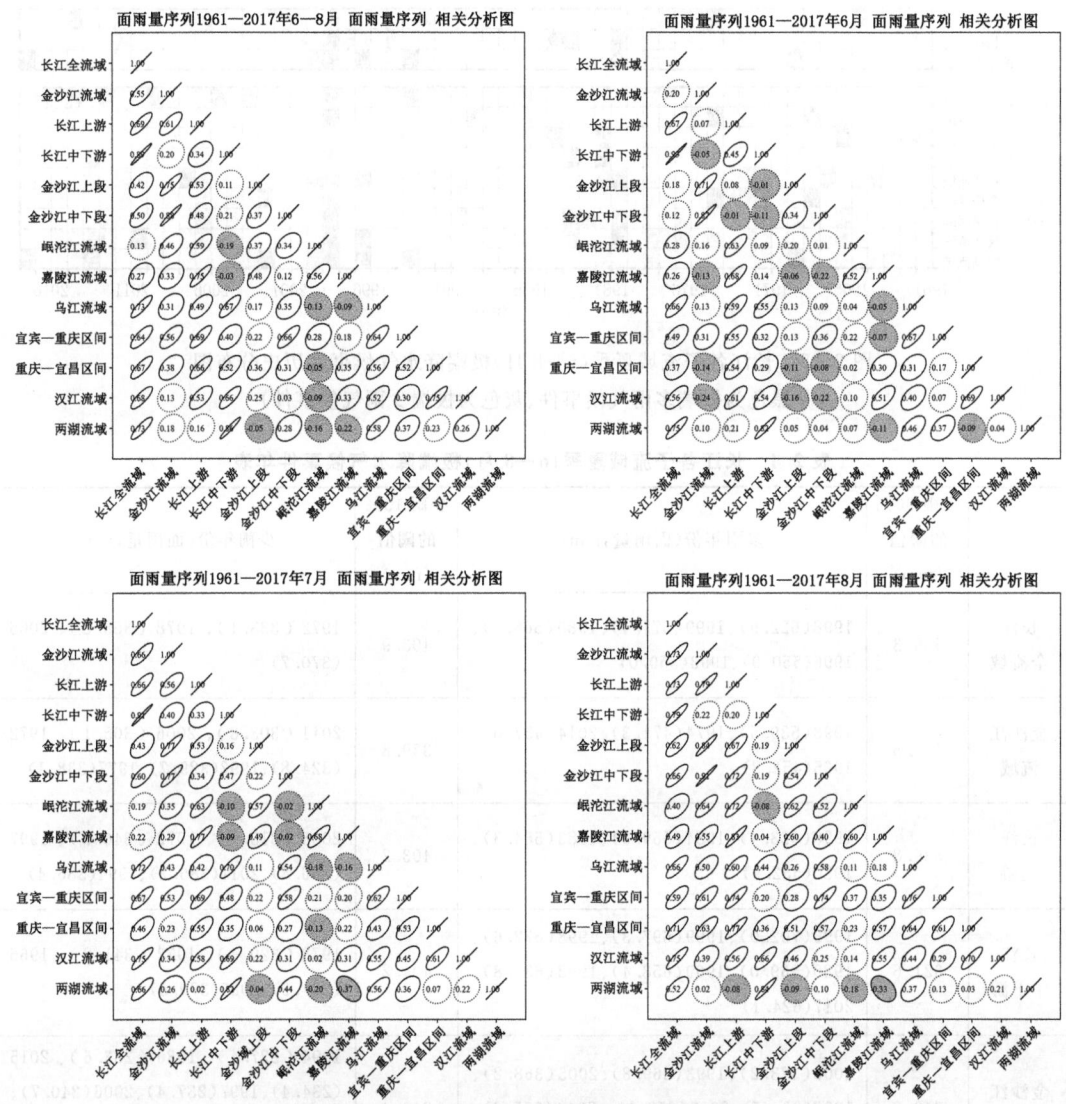

图 2.34 不同子流域间面雨量相关系数分布
(依次为夏季、6 月、7 月、8 月,实线边框通过 0.05 信度检验)

2.3.2 极端降水气候事件时空分布

分析夏季长江各子流域极端降水气候事件历史分布图可知,极端少雨气候事件容易发生全流域一致型,如 1972 年和 2006 年,仅 2～3 个流域没有发生极端少雨气候事件,其他流域均是同时发生极端少雨气候事件;1978 年长江中下游集中发生极端少雨气候事件,2011 年长江上游集中发生极端少雨气候事件,1966 年汉江流域、1990 年上游干流区间、1994 年和 1997 年上游岷沱江流域、嘉陵江流域和金沙江中下段发生极端少雨气候事件。全流域极端多雨气候事件仅在 1998 年发生,1980 年发生在上游东南部和汉江流域,1993 年发生在长江中下游,1996 年和 1999 年发生在长江中下游,其他年份发生极端降水气候事件的流域较少(图 2.35,表 2.4)。

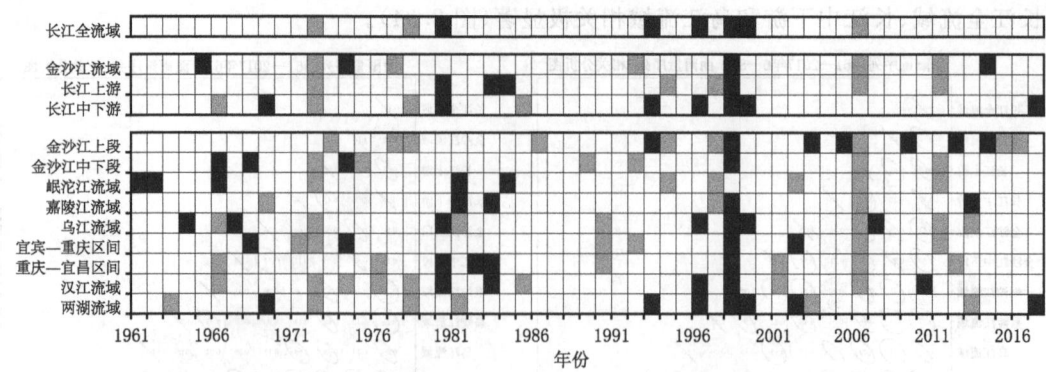

图 2.35 长江各子流域夏季(6—8月)极端降水气候事件历史分布图
(黑色为极端多雨气候事件、灰色为极端少雨气候事件)

表 2.4 长江各子流域夏季(6—8月)极端降水气候事件年表

	多雨90%的阈值(mm)	多雨年份(面雨量,mm)	少雨10%的阈值(mm)	少雨年份(面雨量,mm)
长江全流域	535.3	1998(622.9)、1999(571.4)、1980(566.6)、1996(550.9)、1993(550.0)	403.9	1972(338.1)、1978(358.2)、2006(370.7)
金沙江流域	451.5	1998(539.5)、1974(471.3)、2014(457.6)、1965(452.8)	339.8	2011(303.8)、2006(305.1)、1972(324.8)、1992(329.7)、1977(338.1)
长江上游	539.8	1998(623.4)、1984(559.5)、1983(554.3)、1980(552.9)	403.2	2006(313.4)、1972(346.7)、1997(366.8)、2011(386.2)、1994(386.4)
长江中下游	621.6	1996(702.0)、1999(697.3)、1998(672.6)、1980(669.0)、1969(658.4)、1993(630.8)、2017(624.1)	404.2	1978(320.4)、1972(341.8)、1966(374.9)、1985(379.5)
金沙江上段	349.6	2003(373.2)、1993(369.8)、2005(368.2)、1998(364.5)、2012(358.1)、2014(355.6)、2009(355.1)	249.4	1994(227.4)、1986(233.6)、2015(234.4)、1997(237.4)、2006(240.7)、1978(241.2)、1977(242.0)、2016(243.9)、1973(245.0)
金沙江中下段	609.8	1998(770.2)、1968(644.2)、1966(634.9)、1974(634.2)	433.7	2011(346.4)、2006(389.6)、1972(411.7)、1992(415.3)、1975(416.3)、1989(421.2)
岷沱江流域	541.3	1961(639.9)、1966(627.1)、1962(572.6)、1984(548.0)、1981(544.8)	394.2	2006(344.4)、1997(364.6)、1972(375.4)、2011(376.0)、1994(385.9)、2002(393.1)
嘉陵江流域	552.6	1981(677.0)、2013(594.8)、1998(575.9)、1983(556.6)	338.8	1997(274.2)、2006(281.5)、1969(298.4)

续表

	多雨90%的阈值(mm)	多雨年份(面雨量,mm)	少雨10%的阈值(mm)	少雨年份(面雨量,mm)
乌江流域	652.5	1996(752.0)、1998(707.1)、1967(692.5)、1999(690.8)、1964(668.2)、1980(660.8)、2007(653.5)	373.6	1972(274.7)、1966(287.1)、2013(306.6)、2006(322.4)、1981(346.7)、1990(351.4)、2011(360.3)
宜宾—重庆区间	620.9	1998(766.2)、1968(688.2)、1974(650.2)、2002(648.7)	392.6	2011(281.1)、2006(350.3)、1972(351.8)、1992(364.5)、1971(370.1)、1990(379.1)
重庆—宜昌区间	632.7	1998(820.3)、1982(780.4)、1980(711.8)、1983(692.7)	352.5	2006(271.4)、1966(302.6)、1976(314.7)、2012(323.9)、2001(326.6)、1990(331.1)
汉江流域	582.2	1980(695.0)、1996(646.1)、1983(639.9)、1998(613.9)、2010(591.8)	342.0	1966(268.7)、1972(275.8)、2006(301.9)、1976(325.3)、1985(330.4)、2001(334.8)、1978(336.0)、1974(341.3)
两湖流域	673.8	1999(765.9)、1993(738.7)、1998(736.1)、2002(730.5)、2017(728.3)、1996(704.7)、1969(692.7)	403.5	1972(344.4)、1978(351.5)、1963(358.0)、1981(368.0)、2013(390.9)、2003(397.0)

2.3.2.1 极端多雨气候事件时空分布特征

(1)长江全流域。长江全流域夏季极端多雨气候事件共发生5次。20世纪90年代是极端多雨气候事件高发时期,共有4年(1993年、1996年、1998年和1999年)达到事件标准,占总极端多雨年数的80%,其中1998年622.9 mm为历史最大值,远超历史第2位1999年571.4 mm。还有1次极端多雨气候事件发生在1980年,位于历史第3位,面雨量为566.6 mm(图2.36)。

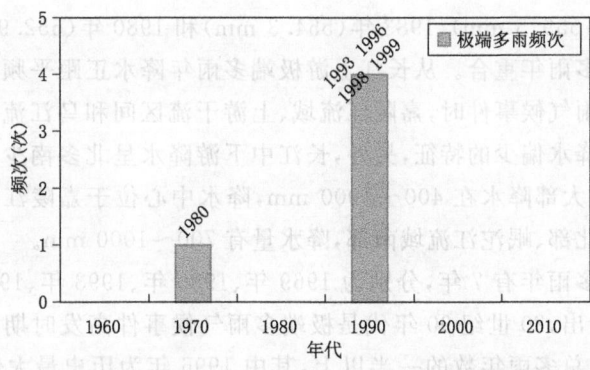

图2.36 长江全流域夏季(6—8月)极端多雨气候事件年代际频次分布

从夏季极端多雨年降水正距平频次合成图(图2.37)上分析,当长江全流域发生极端多雨气候事件时,乌江流域、两湖流域北部和长江中下游干流降水偏多,而汉江上游西部、嘉陵江流域东部、两湖流域南部降水偏少；从降水量合成图分析，金沙江中下段及沿着长江干流的降水量均在 600 mm 以上，降水中心位于两湖流域北部，中心值达 1000 mm 以上。

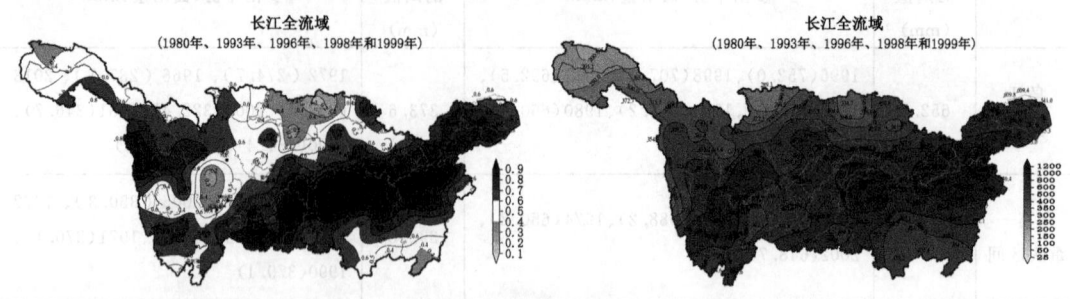

图 2.37　长江全流域夏季(6—8月)极端多雨年降水正距平频次合成(左,单位:次)和
降水量合成(右,单位:mm)

(2)二级分区流域。金沙江流域夏季极端多雨气候事件有 4 次，发生在 1965 年、1974 年、1998 年和 2014 年，其中 1998 年为历史最多年，流域面雨量为 539.5 mm。这些年份中仅有 1 年与全流域极端多雨年重合。对这 4 个极端多雨年的降水进行合成，当金沙江流域发生极端多雨气候事件时，长江上游干流区间降水也同时偏多，其他流域特征不显著(图 2.38)。

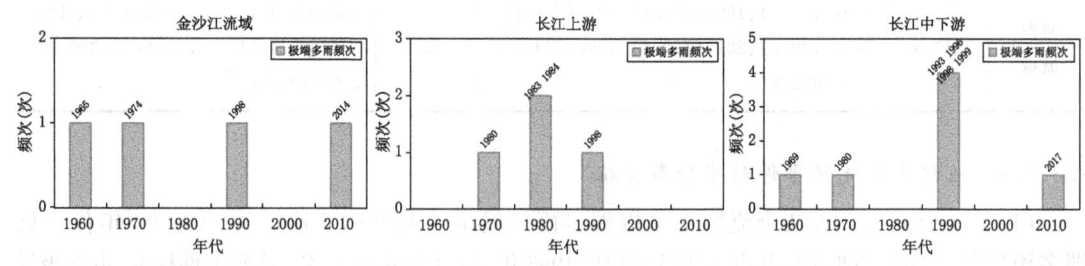

图 2.38　二级分区流域夏季(6—8月)极端多雨气候事件年代际频次分布

长江上游极端多雨气候事件共有 4 年，发生在 20 世纪 70—90 年代，分别为 1998 年(623.4 mm)、1984 年(559.5 mm)、1983 年(554.3 mm)和 1980 年(552.9 mm)。这些年份仅有 2 年与全流域极端多雨年重合。从长江上游极端多雨年降水正距平频次合成可以看出(图2.39)，当发生极端多雨气候事件时，嘉陵江流域、上游干流区间和乌江流域降水明显偏多，而金沙江中下段则呈现降水偏少的特征，另外，长江中下游降水呈北多南少分布特征；从降水量合成图可见，长江上游大部降水在 400～1000 mm，降水中心位于嘉陵江流域东南部、重庆—宜昌区间和洞庭湖西北部、岷沱江流域南部，降水量有 700～1000 mm。

长江中下游极端多雨年有 7 年，分别为 1969 年、1980 年、1993 年、1996 年、1998 年、1999 年和 2017 年。可以看出，20 世纪 90 年代是极端多雨气候事件高发时期，共有 4 年达到极端多雨气候事件标准，占总多雨年数的一半以上，其中 1996 年为历史最大值 702 mm。长江全流域极端多雨年长江中下游均发生了极端多雨气候事件，仅 1969 年和 2017 年为长江中下游极端多雨年。从长江中下游极端多雨年降水正距平频次合成图上分析，当发生极端多雨气候事件时，除岷沱江流域南部、汉江上游和两湖流域南部偏少外，长江中下游大部降水明显偏多，同时在长江上游的乌江流域和上游干流区间也偏多，岷沱江流域和嘉陵江流域降水可能偏少；

从降水量合成图来看,金沙江中下段及长江干流降水量均在 500 mm 以上,降水中心位于两湖流域北部,中心值达 900 mm 以上。

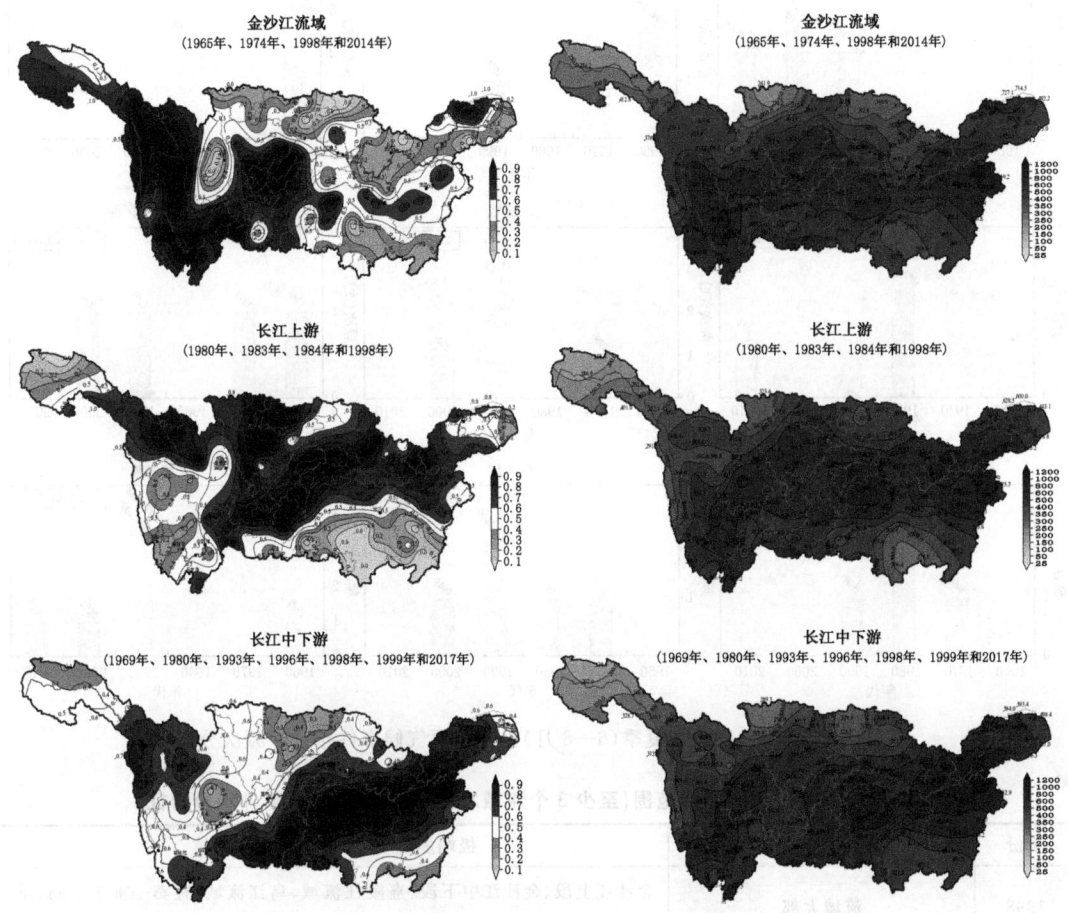

图 2.39 二级分区流域夏季(6—8 月)极端多雨年降水正距平频次合成(左,单位:次)和降水量合成(右,单位:mm)

(3)三级分区流域。三级分区的流域中,每个流域自 1961 年以来均发生了 4~7 次极端多雨气候事件,金沙江中下段、嘉陵江流域、宜宾—重庆区间和重庆—宜昌区间这 4 个流域极端多雨气候事件最少,为 4 次;金沙江上段、乌江流域和两湖流域极端多雨气候事件最多,为 7 次(图 2.40)。

极端多雨气候事件发生时间具有明显的区域性及年代际特征。与全流域特征一致的是,金沙江上段、嘉陵江流域、重庆—宜昌区间、汉江流域、两湖流域极端多雨气候事件发生年份多在 20 世纪 80 年代及之后。岷沱江流域极端多雨气候事件发生时间集中在 20 世纪 60 年代和 80 年代。金沙江中下段、乌江流域和宜宾—重庆区间极端多雨气候事件发生时间相对均匀,但多发生在 20 世纪(表 2.5)。

综上可得,长江流域西南部极端多雨气候事件发生时间相对均匀,但多发生在 20 世纪。岷沱江流域是最为特殊的流域,多雨事件发生在 20 世纪 80 年代及之前。长江流域其他子流域多雨事件发生年份多在 20 世纪 80 年代及之后。

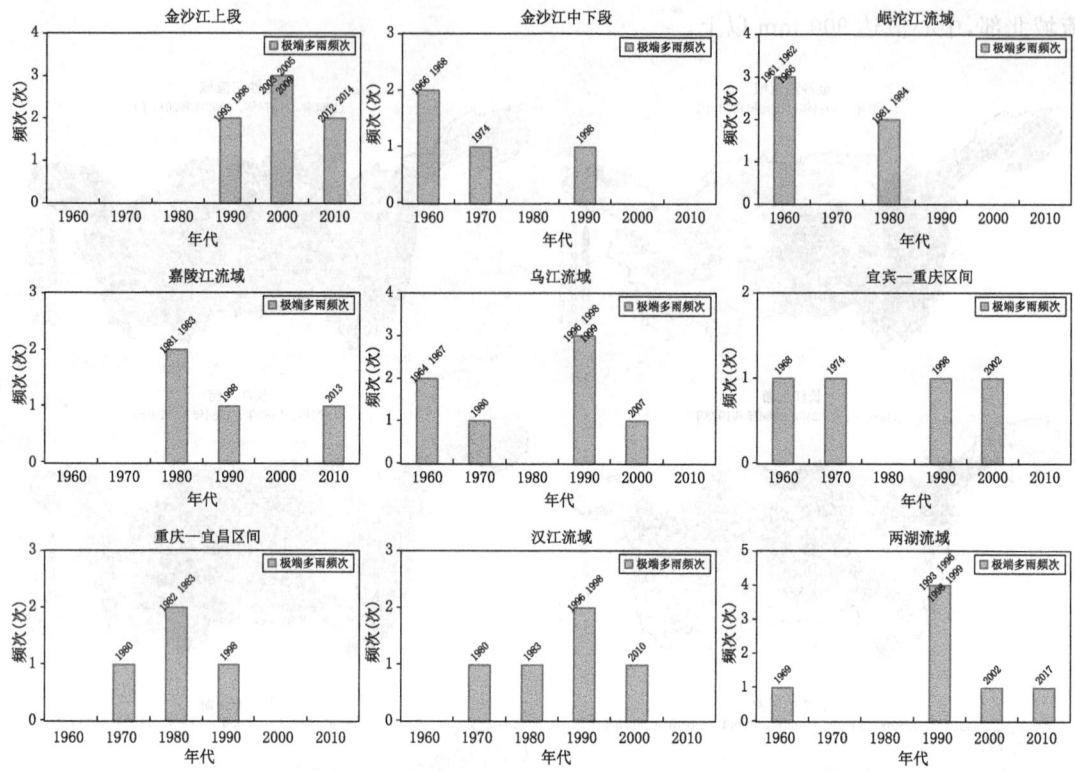

图 2.40 三级分区流域夏季(6—8月)极端多雨气候事件年代际频次分布

表 2.5 夏季(6—8月)大范围(至少3个流域发生)极端多雨气候事件年份特征

年份	极端多雨范围	极端多雨气候事件包含的子流域
1998	流域大部	金沙江上段、金沙江中下段、嘉陵江流域、乌江流域、宜宾—重庆区间、重庆—宜昌区间、汉江流域、两湖流域
1980	流域中部	乌江流域、重庆—宜昌区间、汉江流域
1996	流域东部	乌江流域、汉江流域、两湖流域
1983	流域中北部	嘉陵江流域、重庆—宜昌区间、汉江流域

各子流域发生极端多雨气候事件时，流域内及其周边流域降水异常偏多。大体可以分为三类：

一是长江上游降水偏多。金沙江上段、金沙江中下段、岷沱江流域发生极端多雨气候事件时，降水异常分布非常相似，表明当这3个流域经常同时发生极端多雨气候事件时，降水量中心也基本出现在岷沱江流域南部附近，中心值能达到 800 mm 以上。

二是沿江及其以北降水异常偏多。嘉陵江流域、重庆—宜昌区间、汉江流域及干流以北发生极端多雨气候事件时，降水异常出现在沿江及其以北区域，中心多出现在长江中下游沿江附近。

三是江南降水偏多。当宜宾—重庆区间、乌江流域、两湖流域发生极端多雨气候事件时，降水异常出现在江南，中心多出现在两湖流域北部。

具体表现在：

①当金沙江上段发生极端多雨气候事件时，嘉陵江流域降水也易偏多，而汉江流域、两湖流域南部降水可能偏少；从降水量合成来看，金沙江上段北部降水量为 200~400 mm、南部为 400~500 mm。

②当金沙江中下段发生极端多雨气候事件时，金沙江流域和长江上游（包含长江上游干流、乌江、嘉陵江西部）降水明显偏多，长江流域其他大部降水偏少；从降水量合成来看，金沙江中下段降水量为 600~1000 mm，金沙江上段降水量为 200~500 mm。

③当岷沱江流域发生极端多雨气候事件时，嘉陵江流域北部、金沙江中下段、宜宾—重庆区间降水也同时偏多，长江流域其他大部降水偏少；从降水量合成来看，降水中心位于岷沱江流域南部达 1200 mm，岷沱江流域北部降水为 400 mm 左右。

④当嘉陵江流域发生极端多雨气候事件时，金沙江上段、岷沱江流域和长江干流均呈降水偏多，而金沙江中下段和两湖流域南部降水偏少；从降水量合成来看，嘉陵江流域南部为 600~800 mm，北部为 300~400 mm。

⑤当乌江流域发生极端多雨气候事件时，长江干流地区降水易偏多，其他流域偏少；从降水量合成来看，乌江流域降水 600~700 mm，岷沱江流域南部、长江上游干流区间、乌江流域、两湖流域北部为最大降水带，降水量在 600~1000 mm。

⑥当宜宾—重庆区间发生极端多雨气候事件时，主要多雨区沿长江干流分布，同时金沙江中下段、乌江流域、两湖流域南部降水也偏多；从降水量合成来看，宜宾—重庆区间为 600~700 mm，长江全流域 600 mm 以上的降水区域还有金沙江中游、岷沱江流域南部、鄱阳湖西北部和洞庭湖流域。

⑦当重庆—宜昌区间发生极端多雨气候事件时，除金沙江中下段、岷沱江流域南部和两湖流域南部降水偏少外，长江流域其他大部降水均明显偏多；从降水量合成来看，降水中心位于重庆—宜昌区间、清江流域和武汉—九江区间，达到 800~1000 mm。

⑧当汉江流域发生极端多雨气候事件时，除金沙江流域和两湖流域南部降水有偏少可能外，流域其他大部降水易同时偏多；从降水量合成来看，降水中心位于岷沱江流域南部、清江流域和武汉—九江区间，达到 800~1000 mm。

⑨当两湖流域发生极端多雨气候事件时，除沱沱河、岷沱江流域、嘉陵江流域和汉江上游外，长江流域大部降水偏多。降水中心在两湖流域北部，降水量为 700~1000 mm（图 2.41）。

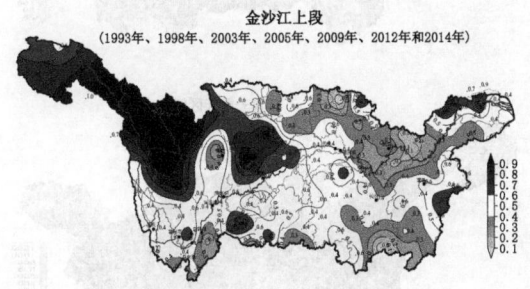

金沙江上段
(1993年、1998年、2003年、2005年、2009年、2012年和2014年)

金沙江上段
(1993年、1998年、2003年、2005年、2009年、2012年和2014年)

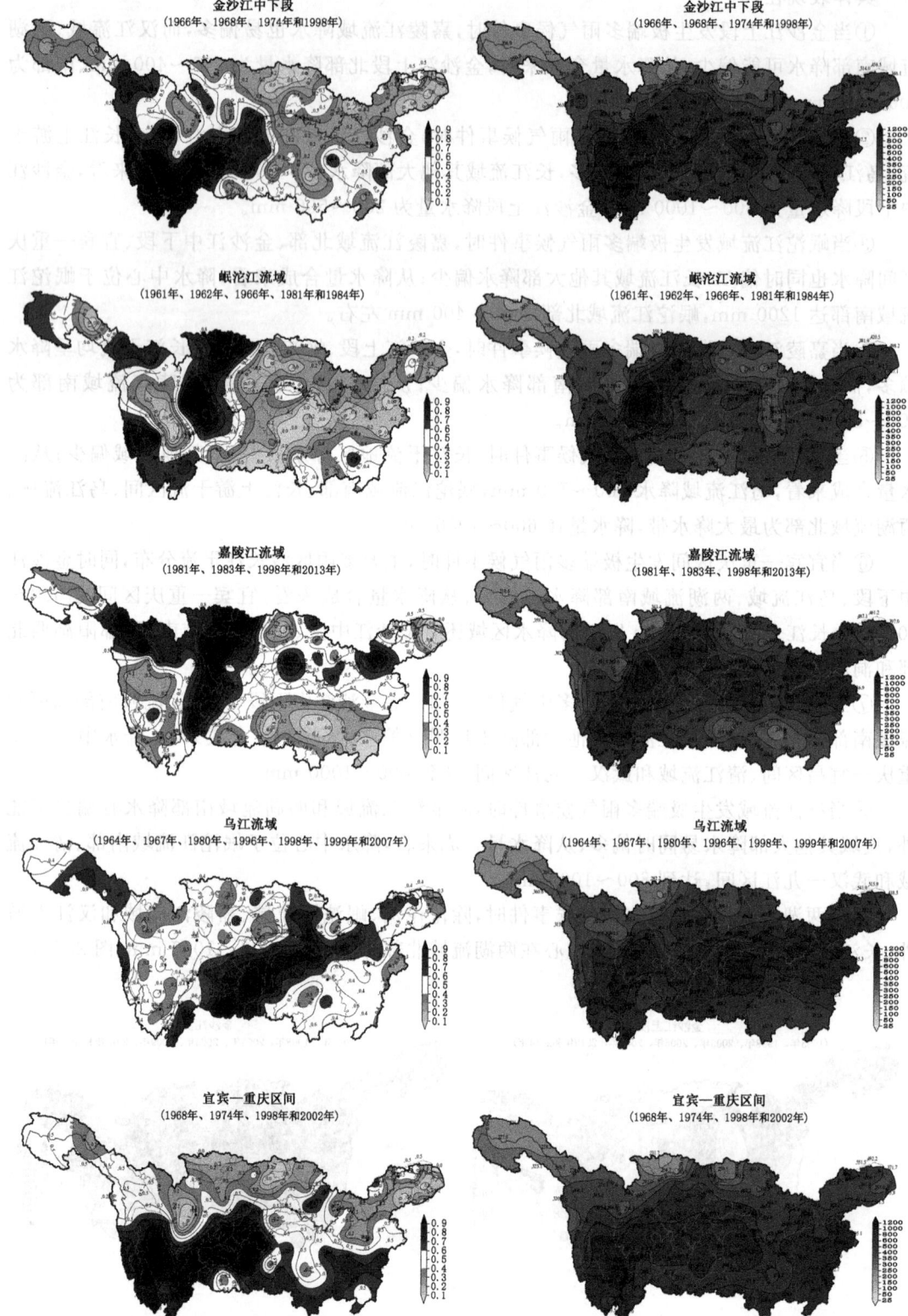

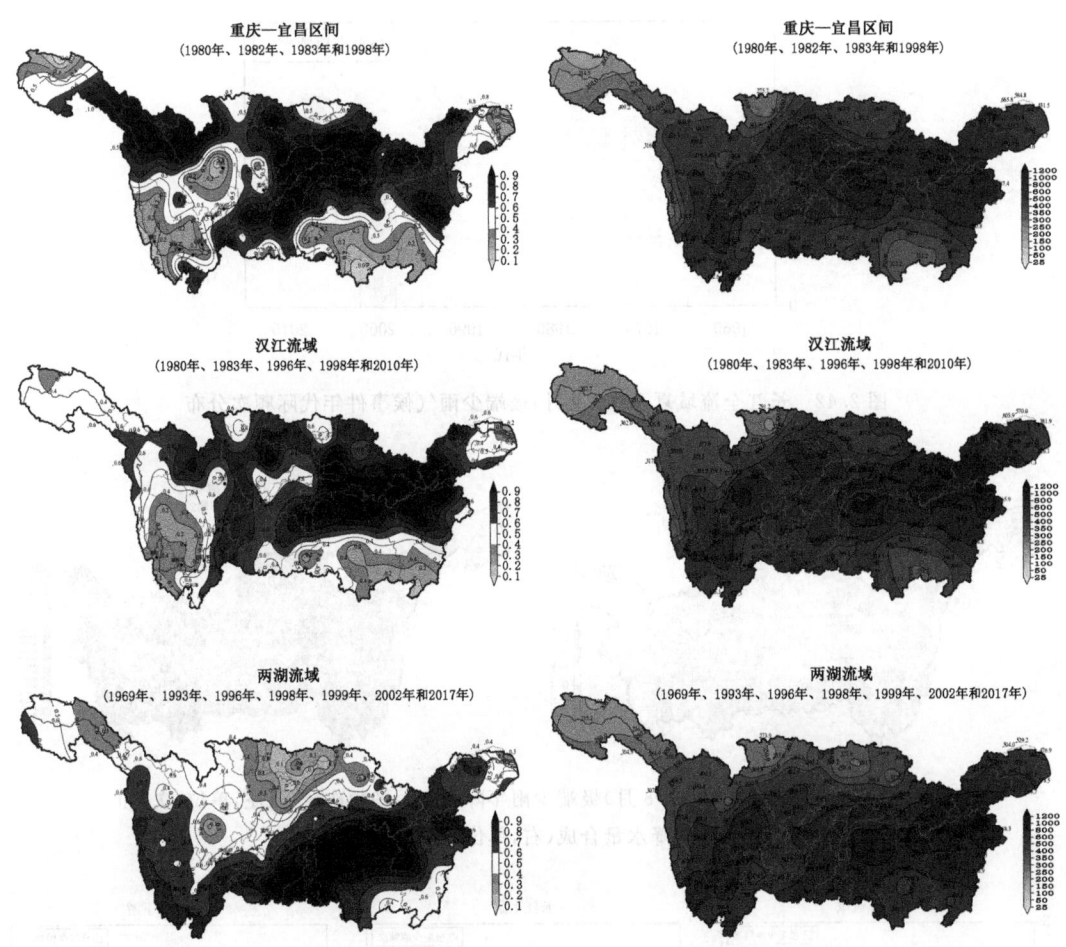

图 2.41 三级分区流域夏季(6—8月)极端多雨年降水正距平频次合成(左,单位:次)和降水量合成(右,单位:mm)

2.3.2.2 极端少雨气候事件时空分布特征

(1)长江全流域。长江全流域夏季极端少雨气候事件共发生 3 次,分别出现在 20 世纪 70 年代和 21 世纪前 10 年,分别为 1972 年(338.1 mm)、1978 年(358.2 mm)和 2006 年(370.7 mm)(图 2.42)。

从夏季极端少雨年降水正距平频次合成来看,发生极端少雨气候事件时,长江全流域呈一致偏少的趋势;从降水量合成来看,除金沙江中下段、岷沱江流域南部、鄱阳湖为 400~700 mm 外,其他流域均在 200~400 mm(图 2.43)。

(2)二级分区流域。金沙江流域极端少雨年历史上共出现 5 年,分布相对较为分散,分别为 2011 年(303.8 mm)、2006 年(305.1 mm)、1972 年(324.8 mm)、1992 年(329.7 mm)和 1977 年(338.1 mm),面雨量在 300~340 mm。长江上游极端少雨气候事件共有 5 年,同样分布相对较为分散,在少雨的年代际背景中均有发生,分别是 2006 年(313.4 mm)、1972 年(346.7 mm)、1997 年(366.8 mm)、2011 年(386.2 mm)和 1994 年(386.4 mm)。长江中下游极端少雨气候事件主要发生在 20 世纪 60—80 年代,90 年代以后没有发生(图 2.44)。

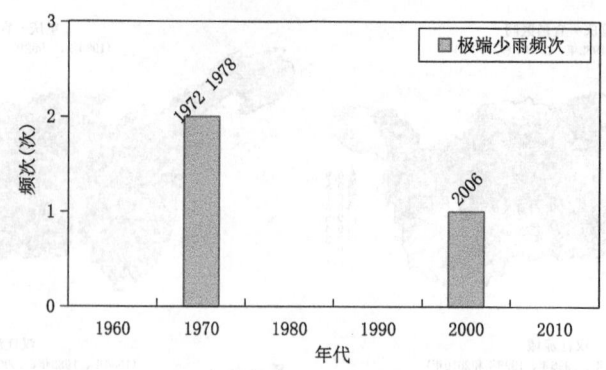

图 2.42　长江全流域夏季(6—8月)极端少雨气候事件年代际频次分布

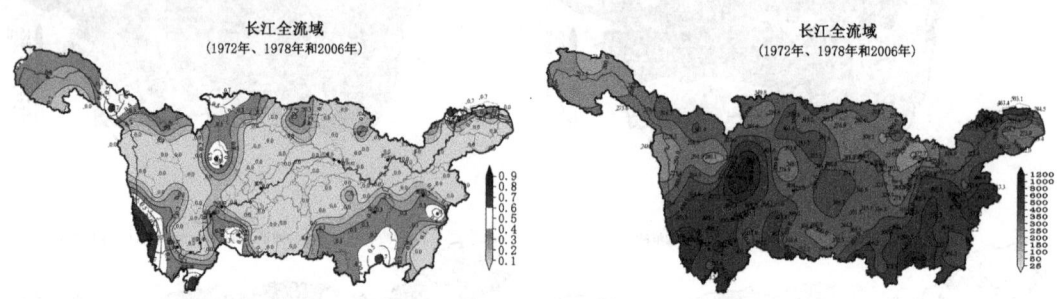

图 2.43　长江全流域夏季(6—8月)极端少雨年降水正距平频次合成(左,单位:次)和降水量合成(右,单位:mm)

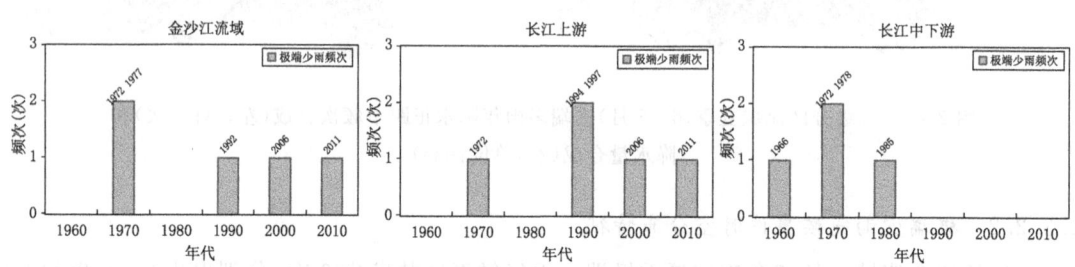

图 2.44　二级分区流域夏季(6—8月)极端少雨气候事件年代际频次分布

可以看出,金沙江流域和长江上游极端少雨气候事件发生时间分布较为一致,都是较为分散;而长江中下游相对集中,发生在20世纪60—80年代。二级分区与全流域对比,全流域极端少雨气候事件3年中,1972年在二级分区的子流域中均有出现,2006年在金沙江流域和长江上游中出现,1978年在长江中下游中出现。

当二级分区发生了极端少雨气候事件时,长江流域大部一致,以降水略偏少为主,且降水量中心主要位于岷沱江流域南部和鄱阳湖。具体表现在:

①当金沙江流域发生极端少雨气候事件时,整个长江流域降水均呈偏少特征;从降水量合成来看,金沙江中下段降水量为300～500 mm,金沙江上段为200～300 mm,而岷沱江流域南部和鄱阳湖水系、长江下游降水量较大为500～800 mm,流域其他大部在300～500 mm。

②当长江上游发生极端少雨气候事件时,除两湖流域南部降水偏多外,流域大部降水均明显偏少;从降水合成来看,长江上游除岷沱江流域南部为400~800 mm外,其他大部降水量为300~400 mm。

③当长江中下游发生极端少雨气候事件时,除上游部分区域降水偏多外,流域大部降水偏少;从降水量合成来看,长江中下游仅鄱阳湖为400~500 mm,其他流域均在200~400 mm(图2.45)。

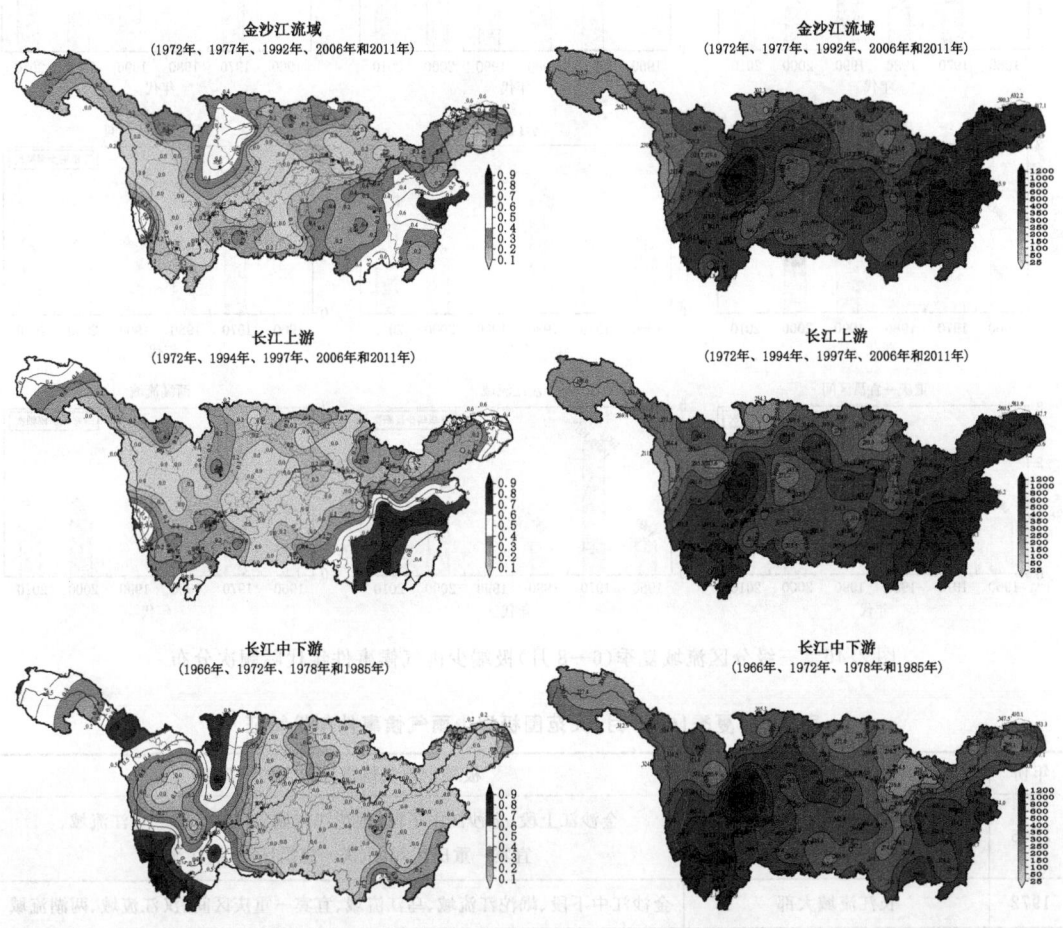

图2.45 二级分区流域夏季(6—8月)极端少雨年降水正距平频次合成(左,单位:次)和降水量合成(右,单位:mm)

(3)三级分区流域。三级分区的流域中,长江流域各子流域自1961年以来出现了3~9次极端少雨气候事件。金沙江上段极端少雨气候事件发生次数最多,有9次;嘉陵江流域次数最少,只有3次;其他子流域次数在6~8次。

整个流域极端少雨气候事件对应的3个年份中,有3年(1972年、2006年和2011年)多次出现在各子流域极端少雨气候事件年份里。对比极端多雨气候事件,各子流域极端少雨气候事件在时间上分布相对分散,各年代均有发生。从空间上看,极端少雨气候事件发生时,空间范围更大,常常有多个流域同时发生。

统计这些年份,有 7 年,三级分区中至少有 3 个子流域发生了极端少雨气候事件。这 7 年发生的范围有 2 年是长江流域大部,其他 5 年都包含有长江上游,意味着这种多个区域发生极端少雨气候事件时,上游发生的概率要大于中下游(图 2.46,表 2.6)。

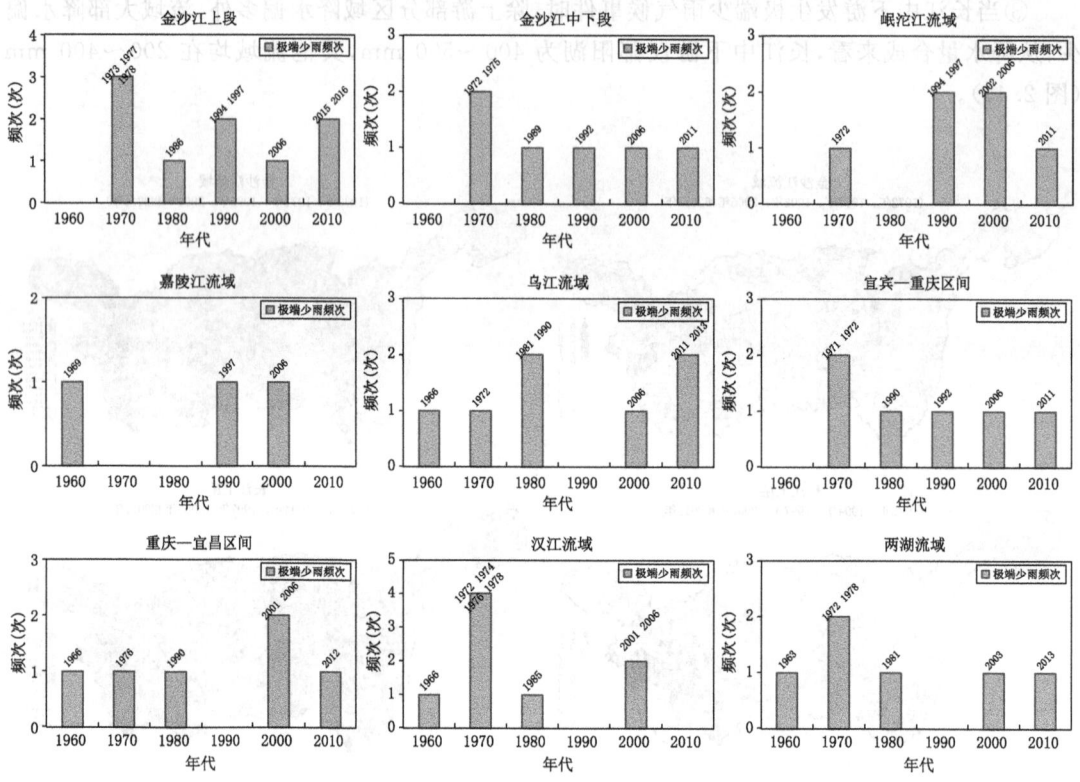

图 2.46　三级分区流域夏季(6—8 月)极端少雨气候事件年代际频次分布

表 2.6　夏季(6—8 月)大范围极端少雨气候事件年份特征

年份	极端少雨范围	极端少雨气候事件包含的子流域
2006	长江流域大部	金沙江上段、金沙江中下段、岷沱江流域、嘉陵江流域、乌江流域、宜宾—重庆区间、重庆—宜昌区间、汉江流域
1972	长江流域大部	金沙江中下段、岷沱江流域、乌江流域、宜宾—重庆区间、汉江流域、两湖流域
1978	长江上游西北部和长江中下游	金沙江上段、汉江流域、两湖流域
1997	长江上游北部	金沙江上段、岷沱江流域、嘉陵江流域
2011	长江上游南部和岷沱江	金沙江中下段、岷沱江流域、乌江流域、宜宾—重庆区间
1966	长江上游和中下游的接壤处	乌江流域、重庆—宜昌区间、汉江流域
1990	长江上游东南部	乌江流域、宜宾—重庆区间、重庆—宜昌区间

从三级分区来看各子流域发生极端少雨气候事件时整个长江流域降水的情况,可以分成两类,一是长江上游西部和北部与两湖流域反位相,当金沙江上段、金沙江中下段、岷沱江流域和嘉陵江流域发生极端少雨气候事件时,两湖流域降水偏多;二是长江上游东北部和长江流域

东部反位相,表现在乌江流域、宜宾—重庆、重庆—宜昌、汉江流域、两湖流域发生极端少雨气候事件时,岷沱江流域南部至嘉陵江流域北部降水偏多。具体表现在:

①当金沙江上段发生极端少雨气候事件时,长江以北流域降水明显偏少,而长江以南流域南部降水有偏多可能;从降水量合成来看,金沙江上段降水量为150~400 mm。

②当金沙江中下段发生极端少雨气候事件时,除沱沱河段、岷沱江流域、嘉陵江流域北部和长江下游降水有偏多可能外,长江流域大部降水偏少明显;从降水量合成来看,金沙江中下段降水量为270~500 mm,金沙江上段降水量为200~400 mm。

③当岷沱江流域发生极端少雨气候事件时,长江全流域仅两湖流域东南部有降水偏多可能;从降水量合成来看,降水中心位于岷沱江流域南部达500~700 mm,岷沱江流域北部降水量与极端多雨年降水量接近,为300~400 mm。

④当嘉陵江流域发生极端少雨气候事件时,长江上游大部均降水偏少,但两湖流域降水明显偏多;从降水量合成来看,嘉陵江流域降水为200~300 mm。

⑤当乌江流域发生极端少雨气候事件时,除岷沱江流域东南部和嘉陵江流域北部降水可能偏多外,其他大部流域降水均偏少;从降水量合成来看,乌江流域大部降水量在270~300 mm,长江流域降水中心位于金沙江中下段、岷沱江流域南部和嘉陵江流域中部,降水量为400~1000 mm。

⑥当宜宾—重庆发生极端少雨气候事件时,除岷沱江流域东部至嘉陵江流域北部有多雨区分布外,流域大部降水明显偏少;从降水量合成来看,长江流域降水中心位于金沙江中下段、岷沱江流域南部、嘉陵江流域中部、鄱阳湖水系和长江下游,降水量为400~1000 mm,而宜宾—重庆区间降水量仅有300~400 mm。

⑦当重庆—宜昌发生极端少雨气候事件时,除岷沱江流域东南部、嘉陵江流域北部、两湖流域南部降水可能偏多外,长江流域其他大部降水明显偏少;重庆—宜昌区间降水量仅有300~330 mm,全流域降水中心位于金沙江中下段至岷沱江流域南部、鄱阳湖水系,降水量为500~800 mm。

⑧当汉江流域发生极端少雨气候事件时,除金沙江中下段南部、岷沱江流域东部、嘉陵江流域北部和两湖流域南部降水可能偏多外,长江流域其他大部均降水偏少;从降水量合成来看,汉江流域仅有250~400 mm,降水中心位于金沙江中下段、岷沱江南部以及鄱阳湖水系,降水量为400~800 mm。

⑨当两湖流域发生极端少雨气候事件时,除岷沱江流域东北部、嘉陵江流域北部降水可能偏多外,长江流域大部降水明显偏少;从降水量合成来看,两湖流域降水量仅有250~500 mm,主要降水中心位于金沙江中下段、岷沱江流域南部、嘉陵江流域,降水量达400~800 mm(图2.47)。

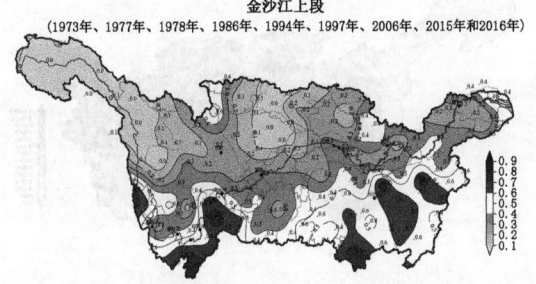
金沙江上段
(1973年、1977年、1978年、1986年、1994年、1997年、2006年、2015年和2016年)

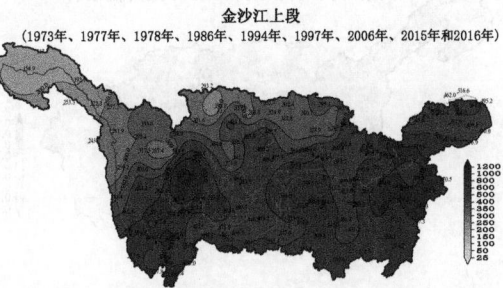
金沙江上段
(1973年、1977年、1978年、1986年、1994年、1997年、2006年、2015年和2016年)

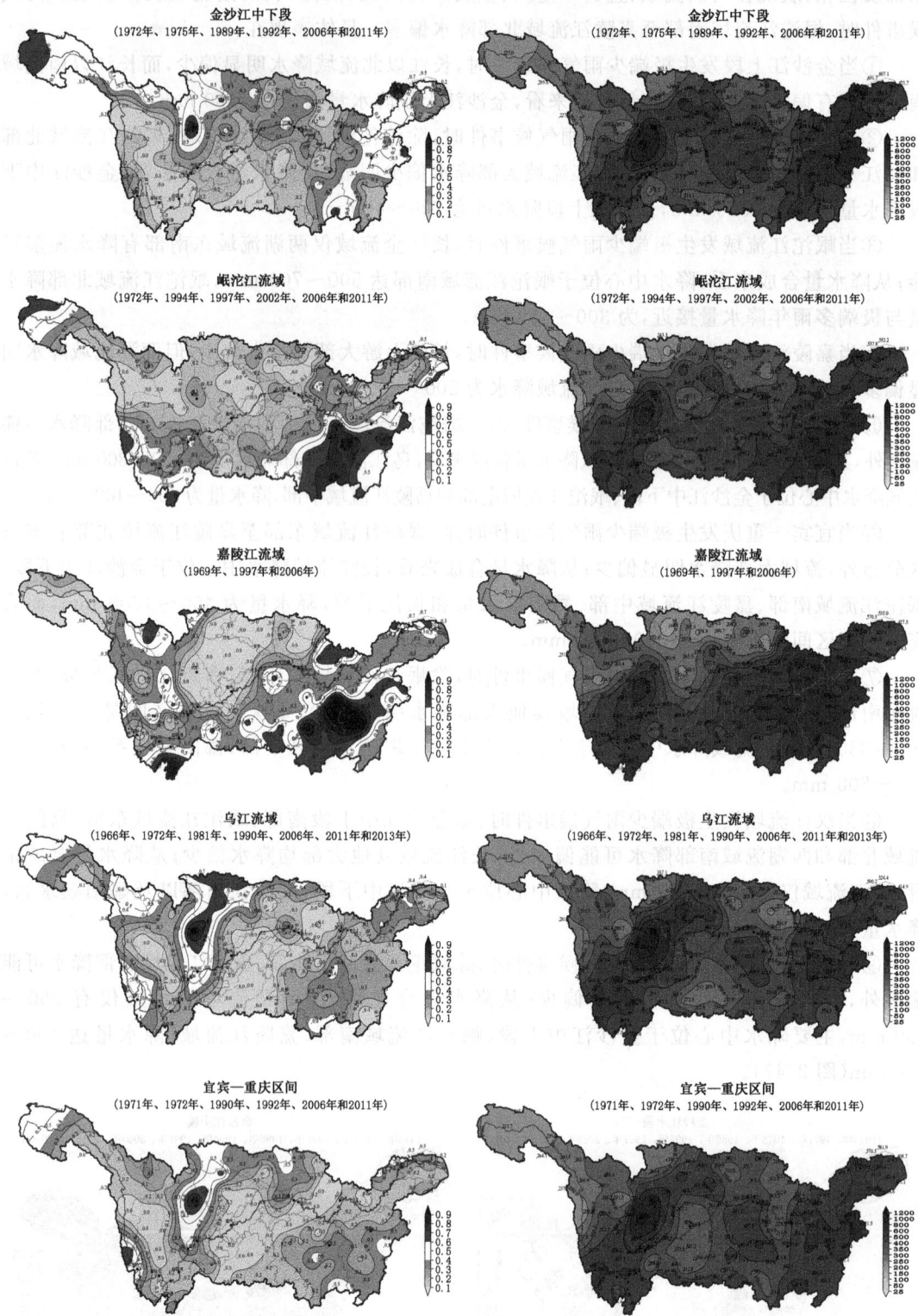

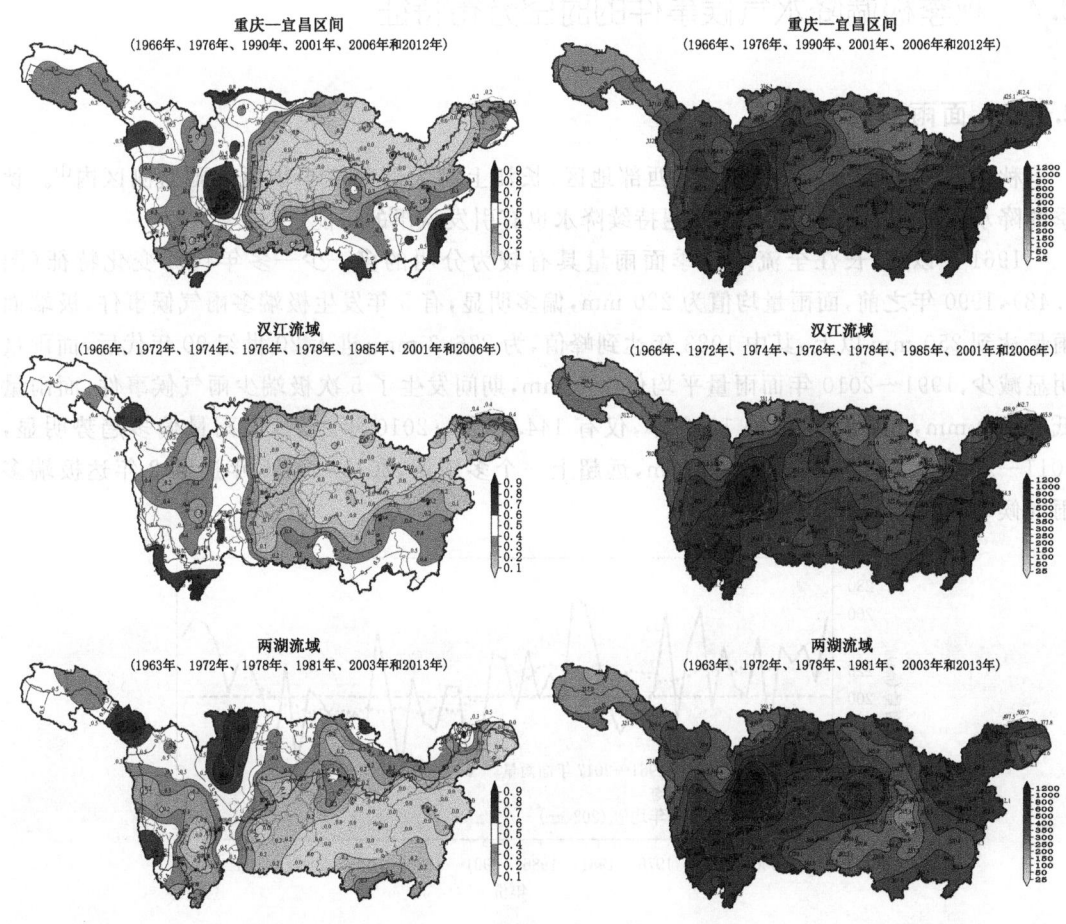

图 2.47 三级分区流域夏季(6—8月)极端少雨年降水正距平频次合成(左,单位:次)和
降水量合成(右,单位:mm)

上述分析可见,空间分布上,发生极端少雨气候事件时全流域易呈现一致偏少,或者两湖流域偏多其他流域偏少的特征,另外,长江以南流域发生极端少雨气候事件时,上游北部流域局地有降水偏多可能;发生极端多雨气候事件时,总体上容易出现沿江干流偏多的情形,长江以北流域和长江以南流域往往也具有降水反相的特征。对整个长江流域而言,中游面雨量贡献最大。

时间上,1972年和2006年为极端少雨气候事件发生流域最多的年份,另外,还有1966年、1978年、1990年、1997年和2011年极端少雨气候事件发生的流域在3个以上;1998年为极端多雨气候事件发生流域最多的年份,另外,还有1980年和1996年极端多雨气候事件发生的流域在3个以上。

2.4 秋季极端降水气候事件的时空分布特征

2.4.1 面雨量时空分布

秋季长江流域主要降水分布在西部地区,长江上游大部都位于华西秋雨监测区内[①]。秋季的降水量虽然少于夏季,但若遭遇持续降水也有引发秋汛的可能。

1961 年以来,长江全流域秋季面雨量具有较为分明的多—少—多年代际变化特征(图 2.48),1990 年之前,面雨量均值为 220 mm,偏多明显,有 5 年发生极端多雨气候事件,极端面雨量达到 250 mm 以上,其中 1983 年达到峰值,为 276.3 mm;进入 20 世纪 90 年代后,面雨量明显减少,1991—2010 年面雨量平均仅 189 mm,期间发生了 5 次极端少雨气候事件,面雨量低于 170 mm,其中最少的是 1992 年,仅有 144.1 mm;2010 年之后,面雨量偏多趋势明显,2011—2017 年面雨量平均有 235 mm,远超上一个多雨期,2015—2016 年连续 2 年达极端多雨气候事件标准。

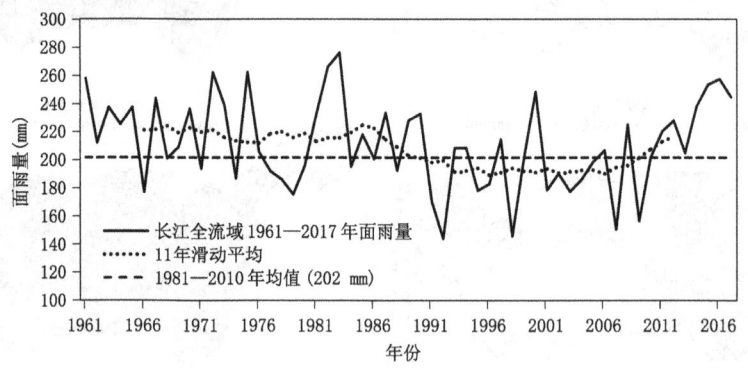

图 2.48 长江全流域秋季(9—11 月)面雨量历史序列及 11 年滑动平均

从二级分区上看,长江上游、长江中下游与长江全流域的面雨量变化趋势是一致的多—少—多转变,但金沙江流域略有差别,为少—多—少—多特征,差异较大的年代在 1961—1980 年,这期间金沙江面雨量偏少,而其他分区流域是明显偏多的;1980 年之后,3 个流域的面雨量变化趋于一致,20 世纪 80 年代偏多、90 年代起逐步转少、2010 年之后又重新进入多雨期(图 2.49),根据各流域秋季面雨量的累积距平分布情况,长江上游面雨量由多到少的转折点大概在 20 世纪 70 年代末至 80 年代初,比其他两个流域偏早约一个年代(图 2.50)。

再细化到三级分区,依然是金沙江流域区别于其他子流域。金沙江流域的两个子流域面雨量与金沙江全流域特征基本一致,2010 年之前均表现为少—多—少特征,少转多和多转少的两个时间点分别在 1985 年前后和 1995 年前后(图 2.51),而实际上 1985 年前后的少转多特征也并不十分明显,之前面雨量没有明显的增多或减少趋势,累积距平相对平稳,20 世纪 80 年代略有增多,有一段相对多雨期,这种多雨趋势在 90 年代发生了转折,面雨量由多转少。进入

[①] 根据中国气象局 2015 年印发的《华西秋雨监测业务规定(试行)》,华西秋雨主要涉及的行政区域包括湖北、湖南、重庆、四川、贵州、陕西、宁夏、甘肃 6 省 1 市 1 区。

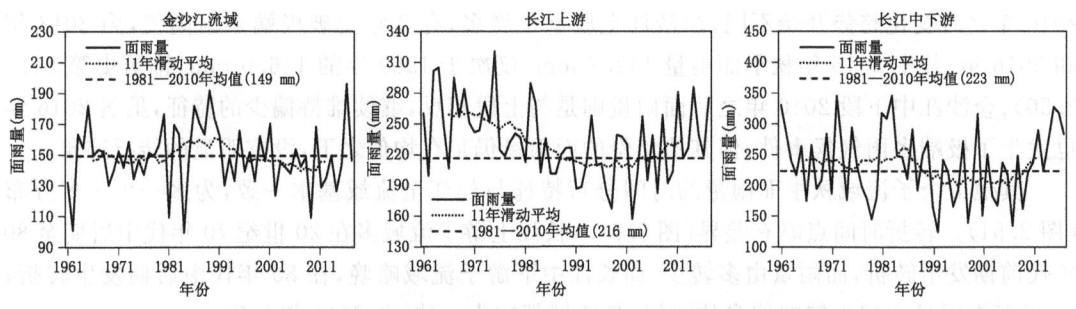

图 2.49 二级分区流域秋季（9—11月）面雨量历史序列及11年滑动平均

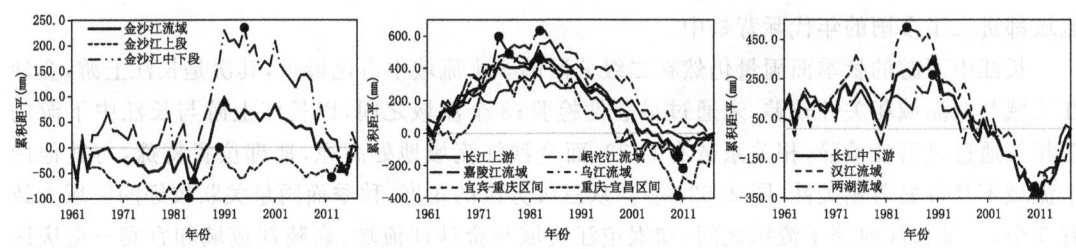

图 2.50 二、三级分区流域秋季（9—11月）面雨量累积距平

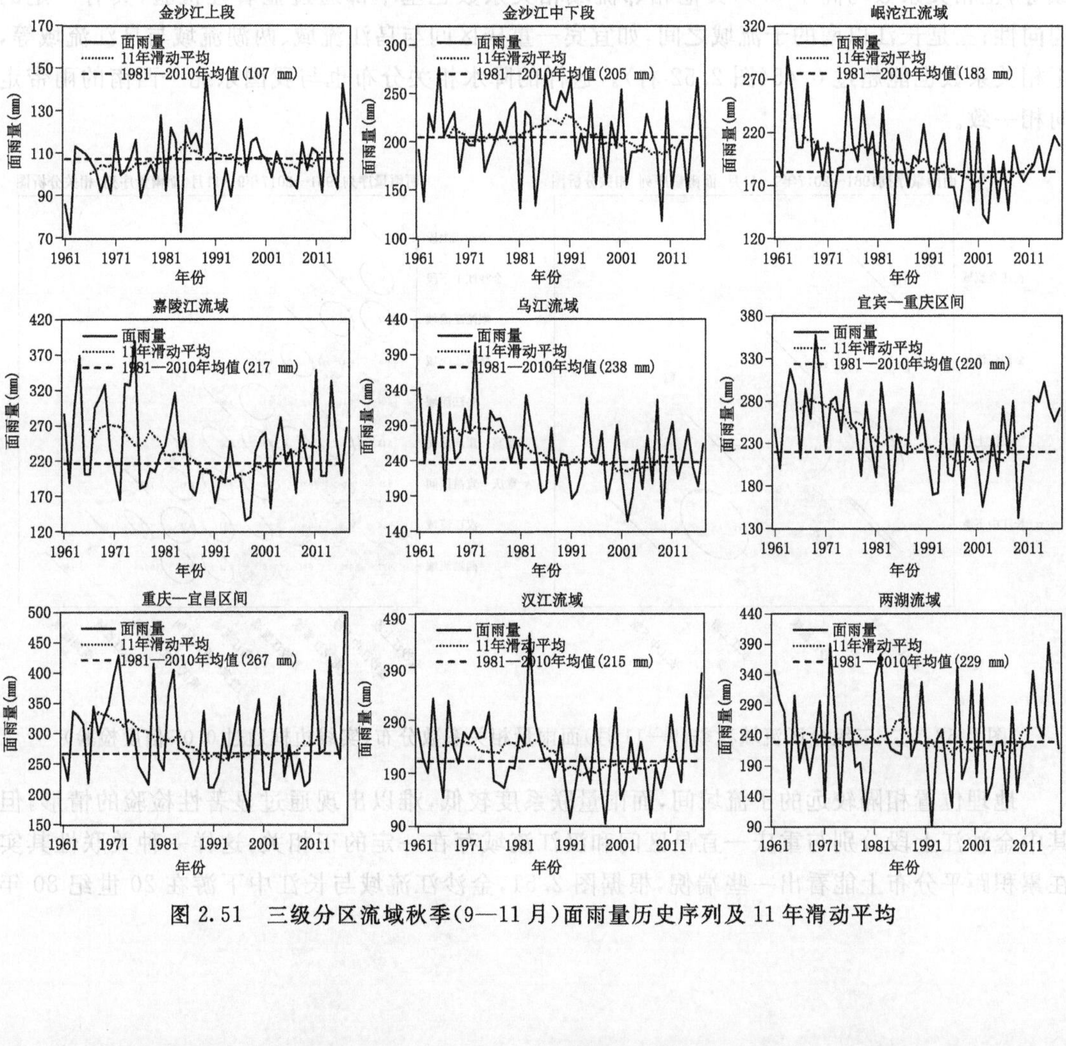

图 2.51 三级分区流域秋季（9—11月）面雨量历史序列及11年滑动平均

2010年之后变化趋势开始不同,金沙江上段逐年增多,有2年突破极端多雨阈值,为2013年和2016年,其中2016年秋季面雨量142.7 mm,仅次于1989年的146.0 mm,排历史第2(图2.50);金沙江中下段2010年之后面雨量则是与上段相反,继续维持偏少的特征,虽然2016年也发生了极端多雨气候事件,但其他年份的面雨量仍是在均值之下,没有明显的转折迹象。

其他7个子流域秋季面雨量的时间分布特征与长江全流域基本一致,为多—少—多分布(图2.51)。转折时间点略有差异(图2.51),长江上游子流域多在20世纪70年代中后期至80年代前期发生转折,面雨量由多转少,而长江中下游子流域略晚,在80年代中后期发生转折;21世纪面雨量由偏少转向偏多的时间,各流域都较为一致,在2010年前后。

可以发现,虽然各子流域多雨—少雨变化各自有差异,但毫无疑问的是,2010年之后,全流域都进入了多雨的年代际背景中。

长江中下游的秋季面雨量仍然在二级分区的3个流域中占比最重,其次是长江上游,金沙江流域与全流域相关性较差,未通过显著性检验;3个流域之间,以长江上游与长江中下游的正相关通过显著性检验,相关系数有0.33,而金沙江流域地处高原,地理位置特殊,与其他两个流域不具备显著相关性(图2.52左)。从三级分区的角度,秋季面雨量关联较好的区域大致有3个,一是长江西部子流域之间,如岷沱江流域与金沙江流域、嘉陵江流域和宜宾—重庆区间等;二是沿长江及以北的子流域之间,如重庆—宜昌区间与汉江流域、汉江流域与嘉陵江流域等,正相关系数均高于0.5,其他相邻流域相关系数也基本都通过显著性检验,具有一定的同向性;三是长江以南的子流域之间,如宜宾—重庆区间与乌江流域、两湖流域与乌江流域等,正相关系数也能超过0.45(图2.52右)。这样的降水相关分布也与我国东北—西南的雨带走向相一致。

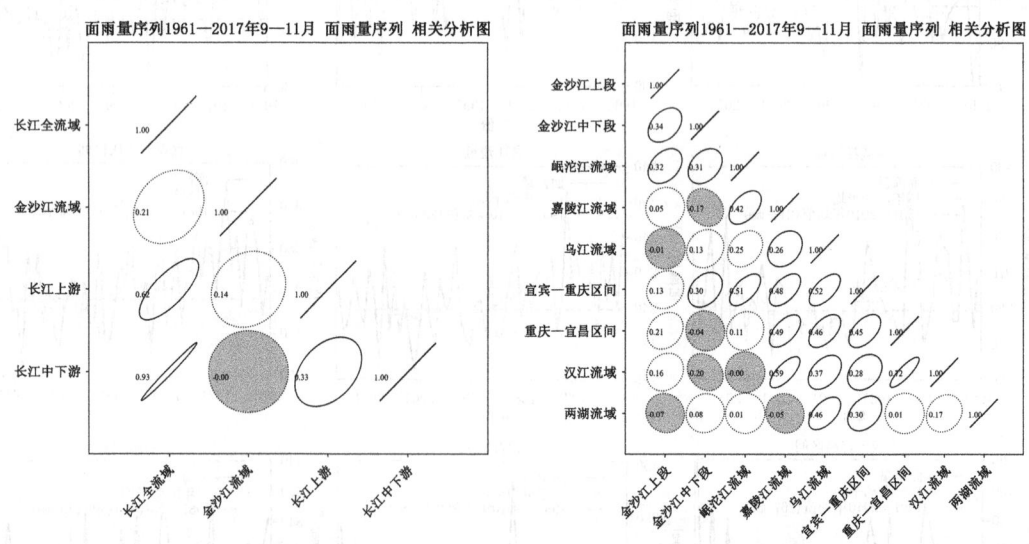

图2.52 二、三级分区流域秋季(9—11月)面雨量相关系数分布(实线边框通过0.05信度检验)

地理位置相隔较远的子流域间,面雨量联系度较低,难以出现通过显著性检验的情形,但其中金沙江上段分别与重庆—宜昌区间和汉江流域存在一定的正相关,这样一种关联性其实在累积距平分布上能看出一些端倪,根据图2.51,金沙江流域与长江中下游在20世纪80年代之前面雨量的变化都算不上有明显趋势,较为平稳,80年代累积距平有一个突然增多的变化,随后在80年代后期至90年代初期这一段时间内发生多转少的转折,相比长江上游而言,金沙江流域与长江中下游的面雨量变化趋势更为相似,从分月的相关系数分布图上可以看出,这样一种正相关主要出现在10月(图2.53)。

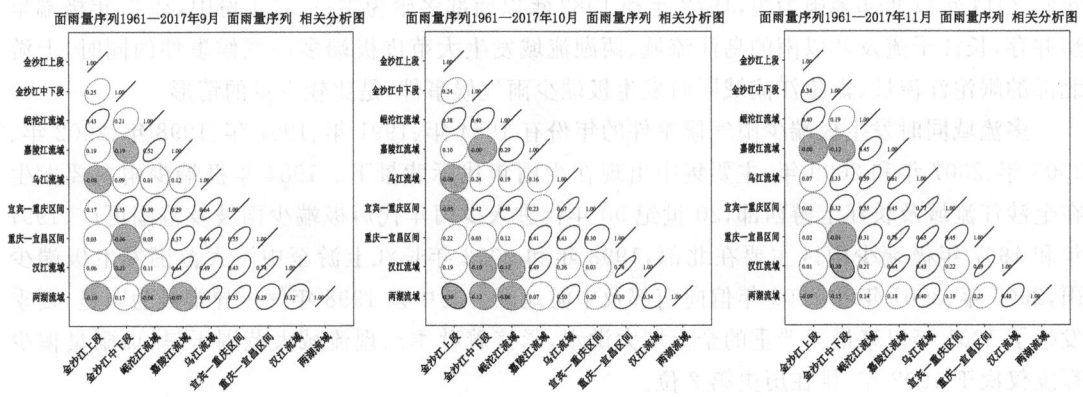

图2.53　三级分区流域9月、10月、11月面雨量相关系数分布(实线边框通过0.05信度检验)

2.4.2　极端降水气候事件时空分布

秋季极端降水气候事件的分布也具有明显的年代际特征,1961—2017年呈现多—少—多的年代际变化(图2.54)。20世纪60—80年代极端多雨气候事件较为普遍,大部分子流域均发生3次及以上,其中岷沱江流域、嘉陵江流域更是多达6次,主要集中在80年代初期之前,80年代中后期极端多雨气候事件开始减少并向金沙江流域转移。进入90年代,极端多雨气候事件鲜见,而极端少雨气候事件频发,且常常成片发生,如1991年、1998年和2002年整个长江上中游基本旱成一片,1991—2010年极端少雨气候事件发生的流域数就与1961—1990年极端多雨气候事件的总数持平。2010年之后,又回到了极端多雨的年代际背景中,2015—2016年连续2年为全流域秋季极端多雨年,从二级分区上看,这几年的极端多雨气候事件主要发生在金沙江流域和长江中游地区。

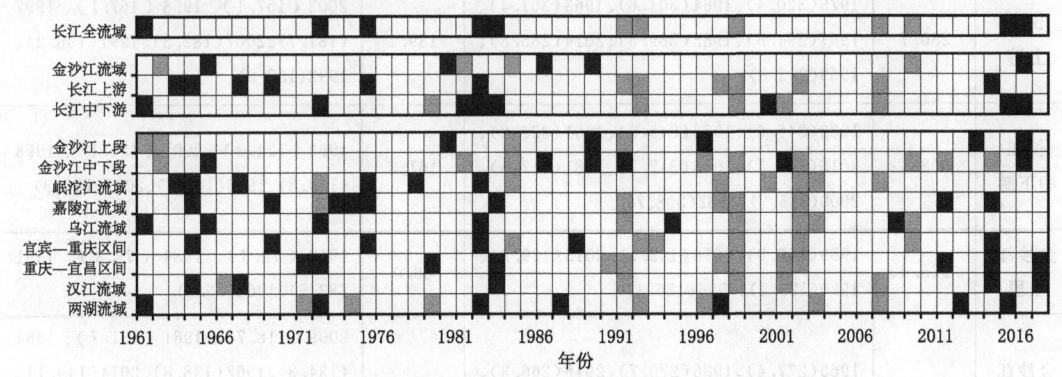

图2.54　长江各子流域秋季(9—11月)极端降水气候事件历史分布
(黑色为极端多雨气候事件、灰色为极端少雨气候事件)

极端降水气候事件的发生还具有较高的空间一致性,这一特征与秋季面雨量的空间分布特征也是类似的。极端多雨气候事件和极端少雨气候事件常常在多个子流域同时发生,这些子流域大多也是相邻的。如 1964 年、1972 年、1975 年、1982 年、1983 年和 2014 年,均有 3 个以上子流域同时发生极端多雨气候事件,多雨区位置年际间差异较大,1964 年、1975 年、1983 年和 2014 年以北部多雨为主,1972 年和 1982 年以南部多雨为主;这些年份中,1972 年极端旱涝并存,长江干流及其以南的乌江流域、两湖流域发生大范围极端多雨气候事件的同时,上游北部的岷沱江流域、嘉陵江流域同时发生极端少雨气候事件,是比较少见的情形。

多流域同时发生极端少雨气候事件的年份有 1984 年、1991 年、1997 年、1998 年、2002 年、2003 年、2007 年和 2009 年,主要集中出现在少雨年代际背景下。1984 年极端少雨主要发生在金沙江流域及长江上游西部,20 世纪 90 年代进入少雨年代后极端少雨波及范围更广,1991 年和 1997 年极端少雨区主要在北部,1998 年和 2002 年长江上游至中游大范围发生极端少雨,2003 年、2007 年和 2009 年偏向南部及中游地区。其中以 1998 年气候异常最为明显,夏季发生了 1961 年以来最为严重的全流域大洪水,紧接着秋季出现流域大范围干旱,面雨量偏少程度仅次于 1992 年,排在历史第 2 位。

金沙江流域秋季极端降水气候事件的发生频率远低于其他流域,尤其是金沙江上段,57 年间极端多雨和少雨事件仅各发生 5 次和 4 次,其中有两次极端多雨气候事件发生在近 2 年,也反映出金沙江流域近年来秋季雨水异常丰沛。表 2.7 给出长江各子流域秋季极端降水气候事件年表。

表 2.7　长江各子流域秋季(9—11 月)极端降水气候事件年表

	多雨 90%的阈值(mm)	多雨年份(面雨量,mm)	少雨 10%的阈值(mm)	少雨年份(面雨量,mm)
长江全流域	251.2	1983(276.3)、1982(266.1)、1975(262.5)、1972(262.3)、1961(257.9)、2016(257.5)、2015(253.7)	170.6	1992(144.1)、1998(145.8)、2007(150.5)、2009(156.5)、1991(170.5)
金沙江流域	173.8	2016(195.9)、1989(191.6)、1965(181.9)、1986(181.6)、1980(176.3)	122.6	1984(99.5)、1962(100.9)、2009(109.1)、1981(109.5)
长江上游	280.7	1975(320.4)、1964(304.6)、1963(301.4)、1967(294.6)、1982(289.3)、2014(285.5)、1969(283.8)	189.1	2002(157.1)、1998(167.1)、1997(181.7)、2007(182.3)、1991(186.2)、1992(187.9)
长江中下游	308.4	1983(345.6)、1972(345.3)、1961(330.2)、2015(327.1)、2016(317.7)、1981(317.5)、2000(315.7)、1982(308.7)	161.3	1992(124.3)、2007(134.1)、1998(139.3)、1979(145.2)、2001(150.9)
金沙江上段	125.4	1989(146.0)、2016(142.7)、2013(129.2)、1980(128.1)、1996(126.1)	88.0	1962(72.3)、1984(73.3)、1991(83.5)、1961(86.2)
金沙江中下段	250.1	1965(277.4)、1986(270.7)、2016(266.3)、1991(266.0)、2001(254.7)、1989(252.7)	157.1	2009(118.7)、1981(131.7)、1984(134.3)、1962(138.8)、2014(149.1)、2011(152.2)、2002(156.3)、1998(156.4)、1996(156.7)

续表

	多雨90%的阈值(mm)	多雨年份(面雨量,mm)	少雨10%的阈值(mm)	少雨年份(面雨量,mm)
岷沱江流域	238.6	1963(291.2)、1967(266.4)、1975(264.3)、1964(256.0)、1978(249.9)、1982(244.6)	154.8	1984(130.6)、2003(135.0)、2002(142.6)、1997(144.5)、2007(146.9)、1972(150.7)、2000(151.8)
嘉陵江流域	313.6	1975(389.6)、1964(368.9)、2011(348.5)、2014(333.2)、1973(329.6)、1969(328.6)、1974(327.1)、1983(317.0)	169.5	1997(136.6)、1998(141.3)、2002(153.4)、1991(161.4)、1972(165.6)
乌江流域	321.1	1972(406.6)、1961(343.0)、1982(333.0)、1965(328.7)、1994(328.1)、2008(326.4)	192.7	2002(154.6)、2009(158.6)、1998(186.2)、1991(186.4)、2003(190.0)
宜宾—重庆区间	301.4	1969(357.3)、1964(317.5)、1975(305.8)、2014(302.3)、1982(301.7)、1988(301.5)	181.7	2009(142.7)、2002(155.8)、1984(157.6)、1998(169.4)、1992(169.9)、1993(171.9)
重庆—宜昌区间	382.7	2017(494.8)、1972(429.0)、2014(425.6)、1979(415.3)、1983(405.3)、2011(404.4)、1971(393.5)	212.7	1998(171.1)、1997(204.0)、2001(208.6)、2002(209.6)、1990(211.0)、1991(212.6)
汉江流域	319.4	1983(461.4)、2017(384.2)、2014(343.9)、1964(336.5)、1967(332.0)	147.8	1998(95.0)、1991(104.6)、2007(107.9)、2001(141.6)、1966(145.4)
两湖流域	336.9	2015(392.2)、1972(390.3)、1982(373.8)、1987(353.4)、1997(353.3)、1961(347.0)、2012(345.6)	143.2	1992(90.4)、1979(116.7)、1996(121.4)、2007(121.7)、1971(130.2)、1974(130.7)、2003(134.3)

2.4.2.1 极端多雨气候事件时空分布特征

(1)长江全流域。长江全流域秋季极端多雨气候事件共发生7次,主要分布在20世纪60—80年代和21世纪10年代两个多雨年代中,分布较为均匀,每个年代平均出现2个极端多雨气候事件(图2.55)。面雨量最多的年份是1983年,为276.3 mm,其次是1982年、1975年、1972年、1961年、2016年和2015年,面雨量在250~270 mm(表2.7)。

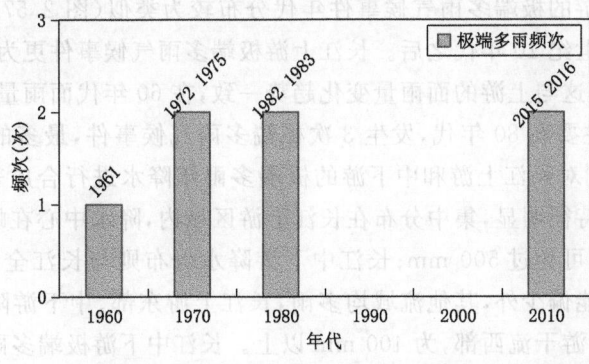

图2.55 长江全流域秋季(9—11月)极端多雨气候事件年代际频次分布

对长江全流域极端多雨年的降水进行合成,如图2.56,当长江全流域发生极端多雨气候事件时,主要降水来自长江上游和中下游,多雨中心在上游东部(嘉陵江东部至乌江下游一带),降水量400 mm以上;而金沙江流域降水可能偏少。

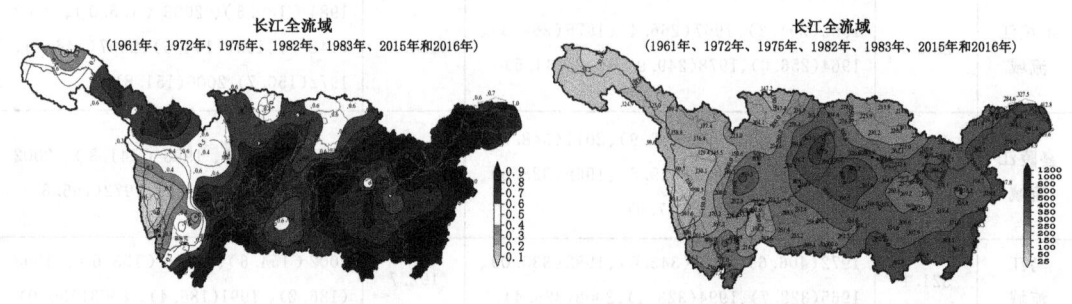

图2.56　长江全流域秋季(9—11月)极端多雨年降水正距平频次合成(左,单位:次)和降水量合成(右,单位:mm)

(2)二级分区流域。金沙江流域秋季极端多雨气候事件发生较少,共5次,在1965年、1980年、1986年、1989年和2016年(图2.57)。以2016年面雨量最多,达到195.9 mm,为气候态(1981—2010年)的1.3倍。对这5个极端多雨年的降水进行合成表明(图2.58),当金沙江流域发生极端多雨气候事件时,以金沙江上段南部和中下段异常多雨为主要特征,降水最大值出现在中下段,超过300 mm;与此同时,长江干流沿线及汉江流域降水也是异常偏多的,这种降水分布型与相关分析得到的金沙江上段与汉江流域存在正相关关系的结果一致。

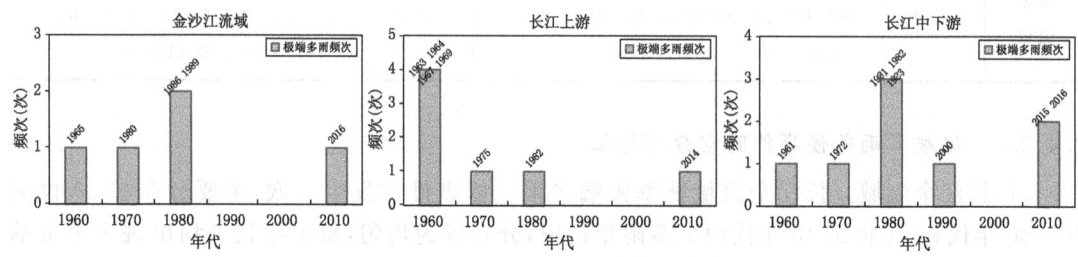

图2.57　二级分区流域秋季(9—11月)极端多雨气候事件年代际频次分布

长江上游与中下游的极端多雨气候事件年代分布较为类似(图2.57),主要分布在20世纪80年代之前和21世纪10年代之后。长江上游极端多雨气候事件更为集中地发生在20世纪60年代,共有4次,这与上游的面雨量变化趋势一致,在60年代面雨量最多,之后逐渐减少(图2.49);中下游则主要在80年代,发生3次极端多雨气候事件,最多的是1983年,面雨量达到345.6 mm。分别对长江上游和中下游的极端多雨年降水进行合成表明(图2.58),长江上游极端多雨年降水特征明显,集中分布在长江上游区域内,降水中心在岷沱江流域南部和嘉陵江流域东部,最大值可超过500 mm;长江中下游降水分布则与长江全流域的特征相似,除了金沙江流域降水可能偏少外,其他流域均多雨,长江上游东部、中下游降水量在300 mm以上,降水中心在长江中游干流西部,为400 mm以上。长江中下游极端多雨的这种分布型也反映出秋雨偏多的特征,表明秋季长江中下游降水异常偏多时,往往华西秋雨也较为明显。

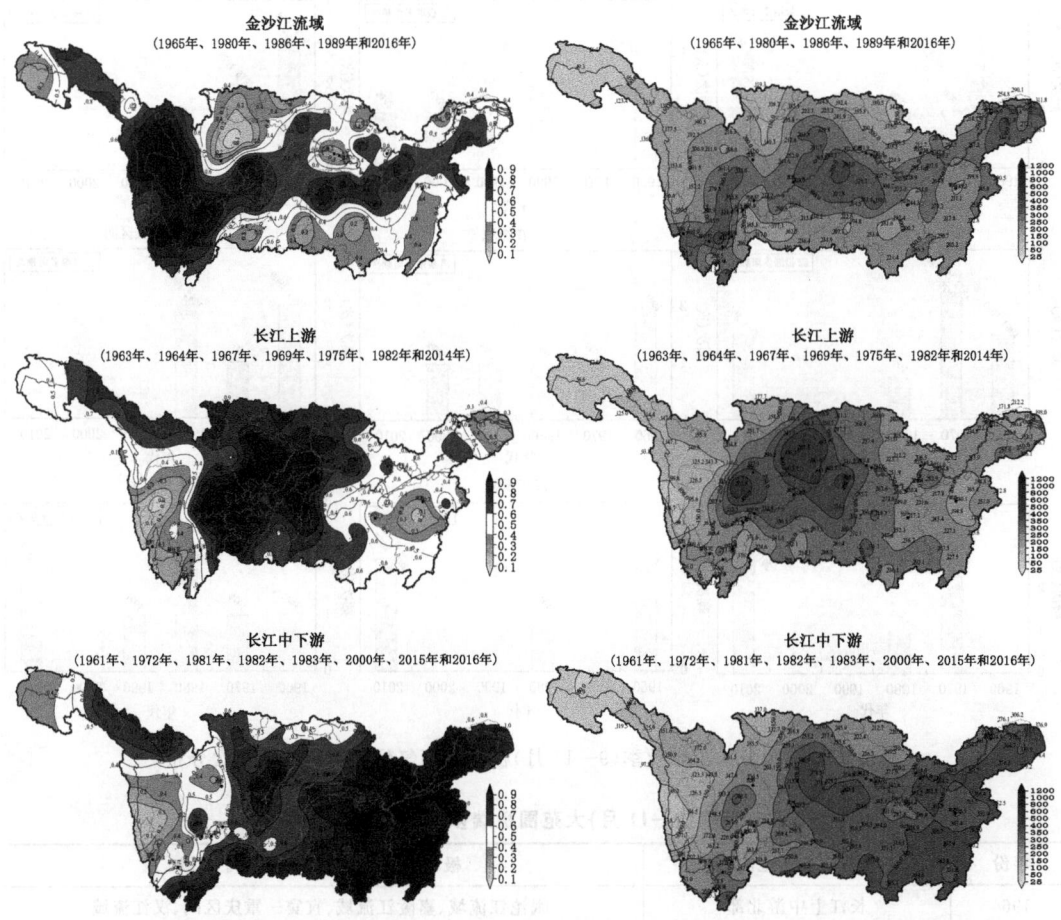

图 2.58 二级分区流域秋季(9—11月)极端多雨年降水正距平频次合成(左,单位:次)和降水量合成(右,单位:mm)

(3)三级分区流域。三级分区的流域中,金沙江上段极端多雨气候事件在1980年、1989年、1996年、2013年和2016年共发生了5次;长江流域南部的金沙江中下段、乌江流域和两湖流域年代际分布较为均匀,平均每10年有一次极端多雨气候事件;长江上游西北部的岷沱江流域主要出现在20世纪80年代之前,90年代面雨量转少后没有发生极端多雨气候事件;其他子流域则匹配了面雨量的年代际背景,极端多雨气候事件发生在多雨时期中(图2.59)。

从多雨事件数量上看,平均为5～7次,最容易发生极端多雨的流域是嘉陵江流域,共发生8次(图2.59)。范围较大的极端多雨年份主要有1964年、1972年、1975年、1982年、1983年和2014年,其中1964年、1982年和2014年有4个子流域同时发生极端多雨气候事件,其他年份是3个子流域。以上年份极端多雨气候事件发生时包含的子流域列于表2.8,多雨范围大体可划分为3种类型,分别是北部多雨型、南部多雨型和西部多雨型。

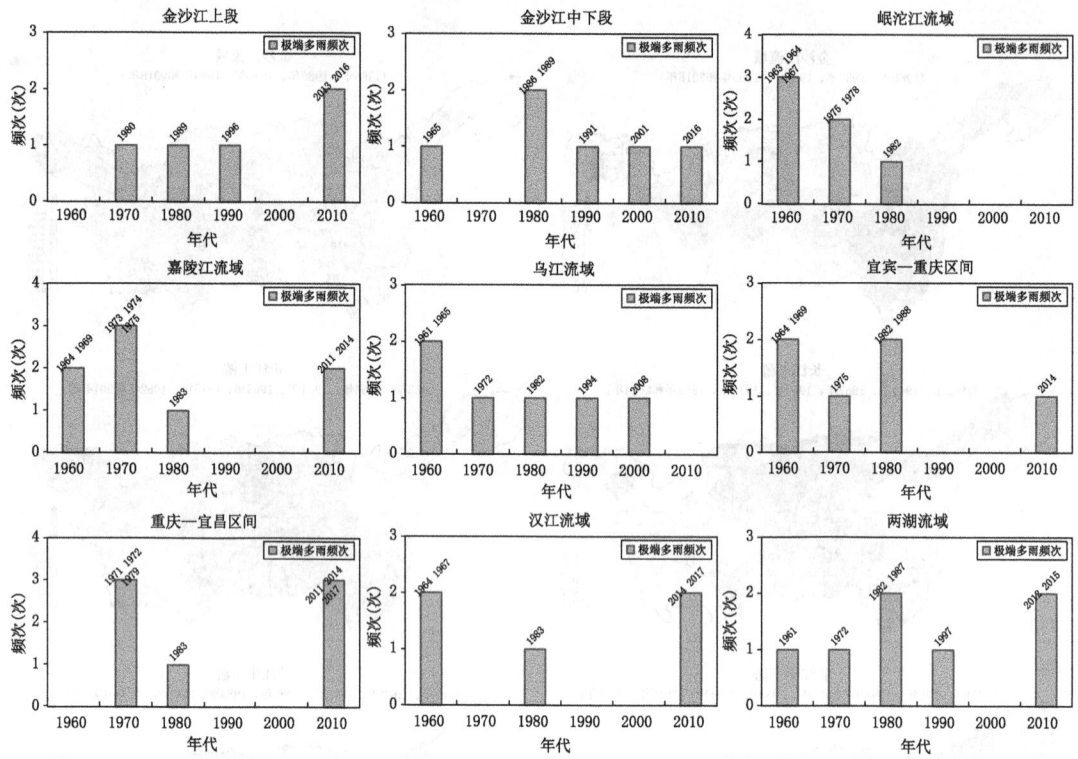

图 2.59 三级分区流域秋季(9—11月)极端多雨气候事件年代际频次分布

表 2.8 秋季(9—11月)大范围极端多雨气候事件年份特征

年份	极端多雨范围	极端多雨气候事件包含的子流域
1964	长江上中游北部	岷沱江流域、嘉陵江流域、宜宾—重庆区间、汉江流域
1972	长江流域东南部	重庆—宜昌区间、乌江流域、两湖流域
1975	长江上游西部和北部	岷沱江流域、嘉陵江流域、宜宾—重庆区间
1982	长江上游西部、长江流域东南部	岷沱江流域、宜宾—重庆区间、乌江流域、两湖流域
1983	长江上中游东北部	嘉陵江流域、重庆—宜昌区间、汉江流域
2014	长江上中游东北部	嘉陵江流域、宜宾—重庆区间、重庆—宜昌区间、汉江流域

各子流域发生极端多雨气候事件时，流域内及其周边流域降水异常偏多(图 2.60)。大体可以分为三类：

一是沿长江及其以北降水异常偏多。金沙江上段、嘉陵江流域、宜宾—重庆区间、重庆—宜昌区间、汉江流域发生极端多雨气候事件时，降水分布非常类似，表明这 5 个子流域经常同时发生极端多雨气候事件，降水量中心也基本都出现在嘉陵江流域东部至重庆—宜昌区间一带，当有极端多雨气候事件发生时，这一降水中心的降水量能达到 500～700 mm。

二是长江流域东南部降水偏多。以乌江流域和两湖流域降水分布特征相似，发生极端多雨气候事件时，这两个流域降水同时异常偏多，降水中心易出现在洞庭湖，降水量超过 400 mm。

三是长江流域西部降水偏多。主要是金沙江中下段、岷沱江流域发生极端多雨气候事件时，异常降水中心偏西，降水中心在金沙江中下段至岷沱江流域，降水量有 300～500 mm。

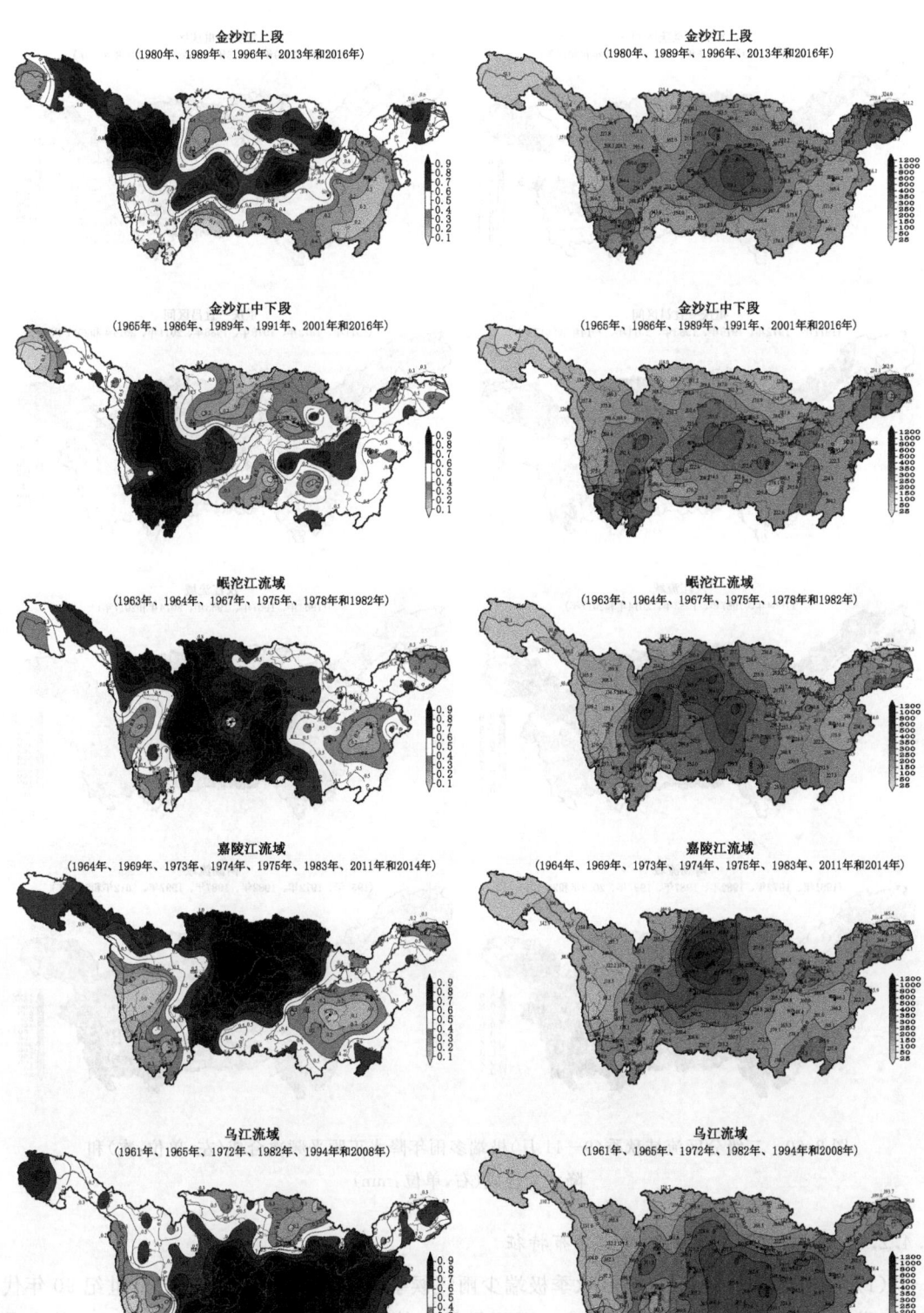

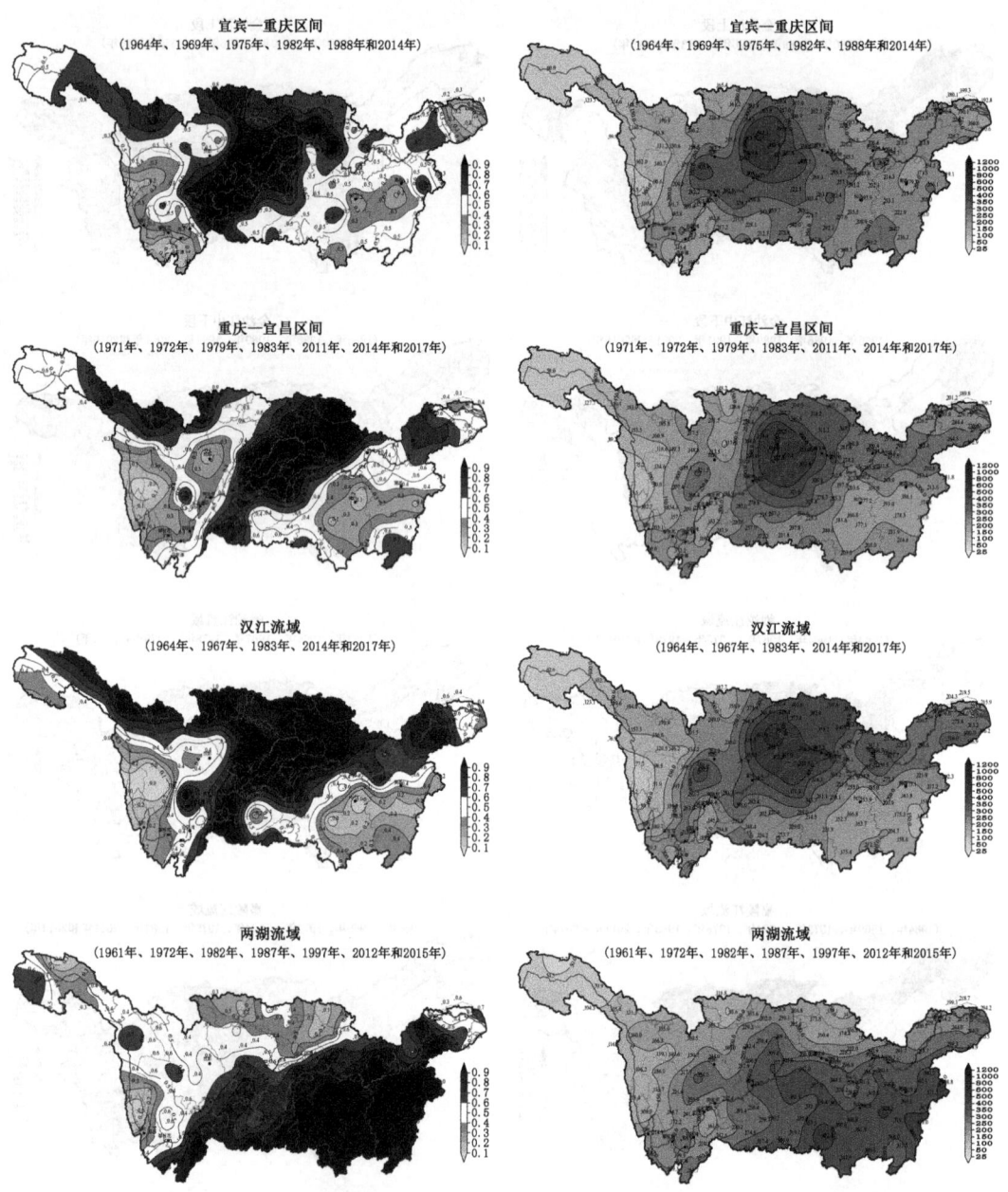

图 2.60 三级分区流域秋季(9—11月)极端多雨年降水正距平频次合成(左,单位:次)和降水量合成(右,单位:mm)

2.4.2.2 极端少雨气候事件时空分布特征

(1)长江全流域。长江全流域秋季极端少雨气候事件共发生5次,分布在20世纪90年代和21世纪初的少雨背景下(图2.61)。面雨量最少的年份是1992年,为144.1 mm,其次是1998年、2007年、2009年和1991年,面雨量在140~170 mm,仅达到极端多雨年面雨量的二分之一(表2.7)。

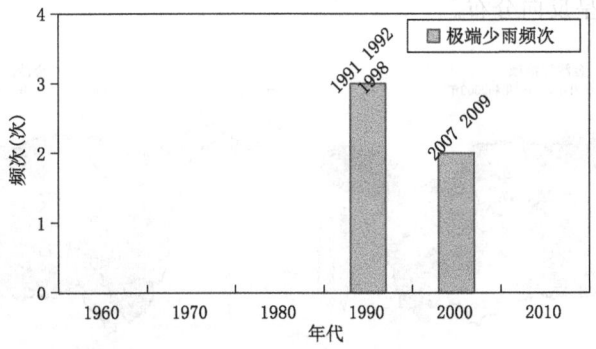

图 2.61　长江全流域秋季（9—11 月）极端少雨气候事件年代际频次分布

发生极端少雨气候事件时,长江全流域降水异常偏少,降水量在 60～300 mm,其中金沙江上段北部、汉江东北部整个秋季降水不足 100 mm,长江上游降水相对多一些,部分地区能达到 200～300 mm,但整个长江流域大部地区降水在 200 mm 以下。同时,金沙江上段北部却与流域大部的少雨形势相反,降水异常偏多（图 2.62）。

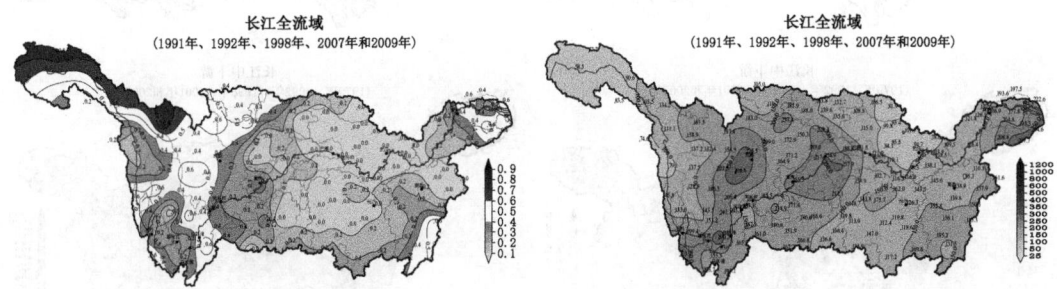

图 2.62　长江全流域秋季（9—11 月）极端少雨年降水正距平频次合成（左,单位:次）和
降水量合成（右,单位:mm）

(2)二级分区流域。金沙江流域秋季极端少雨气候事件共发生 4 次,其中 20 世纪 80 年代较多,发生 2 次,面雨量最少的年份是 1984 年,不足 100 mm（图 2.63）。对金沙江流域极端少雨年的降水进行合成表明（图 2.64）,当金沙江流域发生极端少雨气候事件时,金沙江流域大部降水异常偏少,同时,金沙江流域东侧的岷沱江流域、宜宾—重庆区间降水也明显偏少,少雨区大部降水量在 200 mm 以下;但金沙江上段的北部降水偏少不明显,这一特征与长江全流域相似,并且整个流域北部,包括嘉陵江流域北部、汉江流域北部等地区,降水明显偏多,即与金

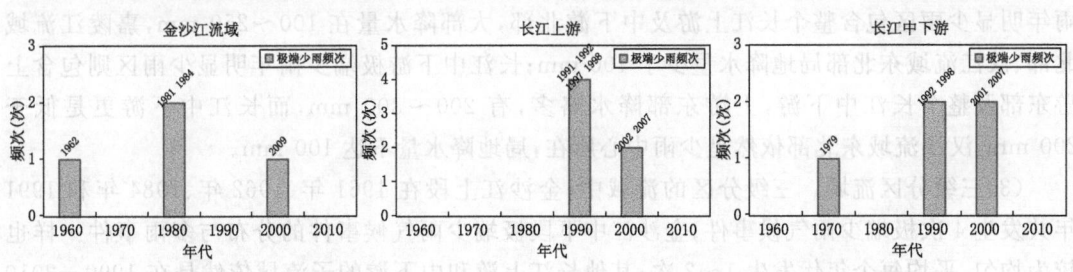

图 2.63　二级分区流域秋季（9—11 月）极端少雨气候事件年代际频次分布

沙江流域大部的少雨呈反向分布。

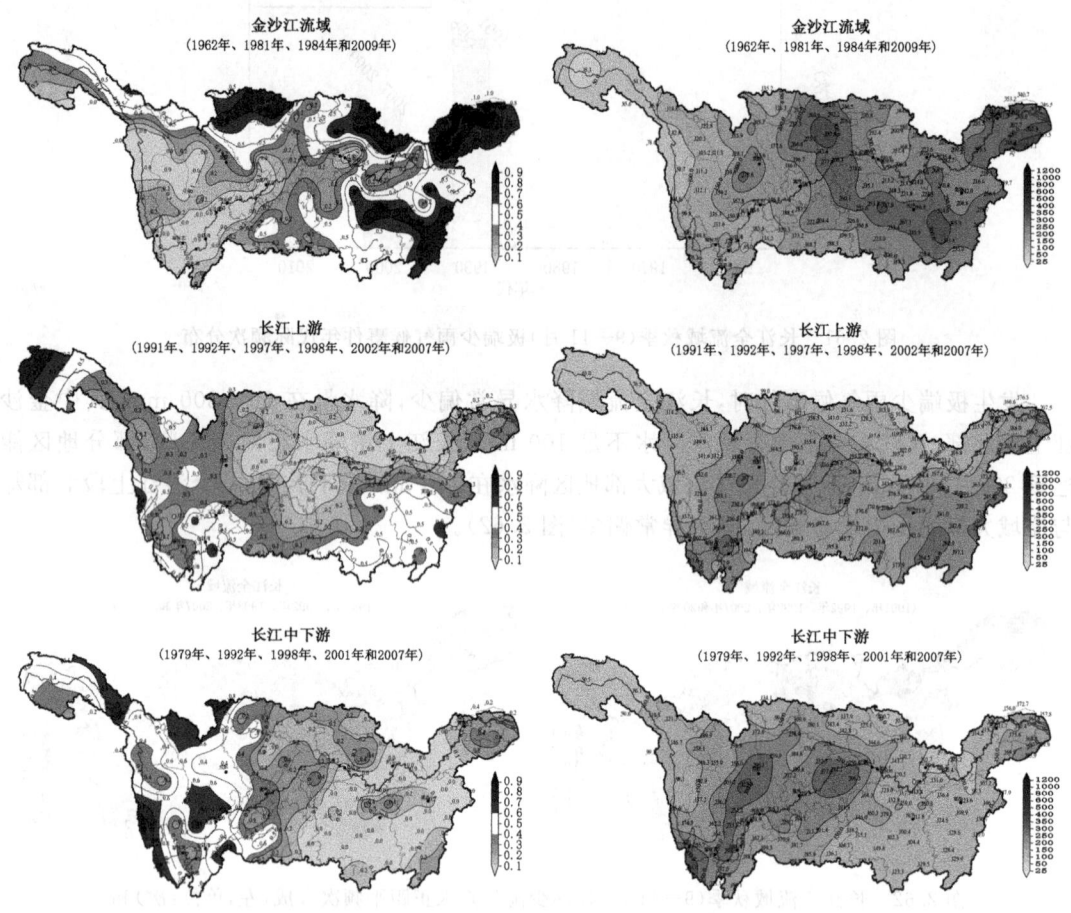

图 2.64 二级分区流域秋季(9—11月)极端少雨年降水正距平频次合成(左,单位:次)和降水量合成(右,单位:mm)

长江上游与中下游极端少雨气候事件主要集中在 1990—2010 年的少雨年代中发生(图2.63),上游共发生 6 次,以 2002 年面雨量最少,为 157.1 mm;中下游发生 5 次,1992 年面雨量 124.3 mm 为最少。部分年份,长江上游与中下游同时发生极端少雨,如 1992 年、1998 年和 2007 年,这几年长江上游面雨量在 160～190 mm,长江中下游面雨量在 120～140 mm(表2.7)。分别对长江上游和中下游的极端少雨年降水进行合成表明(图 2.64),长江上游极端少雨年明显少雨区包含整个长江上游及中下游北部,大部降水量在 100～250 mm,嘉陵江流域北部、汉江流域东北部局地降水量少于 100 mm;长江中下游极端少雨年明显少雨区则包含上游东部及整个长江中下游,上游东部降水略多,有 200～300 mm,而长江中下游更是低于200 mm,汉江流域东北部依然是少雨中心所在,局地降水量不达 100 mm。

(3)三级分区流域。三级分区的流域中,金沙江上段在 1961 年、1962 年、1984 年和 1991年共发生 4 次极端少雨气候事件;金沙江中下段极端少雨气候事件的分布与多雨事件一样也较为均匀,平均每个年代发生 1～2 次;其他长江上游和中下游的子流域依然是在 1990—2010年的少雨年代中更易发生极端少雨气候事件(图 2.65)。

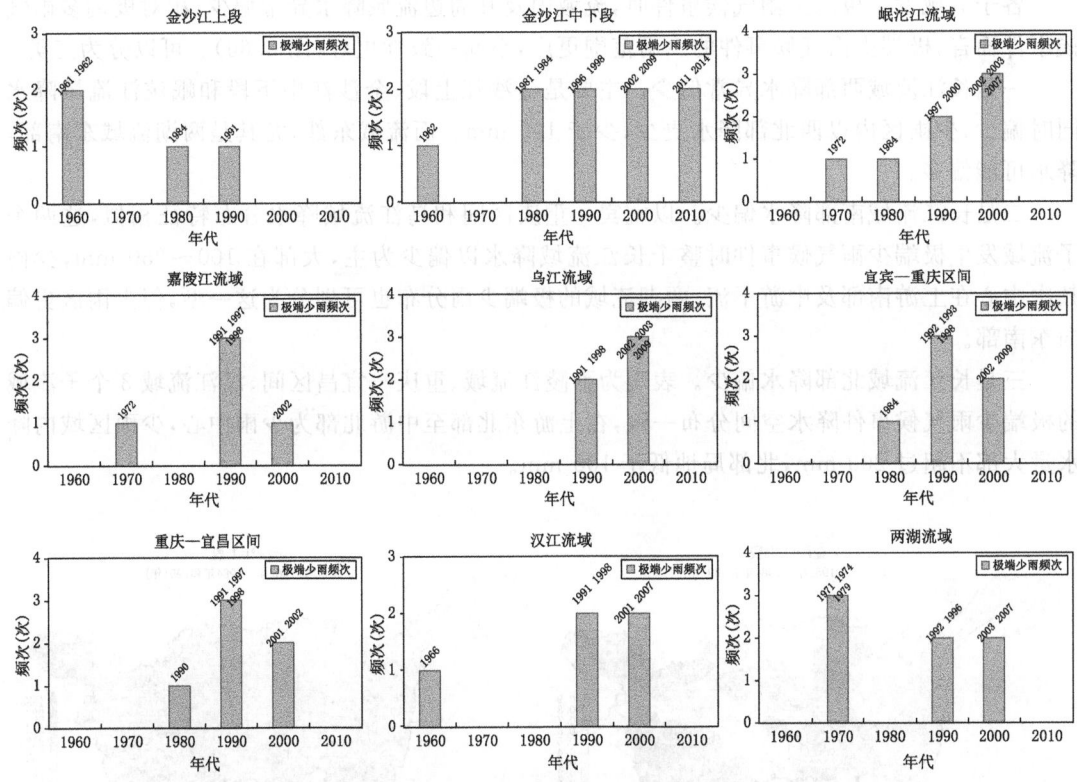

图 2.65 三级分区流域秋季(9—11 月)极端少雨气候事件年代际频次分布

从少雨事件数量上看,平均也是 5~7 次,最容易发生极端少雨的流域是金沙江中下段,共发生 9 次;而金沙江上段则是少雨事件发生较少的地区,仅有 4 次(图 2.65)。范围较大的极端少雨年份主要有 1984 年、1991 年、1997 年、1998 年、2002 年、2003 年、2007 年和 2009 年,除 1984 年外都出现在面雨量偏少的背景下,其中 1998 年和 2002 年少雨最为严重,有 6 个子流域同时发生极端少雨气候事件,其次是 1991 年 5 个流域发生极端少雨,再次是 1984 年为 4 个流域,其他 4 年为 3 个流域。以上年份极端少雨气候事件发生时包含的子流域列于表 2.9,少雨范围相比于多雨年的情况要更大一些,同样也是有北部少雨型、南部少雨型和长江西部少雨型。

表 2.9 秋季(9—11 月)大范围极端少雨气候事件年份特征

年份	极端少雨范围	极端少雨气候事件包含的子流域
1984	金沙江及长江上游西部	金沙江上段、金沙江中下段、岷沱江流域、宜宾—重庆区间
1991	金沙江北部、长江上游东部至中游北部	金沙江上段、嘉陵江流域、乌江流域、重庆—宜昌区间、汉江流域
1997	长江上游北部	岷沱江流域、嘉陵江流域、重庆—宜昌区间
1998	金沙江南部、长江上游东部至中游北部	金沙江中下段、嘉陵江流域、乌江流域、宜宾—重庆区间、重庆—宜昌区间、汉江流域
2002	金沙江南部、长江上游	金沙江中下段、岷沱江流域、嘉陵江流域、乌江流域、宜宾—重庆区间、重庆—宜昌区间
2003	长江上游西北部、长江流域东南部	岷沱江流域、乌江流域、两湖流域
2007	长江上游西北部、长江中游	岷沱江流域、汉江流域、两湖流域
2009	长江流域西南部	金沙江中下段、乌江流域、宜宾—重庆区间

各子流域发生极端少雨气候事件时,流域内及其周边流域降水异常偏少,相对极端多雨气候事件而言,极端少雨气候事件的少雨范围更广,空间一致性更好(图2.66)。可以分为三类:

一是长江流域西部降水异常偏少。主要是金沙江上段、金沙江中下段和岷沱江流域降水同时偏少,少雨区内以西北部降水更少,少于100 mm。而流域东部,尤其是两湖流域东南部,降水可能偏多。

二是长江流域南部降水偏少。以宜宾—重庆区间和乌江流域降水分布特征相似,这两个子流域发生极端少雨气候事件时整个长江流域降水以偏少为主,大部在100~250 mm,少雨频次中心在上游南部及中游干流;两湖流域的极端少雨分布也可划分为这一型,但少雨区更偏向东南部。

三是长江流域北部降水偏少。表现为嘉陵江流域、重庆—宜昌区间、汉江流域3个子流域的极端少雨气候事件降水空间分布一致,在上游东北部至中游北部为少雨中心,少雨区域内降水量大部不超过200 mm,北部局地低于100 mm。

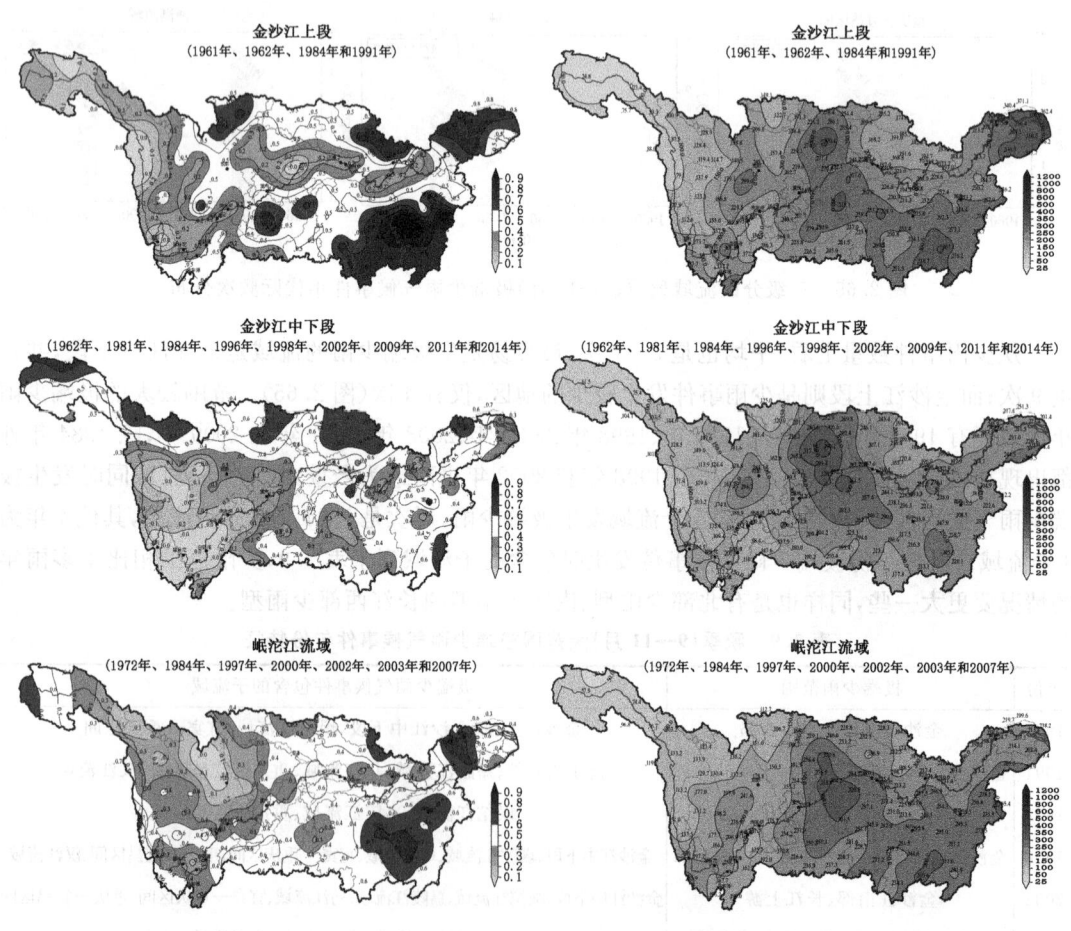

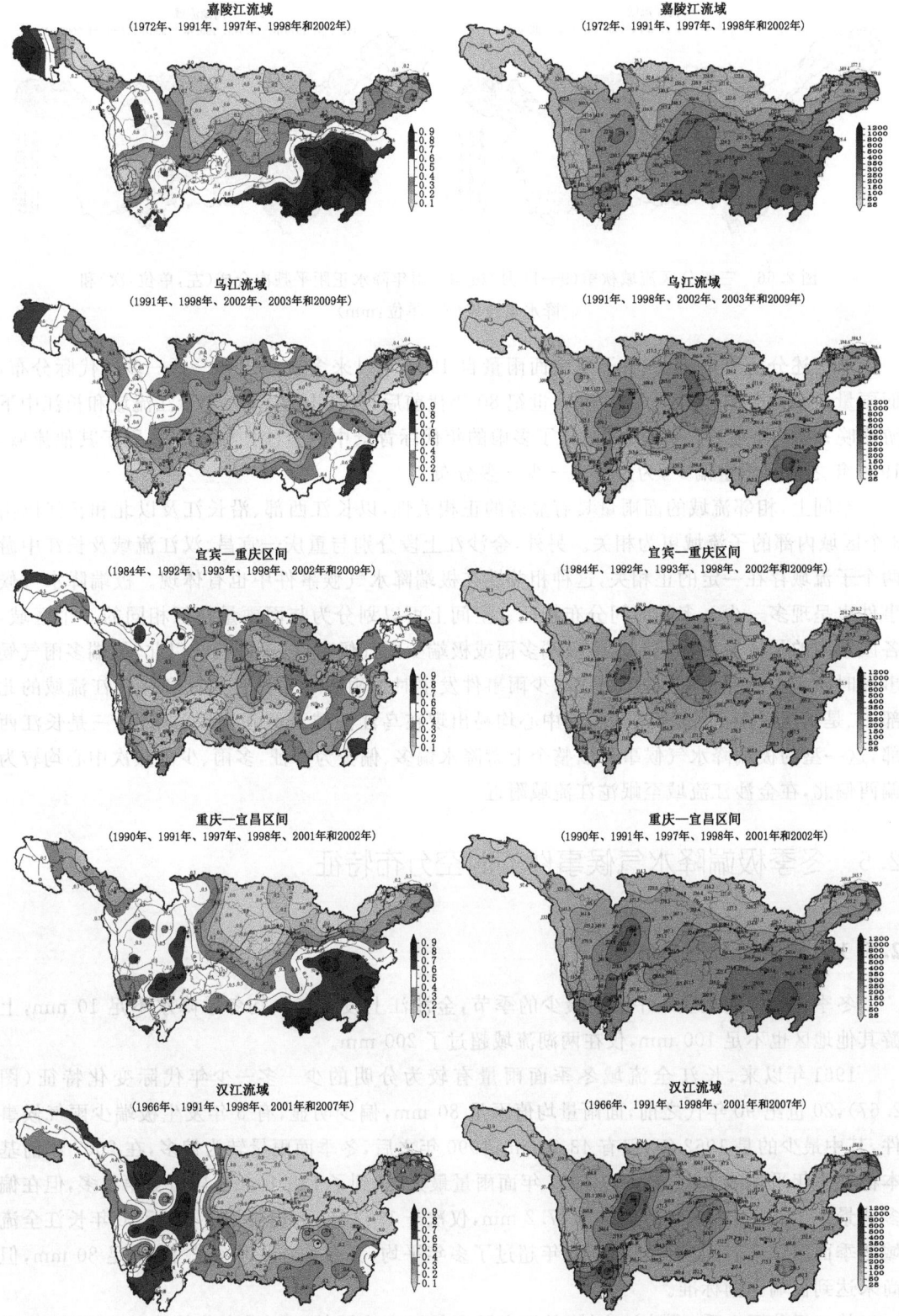

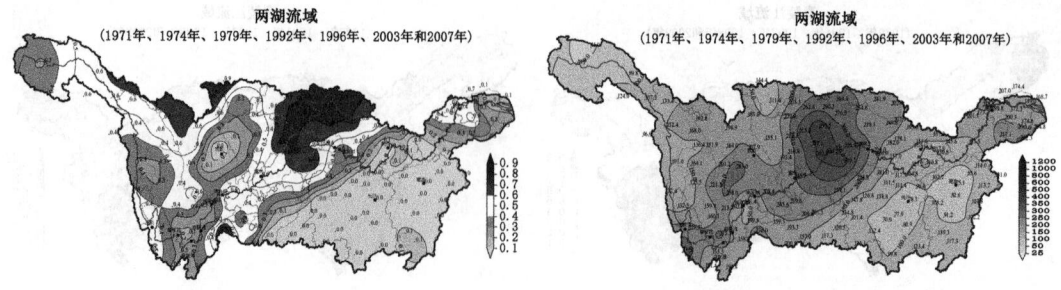

图 2.66 三级分区流域秋季(9—11月)极端少雨年降水正距平频次合成(左,单位:次)和
降水量合成(右,单位:mm)

从上述分析可见,长江各子流域面雨量自1961年以来多数呈现多—少—多年代际分布,面雨量由多到少的转折点大约在20世纪80年代前后,长江上游略早、金沙江流域和长江中下游略晚;2010年之后,全流域都进入了多雨的年代际背景中。金沙江流域略区别于其他流域,1980年之前面雨量偏少,为少—多—少—多分布。

空间上,相邻流域的面雨量具有显著的正相关性,以长江西部、沿长江及以北和长江以南3个区域内部的子流域更为相关。另外,金沙江上段分别与重庆—宜昌、汉江流域及长江中游两个子流域存在一定的正相关,这种相关性在极端降水气候事件中也有体现。极端降水气候事件也呈现多—少—多的时间分布特征。空间上可以划分为与面雨量特征相同的3个区域,各区域内的子流域常常同时发生极端多雨或极端少雨气候事件,一是长江以北,极端多雨气候事件时降水中心在嘉陵江流域东部,少雨事件发生时少雨中心在汉江流域和嘉陵江流域的北部;二是长江以南,极端多雨和少雨中心均易出现在乌江流域至两湖流域的南部;三是长江西部,这一型的极端降水气候事件以整个上游降水偏多、偏少为特征,多雨、少雨频次中心均较为偏西偏北,在金沙江流域至岷沱江流域附近。

2.5 冬季极端降水气候事件的时空分布特征

2.5.1 面雨量时空分布

冬季为长江流域全年中降水最少的季节,金沙江上段多年平均冬季降水不足10 mm,上游其他地区也不足100 mm,仅在两湖流域超过了200 mm。

1961年以来,长江全流域冬季面雨量有较为分明的少—多—少年代际变化特征(图2.67),20世纪90年代之前,面雨量均值不足80 mm,偏少明显,有5年发生极端少雨气候事件,其中最少的是1962年,仅有43.8 mm;1990年之后,冬季面雨量转为偏多,在2007年前基本都在多年平均线之上,其中以1997年面雨量最大,达到了138.8 mm,居历史第1多,但在偏多背景下1998年冬季面雨量仅为47.2 mm,仅次于1962年,为历史第2少;近10年长江全流域冬季面雨量又转为偏少,仅2015年超过了多年平均,其余均在平均线之下,不足80 mm,但尚未达到极端少雨标准。

从二级分区上看,金沙江流域、长江上游和长江全流域的面雨量变化趋势基本一致,均呈

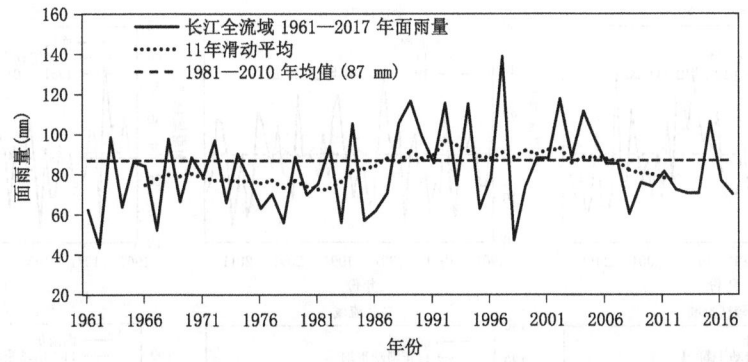

图 2.67　长江全流域冬季(12 月至次年 2 月)面雨量历史序列及 11 年滑动平均

现少—多—少年代际变化特征,从 20 世纪 90 年代前的偏少到 90 年代之后的偏多,再到 2007 年前后再次转为偏少的变化特征基本一致,但三者的年际变化仍存在明显差异,如金沙江流域偏多背景下的年份明显少于长江上游和长江中下游,而金沙江流域偏多的幅度则要整体高于后两者。从极端降水气候事件历史分布图(图 2.72)上可以看到,金沙江流域及子流域发生极端多雨事件的 1982 年和 1995 年,长江上游和长江中下游均有子流域发生极端少雨;而金沙江流域发生极端少雨的 1964 年和 1968 年,长江上游和长江中下游也都发生了极端多雨。这不仅表明金沙江流域区别于长江其他流域,也表明了极端多雨和极端少雨的影响系统相对独立存在差异。此外,在旱涝转变上,金沙江流域和长江上游往往比长江中下游更为剧烈:长江中下游冬季面雨量仅在 1997—1998 年发生了急剧转折,1997 年 270.6 mm 排历史第 1,而 1998 年仅有 77.4 mm,排倒数第 2,其他年份基本围绕均值波动,波动较为平缓;而相比之下金沙江流域和长江上游的转折要更强一些(图 2.68)。

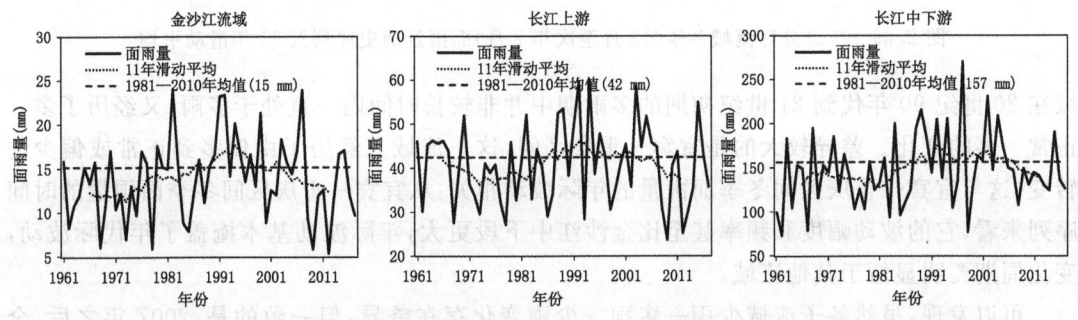

图 2.68　二级分区流域冬季(12 月至次年 2 月)面雨量历史序列及 11 年滑动平均

再细化到三级分区,大多数子流域冬季面雨量的时间分布特征与长江全流域基本一致,为少—多—少分布(图 2.69),仅在转折时间点和波动幅度上略有差异,金沙江上段偏多或偏少的年代际特征十分明显,而金沙江中下段则年际波动更大,振幅更强,年代际特征相较而言不甚明显。岷沱江流域冬季在 20 世纪 60 年代处于偏多背景,1967 年更是发生了历史第 1 的极端多雨 39.6 mm,但也只有这一时期区别与上述其他流域,之后也经历了少—多—少的年代际转换。重庆—宜昌区间与汉江流域较为相似,重庆—宜昌区间发生极端多雨的 1992 年、1988 年和 1989 年汉江流域也发生了极端多雨,在 1967 年、1983 年和 1998 年也同时发生极端少雨气候事件;此外,这两个子流域虽然也大致经历了少—多—少的年代际转换,但这两个流

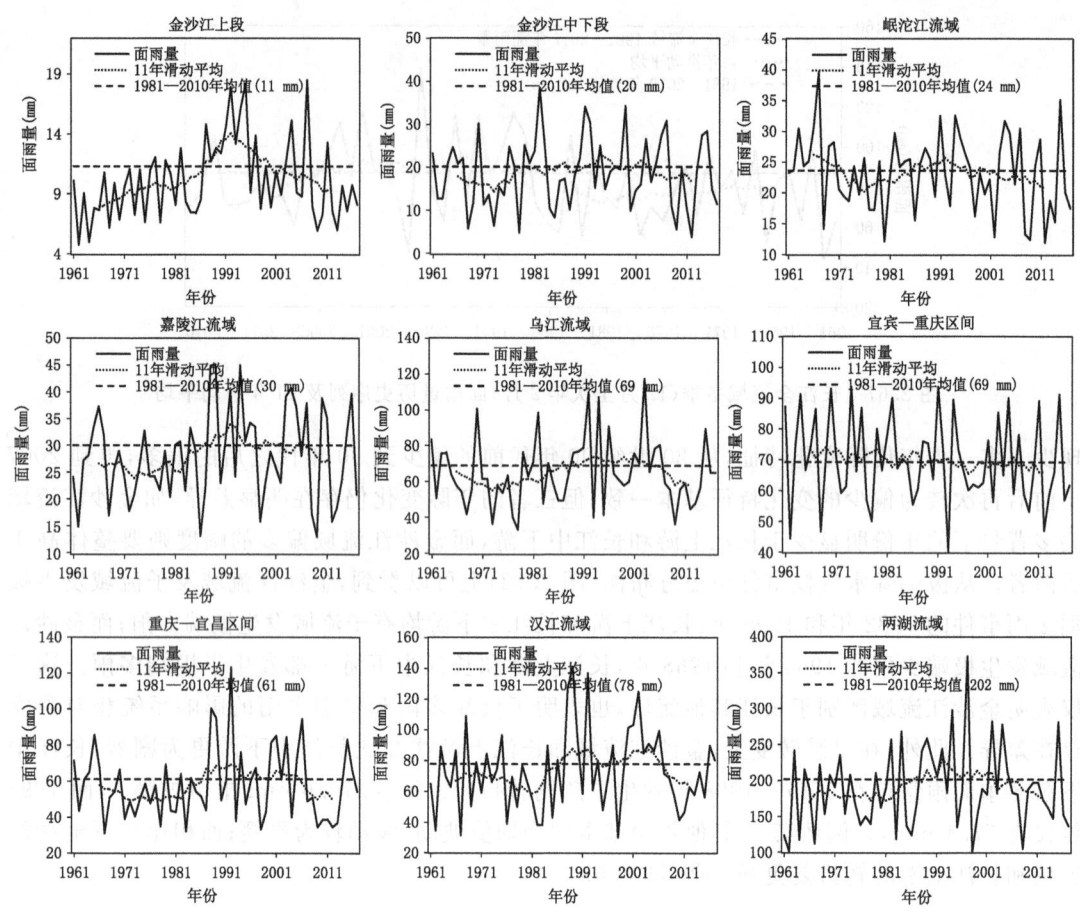

图 2.69 三级分区流域冬季(12月至次年2月)面雨量历史序列及11年滑动平均

域在 20 世纪 90 年代到 21 世纪初期的多雨期中并非较长时间内一直处于多雨,又经历了多—正常—多的变化。差异较大的是宜宾—重庆区间,这一流域只经历了由偏多到正常或偏少的转变,这与宜宾—重庆区间冬季面雨量的年际波动相关:从宜宾—重庆区间冬季面雨量的时间序列来看,它的波动幅度和频率甚至比金沙江中下段更大,年际波动基本掩盖了年代际波动,变化周期要明显短于其他流域。

可以发现,虽然各子流域少雨—多雨—少雨变化存在差异,但一致的是,2007 年之后,全流域基本都进入了少雨的年代际背景中。

长江中下游的冬季面雨量在长江流域的比重占据主导地位,它与长江全流域面雨量的相关系数高达 0.99,其次是长江上游,金沙江流域与全流域相关性相对较低一些,但也能通过 95% 的显著性检验;二级分区的 3 个流域之间的相关关系均为正相关,仅有金沙江流域与长江中下游的相关系数未能通过信度检验,这表明各流域面雨量的相关性与地理位置的远近有直接关系(图 2.70 左)。从三级分区来看(图 2.70 右),虽然有部分子流域面雨量为负相关关系,但大部分为正相关,相关系数超过 0.5 的流域有金沙江中下段与宜宾—重庆区间和乌江流域、岷沱江流域与宜宾—重庆区间和嘉陵江流域、乌江流域与上游干流、重庆—宜昌区间与汉江流域、两湖流域与汉江流域。除了自相关外相关性最高的为岷沱江流域与宜宾—重庆区间,相关系数可达 0.71,在地理位置上这两个子流域也是相邻交接的,这表明影响这两个流域降水的主要系统可能是一致的;负相关性最高的为岷沱江流域和汉江流域,相关系数为-0.14,这两个流域所处纬度基本一致,中间被嘉陵江流域隔开,造成这种反相关关系的原因除了地理间隔外也与流域地形、影响系统等相关,汉江流域属亚热带季风区,受季风影响较大,而岷沱江流域位于川西高原东部,从北到南包括了高原气候区、温带大陆性气候区以及亚热带气候区,所处地形地势复杂,降水的影响因子多样。

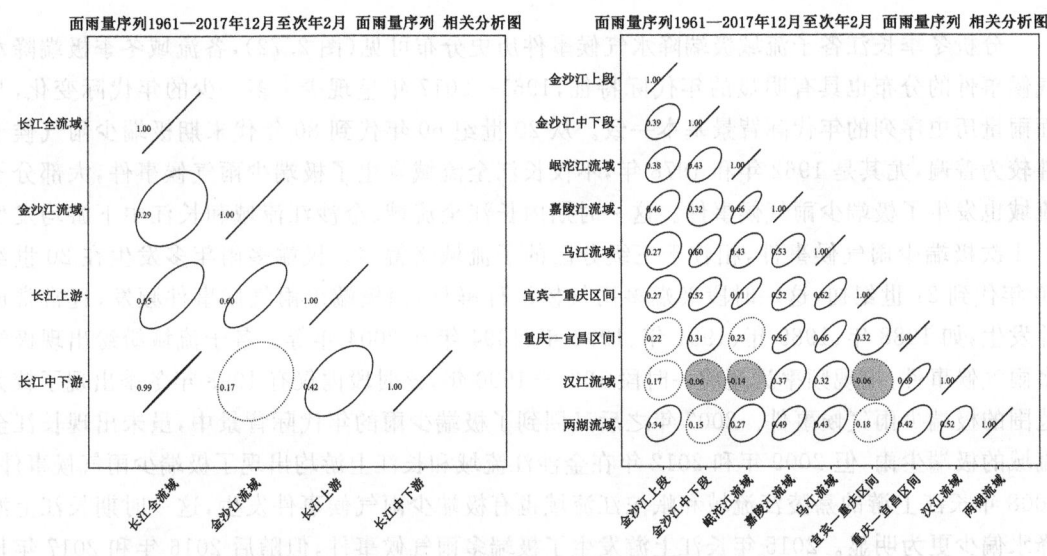

图 2.70　二、三级分区流域冬季(12 月至次年 2 月)面雨量相关系数分布
(实线边框通过 0.05 信度检验)

一般而言,地理位置相隔较远的子流域间,面雨量联系度也较低,难以出现通过 95% 的显著性检验的情形,但两湖流域与上游北部子流域的相关系数均通过了显著性检验。

分月来看(图 2.71),12 月金沙江上段表现出迥异于其他流域的特征,除了与其紧邻的子流域外,它与长江大部分子流域的相关系数均未通过检验,但 1 月和 2 月,金沙江流域无论是

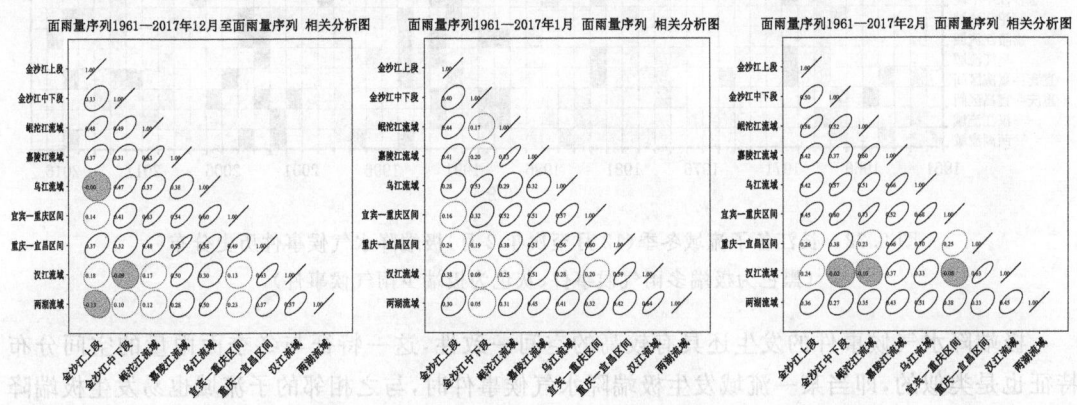

图 2.71　三级分区流域冬季(12 月至次年 2 月)面雨量相关系数分布
(实线边框通过 0.05 信度检验)

金沙江上段还是金沙江中下段,与大部分子流域的相关性能通过信度检验,这也表明了不同时间段内不同流域的影响系统会发生迁移,而2月开始金沙江流域就逐步发生了这种转变。总体来说,长江全流域面雨量与长江中游各子流域相关性最好,上游长江以北的流域间相关性较好,而上游以南的流域间以及中游各流域间的相关性也较好。地理分区接近的流域之间具有较好的相关性,降水主要呈纬向分布。

2.5.2 极端降水气候事件时空分布

分析冬季长江各子流域极端降水气候事件历史分布可见(图2.72),各流域冬季极端降水气候事件的分布也具有明显的年代际特征,1961—2017年呈现少—多—少的年代际变化,与面雨量历史序列的年代际背景基本一致。从20世纪60年代到80年代末期极端少雨气候事件较为普遍,尤其是1962年和1978年,不仅长江全流域发生了极端少雨气候事件,大部分子流域也发生了极端少雨气候事件。这一时期内长江全流域、金沙江流域和长江中下游均发生了4次极端少雨气候事件,相较于三级分区的子流域略偏多。极端多雨年多发生在20世纪90年代到21世纪初,这一时段极端多雨气候事件鲜见,而极端少雨气候事件频发,且常常成片发生,如1988年、1989年、1991年、1992年、1994年和2004年等。各子流域纷纷出现极端多雨气候事件,出现频率远超前一时段1961—1990年,该时段内仅有1998年冬季出现了较大范围的极端少雨气候事件。2007年之后又回到了极端少雨的年代际背景中,虽未出现长江全流域的极端少雨,但2009年和2012年在金沙江流域和长江上游均出现了极端少雨气候事件,2008年长江上游的嘉陵江流域和岷沱江流域也有极端少雨气候事件发生,这一时期长江上游降水偏少更为明显。2015年长江上游发生了极端多雨气候事件,但随后2016年和2017年长江全流域冬季面雨量基本处于正常范围内,未来仍将处于少雨背景中,还是转入多雨的年代际背景,需要关注。

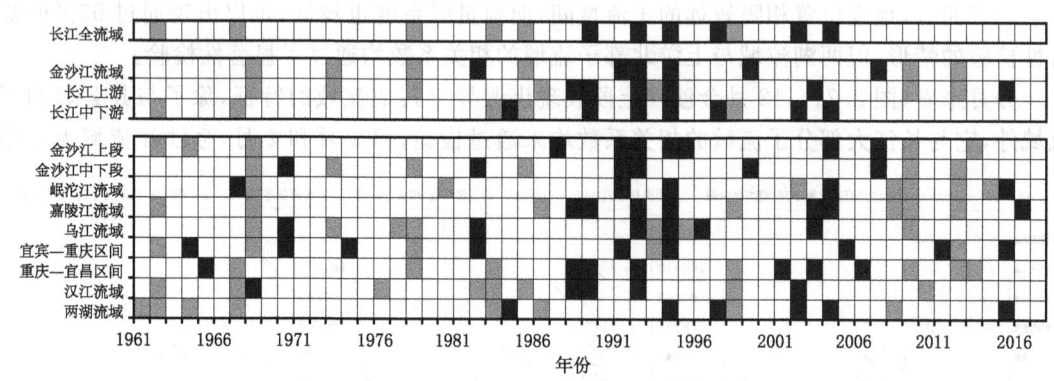

图2.72 长江各子流域冬季(12月至次年2月)极端降水气候事件历史分布
(黑色为极端多雨气候事件、灰色为极端少雨气候事件)

极端降水气候事件的发生还具有较高的空间一致性,这一特征与冬季面雨量的空间分布特征也是类似的,即当某一流域发生极端降水气候事件时,与之相邻的子流域也易发生极端降水气候事件。此外,除了雨量占比最高的长江中下游流域包括两湖流域外,嘉陵江流域与长江全流域的一致性最高,当长江全流域发生极端多雨气候事件时,嘉陵江流域往往也会发生极端多雨气候事件,在长江全流域发生极端多雨气候事件的 6 年中,有 4 年在嘉陵江流域也发生了极端多雨气候事件,极端少雨也与之类似。通常长江各子流域只发生极端多雨气候事件或者极端少雨气候事件,仅仅有 5 年既发生极端多雨气候事件又发生极端少雨气候事件,其中 1964 年宜宾—重庆区间极端多、金沙江上段和两湖流域极端少,1967 年岷沱江流域极端多、长江中下游极端少,而 2002 年则正好相反;1982 年长江上游极端多、汉江流域极端少,而 1968 年正好相反,汉江流域极端多而上游偏少。

多流域同时发生极端少雨气候事件的年份主要有 1962 年、1968 年、1978 年、1998 年、2009 年和 2012 年,其中长江全流域雨量异常偏少的年份则有 1962 年、1978 年和 1998 年,尤其是 1962 年和 1998 年,从表 2.10 中可以看到,这 2 年为排历史前二的极端少雨年,全流域面雨量不足 50 mm。1998 年气候异常最为明显,夏季发生了 1961 年以来最为严重的全流域大洪水,随即发生了大范围的秋冬连旱,旱涝急转尤为明显。

表 2.10 长江各子流域冬季(12 月至次年 2 月)极端降水气候事件年表

	多雨 90% 的阈值 (mm)	多雨年份(面雨量,mm)	少雨 10% 的阈值 (mm)	少雨年份(面雨量,mm)
长江全流域	107.5	1997(138.8)、2002(117.6)、1989(116.5)、1992(115.5)、1994(115.2)、2004(111.4)	58.2	1962(43.8)、1998(47.2)、1967(52.3)、1978(56.0)、1983(56.0)、1985(57.0)
金沙江流域	19.8	1982(24.0)、2007(23.9)、1992(23.4)、1991(23.2)、1999(21.3)、1994(20.2)	8.3	2012(5.4)、2009(5.9)、1978(6.0)、1968(6.1)、1973(7.1)、1985(7.9)
长江上游	52.4	1994(60.0)、1992(59.6)、2003(58.6)、2015(54.9)、1989(53.4)、1988(52.5)	29.7	2009(23.7)、2012(25.2)、1978(27.1)、1968(27.6)、1993(28.4)、1986(29.1)、1973(29.6)
长江中下游	199.9	1997(270.6)、2002(231.0)、1989(215.7)、2004(209.0)、1994(205.8)、1992(205.1)、1984(200.3)	99.3	1962(73.4)、1998(77.4)、1967(79.0)、1983(93.9)、1985(96.5)
金沙江上段	14.5	2007(18.5)、1995(18.2)、1992(17.9)、1994(16.2)、2004(15.2)、1987(14.9)、1991(14.6)	6.5	1962(4.8)、1964(5.0)、2009(6.0)、2013(6.0)、1968(6.2)
金沙江中下段	29.2	1982(38.6)、1999(34.4)、1991(34.2)、2007(31.0)、1992(30.6)、1970(30.3)	8.9	2012(4.0)、1978(5.0)、2009(5.8)、1968(6.0)、1973(6.6)、1985(8.5)
岷沱江流域	31.2	1967(39.6)、2015(35.1)、1994(32.6)、1991(32.6)、2004(31.7)	15.5	2012(12.0)、1980(12.2)、2009(12.5)、2002(12.9)、2008(13.4)、1968(14.3)、2014(15.4)
嘉陵江流域	39.0	1989(45.2)、1994(45.0)、1988(44.9)、2004(40.8)、1992(40.4)、2016(39.8)、2003(39.2)	18.0	2009(13.2)、1986(13.4)、1962(15.1)、1998(16.1)、2012(16.1)、1968(17.2)、2008(17.4)

续表

	多雨90%的阈值(mm)	多雨年份(面雨量,mm)	少雨10%的阈值(mm)	少雨年份(面雨量,mm)
乌江流域	89.7	2003(117.4)、1992(110.2)、1994(107.2)、1970(100.9)、1982(98.7)、1996(91.1)	44.0	1978(33.7)、2009(36.8)、1973(36.8)、1977(40.4)、1993(40.4)、1995(41.9)、1968(42.2)
宜宾—重庆区间	87.9	1991(93.8)、1974(93.7)、1970(93.2)、1964(91.4)、2015(91.4)、2005(90.2)、1982(90.2)、1994(89.6)、2011(89.3)	52.7	1993(40.5)、1962(44.6)、1968(46.9)、2012(47.3)、1978(50.2)
重庆—宜昌区间	83.6	1992(123.5)、1988(100.5)、1989(95.0)、2006(94.7)、1965(85.8)、2001(85.3)、2003(84.7)	37.1	1967(31.3)、1983(32.4)、1998(33.3)、2009(34.6)、2012(34.7)、1978(35.1)、2013(37.0)
汉江流域	106.8	1989(140.9)、1992(136.8)、1988(127.2)、2002(124.9)、1968(108.9)	43.2	1998(30.4)、1967(31.8)、1962(34.8)、1982(38.6)、1983(39.1)、1976(39.4)、2010(41.9)、1985(43.2)
两湖流域	262.4	1997(373.2)、1994(298.2)、2002(282.6)、2015(281.7)、2004(278.0)、1984(268.6)	125.1	1998(100.3)、1962(101.2)、2008(105.6)、1967(112.7)、1964(118.6)、1983(119.9)、1961(124.5)、1986(125.1)

2.5.2.1 极端多雨气候事件时空分布特征

(1)长江全流域。长江全流域冬季极端多雨气候事件共发生6次,主要分布在20世纪80年代至21世纪10年代,20世纪60年代和70年代无极端多雨气候事件发生,20世纪90年代是极端多雨气候事件发生频率最高的年代(图2.73),共有3次,其次是2001—2010年,有2次极端多雨气候事件发生。面雨量最大的年份也出现在20世纪90年代,为1997年,面雨量138.8 mm。整体来看,极端多雨气候事件经历了少—多—少的年代际变化,2010年之后没有发生极端多雨气候事件。

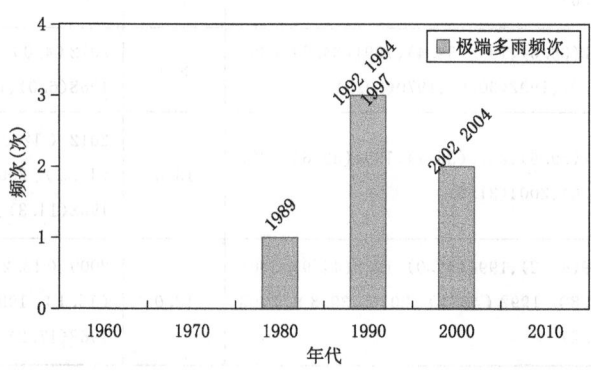

图2.73 长江全流域冬季(12月至次年2月)极端多雨气候事件年代际频次分布

对长江全流域冬季极端多雨年的降水进行合成,如图 2.74 所示,当长江全流域发生极端多雨气候事件时,降水中心在两湖流域,降水量超过 400 mm 左右;此外,金沙江上段的南部、岷沱江流域北部、中下游干流区间及其以南地区均为偏多的高频区,而金沙江上段的北部、金沙江中下段、乌江流域西部、岷沱江流域南部则与之相反,是少雨的中心区。

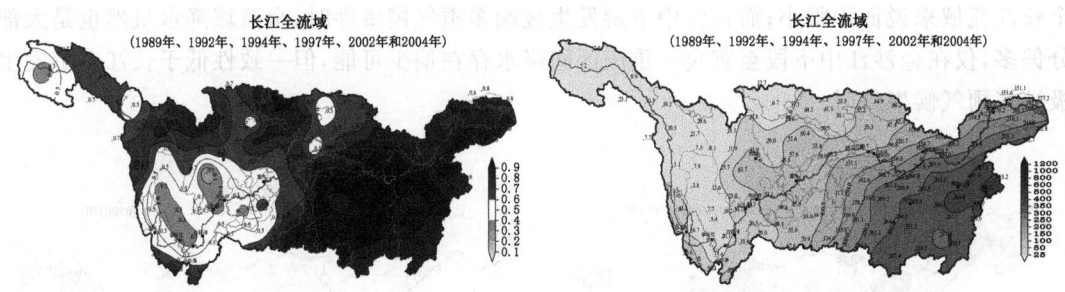

图 2.74　长江全流域冬季(12月至次年2月)极端多雨年降水正距平频次合成(左,单位:次)和降水量合成(右,单位:mm)

(2)二级分区流域。金沙江流域冬季极端多雨气候事件共发生 6 次,以 1982 年面雨量最多,达到 24 mm,20 世纪 90 年代为极端多雨气候事件的多发期,共有 4 年(1991 年、1992 年、1994 年和 1999 年)达到极端多雨气候事件标准,占总多雨年数的 66%(其他 2 年为 1982 年和 2007 年)(图 2.75)。对这些极端多雨年的降水进行合成表明(图 2.76),当金沙江流域发生极端多雨气候事件时,以金沙江上段西北部和金沙江中下段多雨为主要特征,整个金沙江流域降水最大值仍出现在流域南部,超过 60 mm,相较长江中下游降水仍较少,而且金沙江上段并非同时多雨;此外,除了岷沱江流域和嘉陵江流域的部分区域、两湖流域南部以及乌江流域在金沙江流域异常偏多时也呈偏多特征,长江流域其他地区以偏少为主,长江流域整体呈西多东少的分布特征,表明金沙江流域极端多雨的影响系统与长江流域其他子流域的影响系统存在较大差异,这一点将在第 3 章中进行详细分析。

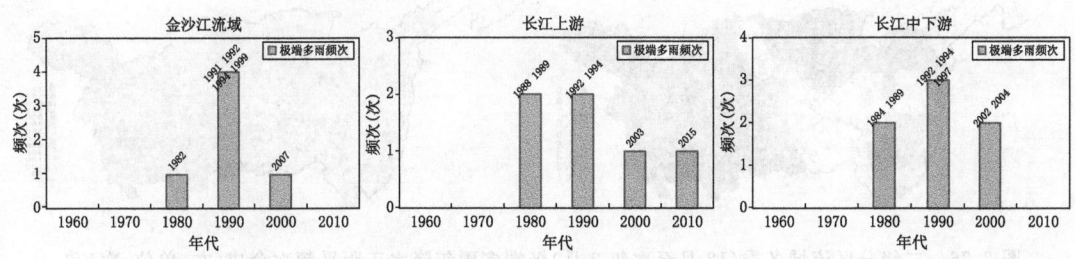

图 2.75　二级分区流域冬季(12月至次年2月)极端多雨气候事件年代际频次分布

长江上游 1961 年以来面雨量经历了多—少—多—少的年代际转变,于 20 世纪 80 年代末至 90 年代初达到峰值,这一时期也是极端多雨气候事件高发时期,共有 4 年(1988 年、1989 年、1992 年和 1994 年)达到极端多雨气候事件标准,占总多雨年数的 66%,其中 1994 年达到极值 60 mm;长江中下游的极端多雨气候事件高发期也在 20 世纪 90 年代,共有 3 年(1992 年、1994 年和 1997 年)达到极端多雨气候事件标准,同时长江上游和长江中下游在 20 世纪 60

年代及70年代均未出现极端多雨气候事件,且长江中下游2010年以来也没有发生极端多雨气候事件。分别对长江上游和中下游的极端多雨年降水进行合成表明(图2.76),从降水量来看,无论二级分区哪个分区发生极端多雨,降水的大值中心都在两湖流域,单从降水量来进行分析仍存在局限性,需要结合降水距平的频次合成进行分析。当长江上游发生极端多雨气候事件时,全流域降水基本一致偏多,仅在金沙江流域局部和长江下游干流北部偏少,相较于整个长江流域来说面积很小;而长江中下游发生极端多雨气候事件时,全流域降水虽然也是大部分偏多,仅在金沙江中下段至宜宾—重庆区间降水存在偏少可能,但一致性低于长江上游发生极端多雨气候事件时。

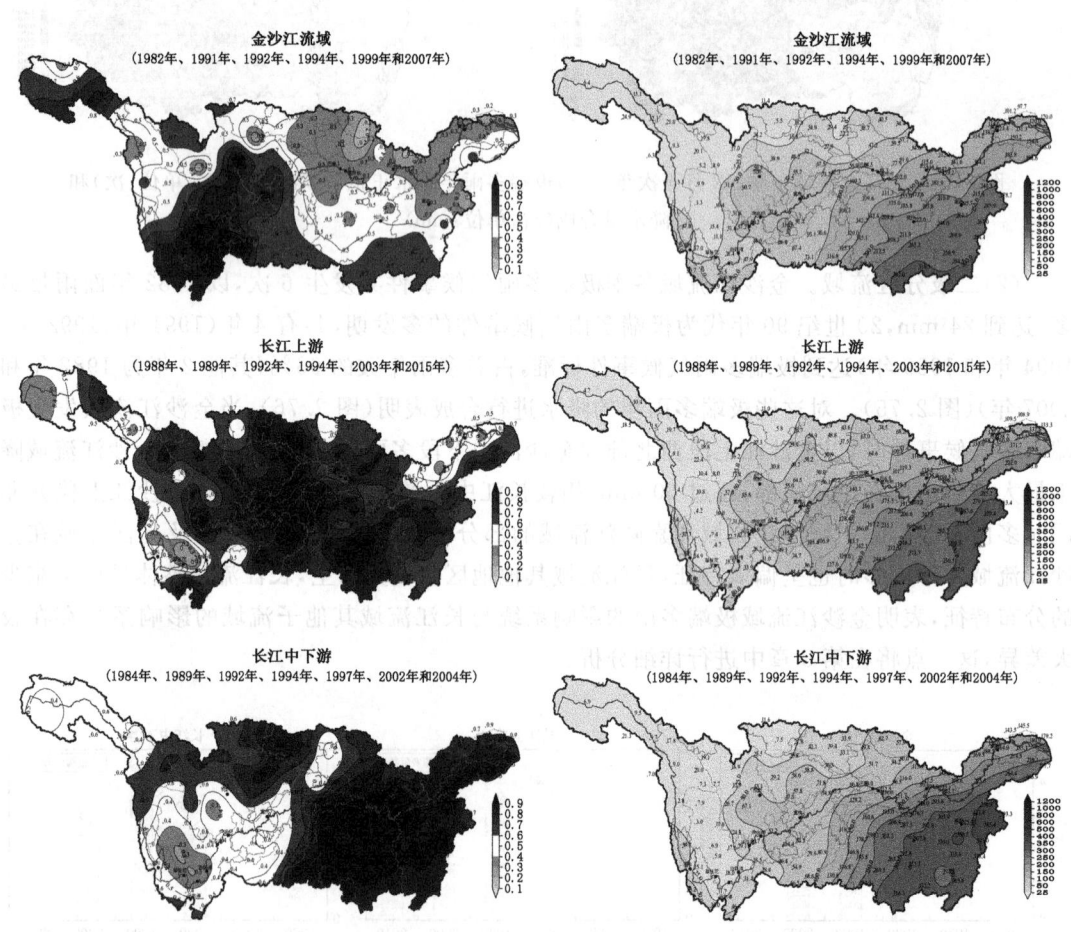

图2.76 二级分区流域冬季(12月至次年2月)极端多雨年降水正距平频次合成(左,单位:次)和降水量合成(右,单位:mm)

(3)三级分区流域。三级分区的流域中(图2.77),金沙江上段在前20年未发生极端多雨气候事件,极端多雨气候事件高发期在20世纪90年代之后,这一分布特征与长江全流域较为类似。金沙江中下段在20世纪90年代也为极端多雨气候事件高发时期,共有3年(1991年、1992年和1999年)达到极端多雨气候事件标准,而极端多雨年历史排位第1的是1982年,冬季面雨量38.6 mm。岷沱江流域在20世纪60年代有1年达到极端多雨气候事件标准,为

1967年；嘉陵江流域和两湖流域在70年代及之前没有极端多雨气候事件，而是在1981年以后到21世纪初期这段时间内极端多雨气候事件频发。乌江流域、重庆—宜昌区间和汉江流域的极端多雨气候事件年代际频次分布较为类似，在20世纪70年代和21世纪10年代未出现极端多雨气候事件，而其他年代均有极端多雨气候事件出现，且有部分年份重合。宜宾—重庆区间较为特殊，各个年代都出现了极端多雨气候事件，也是所有流域中事件最多的。

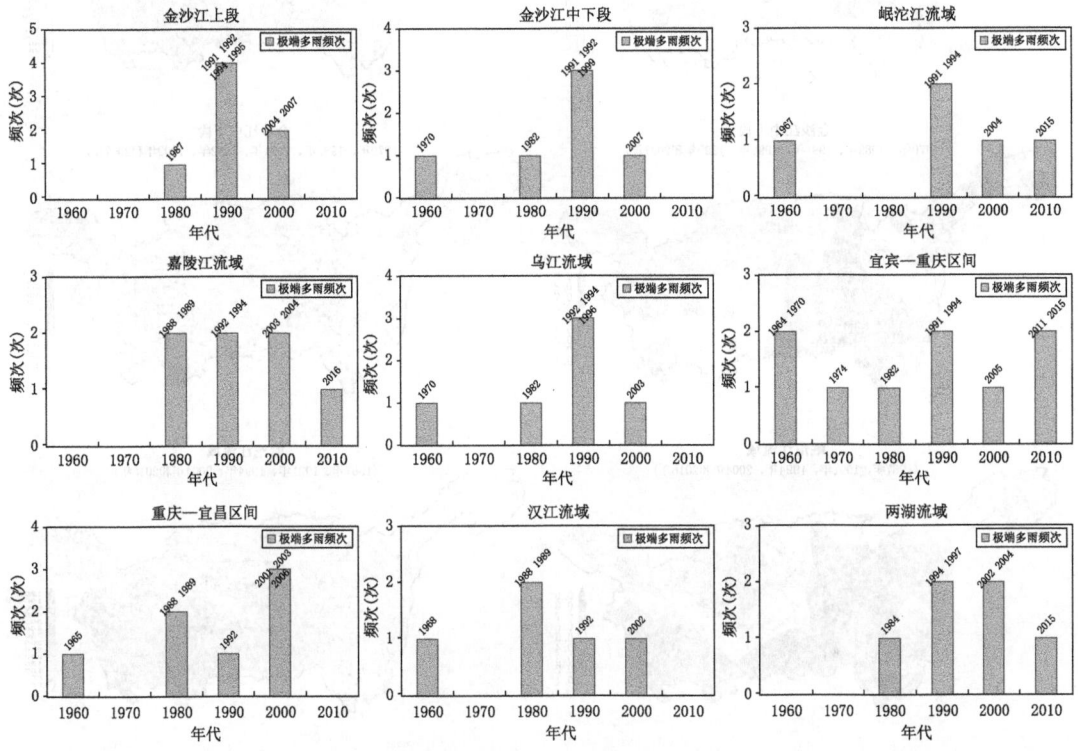

图 2.77　三级分区流域冬季(12月至次年2月)极端多雨气候事件年代际频次分布

从极端多雨气候事件数量上看，各流域在5~7次，最容易发生极端多雨的流域是宜宾—重庆区间，共发生了9次。

从降水量来看，各子流域冬季发生极端多雨气候事件时，长江流域的整体雨量分布基本不变，仍呈十分明显的西少东多，各子流域间雨量差距十分明显；从正距平频次来看，流域内及其周边流域降水异常偏多(图2.78)，大体可以分为三类：

一是长江流域大部降水异常偏多，如嘉陵江流域、乌江流域、重庆—宜昌区间等流域发生极端多雨气候事件时，主要多雨区位于这些流域及其邻近地区，同时长江流域其他大部地区降水也是偏多的，但乌江流域偏多时，长江中下游干流以北地区是少雨中心。

二是长江上游降水偏多。金沙江上段、金沙江中下段、岷沱江流域和宜宾—重庆区间发生极端多雨气候事件时，长江上游的大部地区降水异常偏多，大致以109°E为分界线，两边呈现截然不同的频次分布：西边的长江上游为多雨中心，东边的长江上游东侧以及长江中下游降水基本以偏少为主。

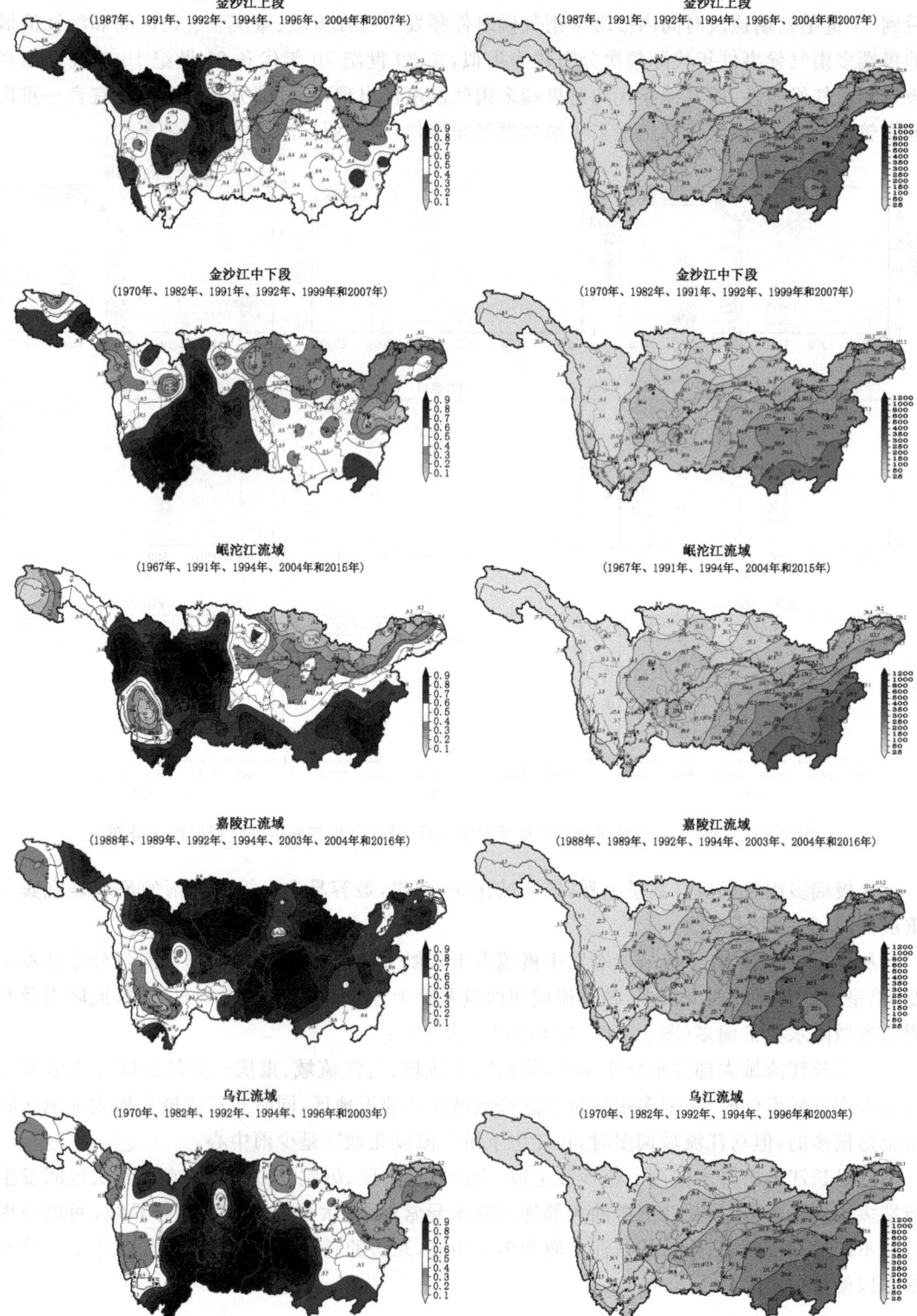

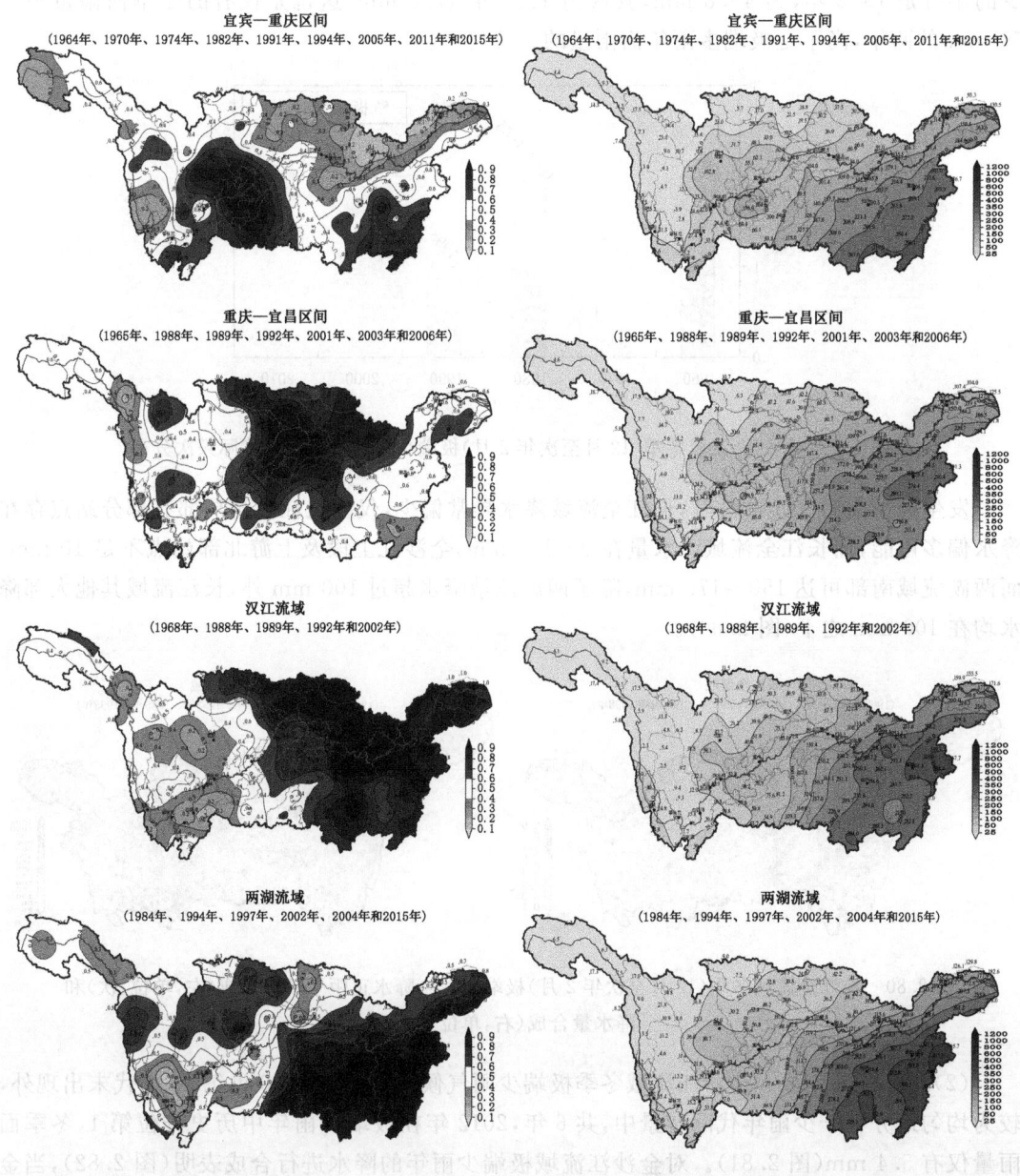

图 2.78 三级分区流域冬季(12 月至次年 2 月)极端多雨年降水正距平频次合成(左,单位:次)和降水量合成(右,单位:mm)

三是长江流域东南部降水偏多。它更类似于第二种情况长江上游降水偏多的反位相,当两湖流域和汉江流域发生极端多雨气候事件时,西侧的长江上游尤其是金沙江中下段降水异常偏少。

2.5.2.2 极端少雨气候事件时空分布特征

(1)长江全流域。长江全流域冬季极端少雨气候事件共发生 6 次,均发生在 20 世纪,从 1961 年开始到 20 世纪末每个年代都会发生 1～2 次极端少雨气候事件(图 2.79)。面雨量最少的年份是1962年,为43.8 mm,其次为1998年47.2 mm,这也是仅有的冬季面雨量不足50 mm的两年,尚不足极端多雨年面雨量的二分之一。

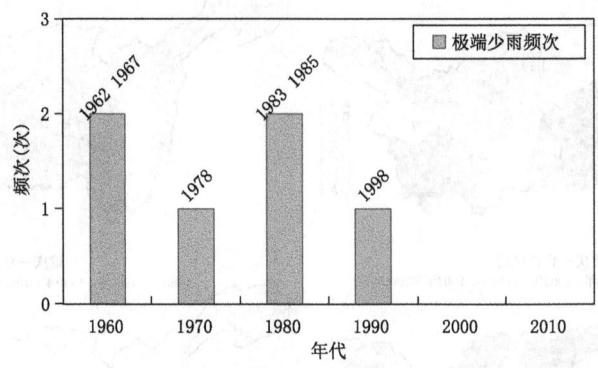

图 2.79 长江全流域冬季(12月至次年2月)极端少雨气候事件年代际频次分布

发生极端少雨气候事件时,长江全流域降水异常偏少,仅在长江上游局部有部分站点存在降水偏多可能,而长江全流域降水量在0~170 mm,金沙江上段及上游北部站点不足10 mm,而两湖流域南部可达150~170 mm,除了两湖流域降水超过100 mm外,长江流域其他大部降水均在100 mm之下(图 2.80)。

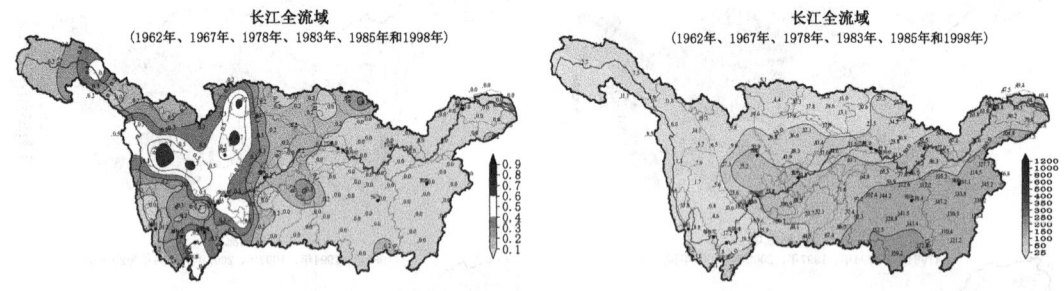

图 2.80 长江全流域冬季(12月至次年2月)极端少雨年降水正距平频次合成(左,单位:次)和降水量合成(右,单位:mm)

(2)二级分区流域。金沙江流域冬季极端少雨气候事件除了在20世纪90年代末出现外,较为均匀地分布于少雨年代际背景中,共6年,2012年在极端少雨年中历史排位第1,冬季面雨量仅有5.4 mm(图 2.81)。对金沙江流域极端少雨年的降水进行合成表明(图 2.82),当金沙江流域发生极端少雨气候事件时,整个长江流域大部地区均以降水一致偏少为主,但在长江

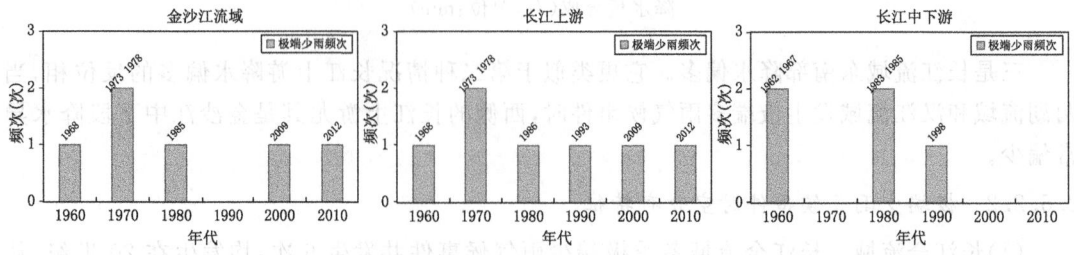

图 2.81 二级分区流域冬季(12月至次年2月)极端少雨气候事件年代际频次分布

下游这一偏少特征并不明显。就降水量来说,金沙江流域极端少雨年的合成结果显示极端少雨年金沙江流域大部地区降水不足 10 mm。

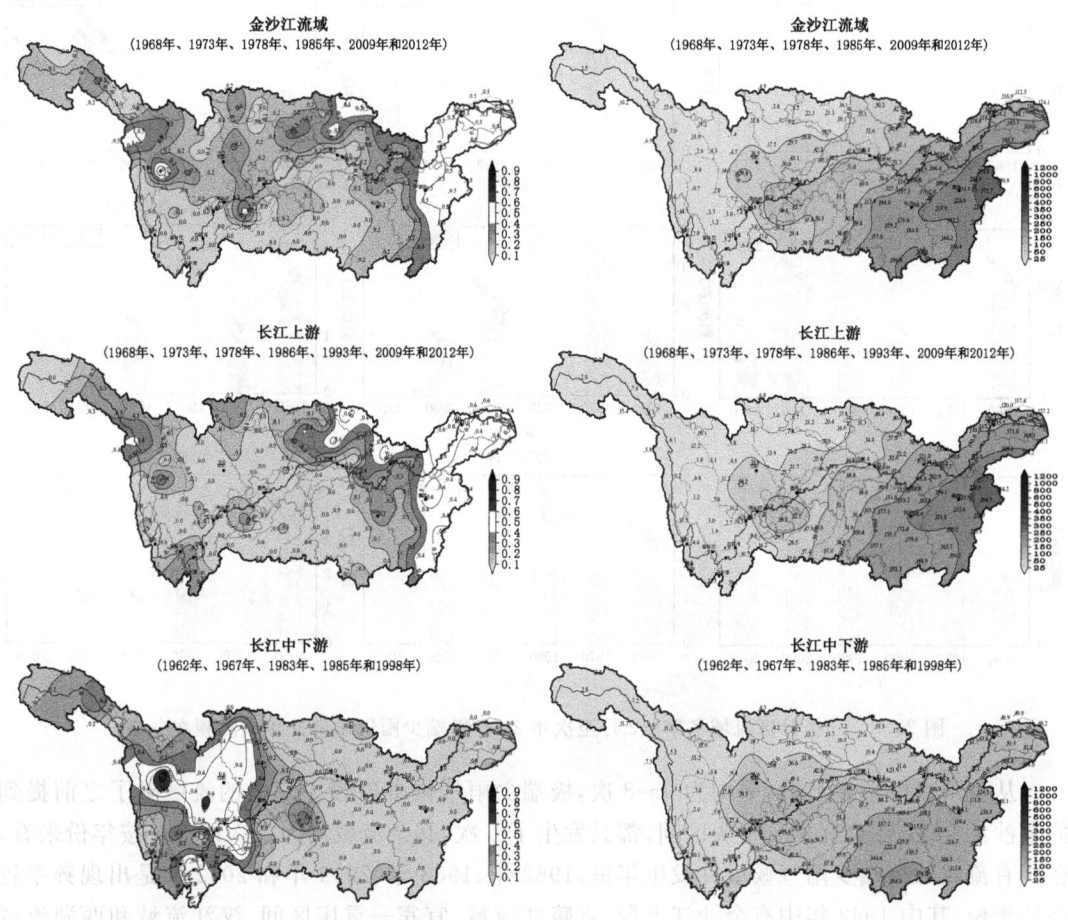

图 2.82 二级分区流域冬季(12月至次年 2 月)极端少雨年降水正距平频次合成(左,单位:次)和降水量合成(右,单位:mm)

长江上游冬季极端少雨气候事件的分布相对较为分散,1961 年开始每个年代均有发生,其中以 2009 年面雨量最少,为 23.7 mm;这一较为均匀分散的分布与金沙江流域比较接近,同时极端少雨年的具体年份也十分接近,图 2.82 也揭示了这点:金沙江流域和长江上游的极端少雨年降水正距平频次合成图十分接近,都呈长江整个流域的降水一致偏少且长江下游接近常年的分布特征。

长江中下游与前两者略有不同,虽然仍表现出长江流域大部地区降水一致偏少的特征,但长江上游的部分地区存在偏多可能。长江中下游的极端少雨年共有 5 年,集中分布在 20 世纪 60 年代、80 年代和 90 年代,其中 1962 年面雨量最少,为 73.4 mm,自 1998 年之后长江中下游再未发生过极端少雨气候事件。

(3)三级分区流域。三级分区的流域中,金沙江上段的极端少雨多发期为 20 世纪 60 年代,在该时期出现了 3 次极端少雨,其中也包括了历史最少的 1962 年,面雨量仅为 4.8 mm,在 60 年代之后仅有 2009 年和 2013 年出现了极端少雨;与金沙江上段相似的,极端少雨高发期在20世纪60年代的还有两湖流域,60年代发生了4次(图2.83)。

图2.83 三级分区流域冬季(12月至次年2月)极端少雨气候事件年代际频次分布

从少雨事件数量上看,平均为5~8次,极端少雨气候事件较少发生的流域除了之前提到的金沙江上段,还有宜宾—重庆区间,都只发生了5次,其余流域均为6次以上。按年份来看,在所有流域的极端少雨气候事件发生年里,1962年、1968年、2009年和2012年是出现频率较高的年份,其中1962年中有金沙江上段、嘉陵江流域、宜宾—重庆区间、汉江流域和两湖流域这5个子流域发生了极端少雨气候事件,而长江全流域的面雨量在历史上也是最少的,足以说明1962年冬季少雨之极端性。此外,岷沱江流域在进入21世纪后极端少雨气候事件发生频率上升,明显区别于其他流域。

发生极端少雨气候事件时,各流域降水正距平频次的一致性要高于极端多雨年,流域内及其周边流域降水均会出现异常偏少(图2.84),可以分为三类:

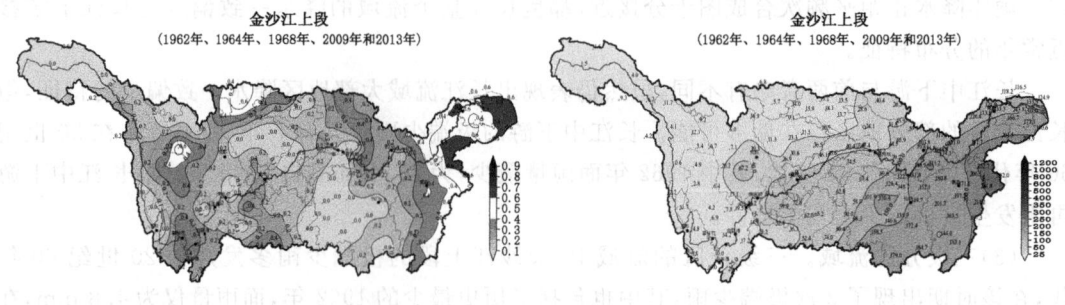

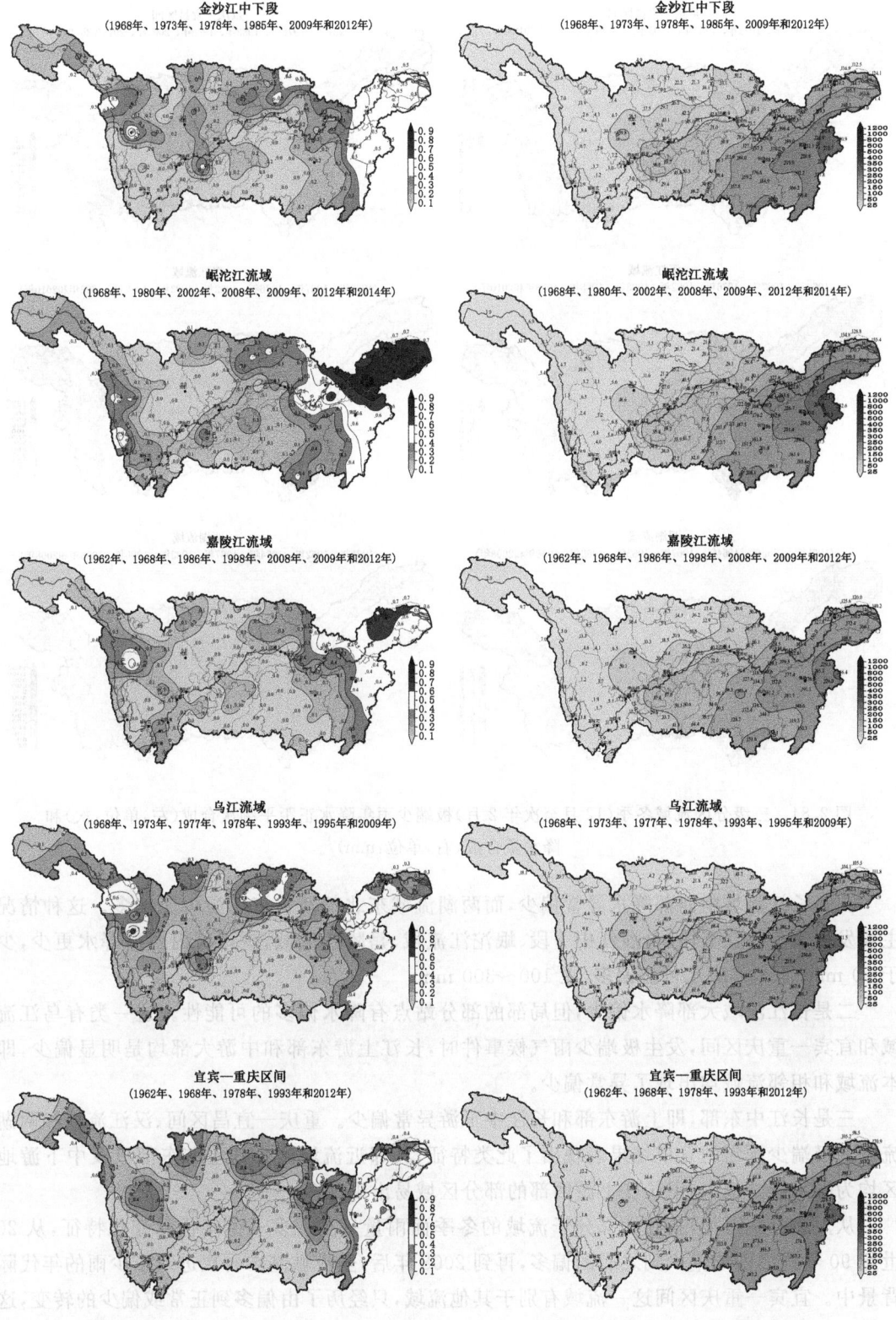

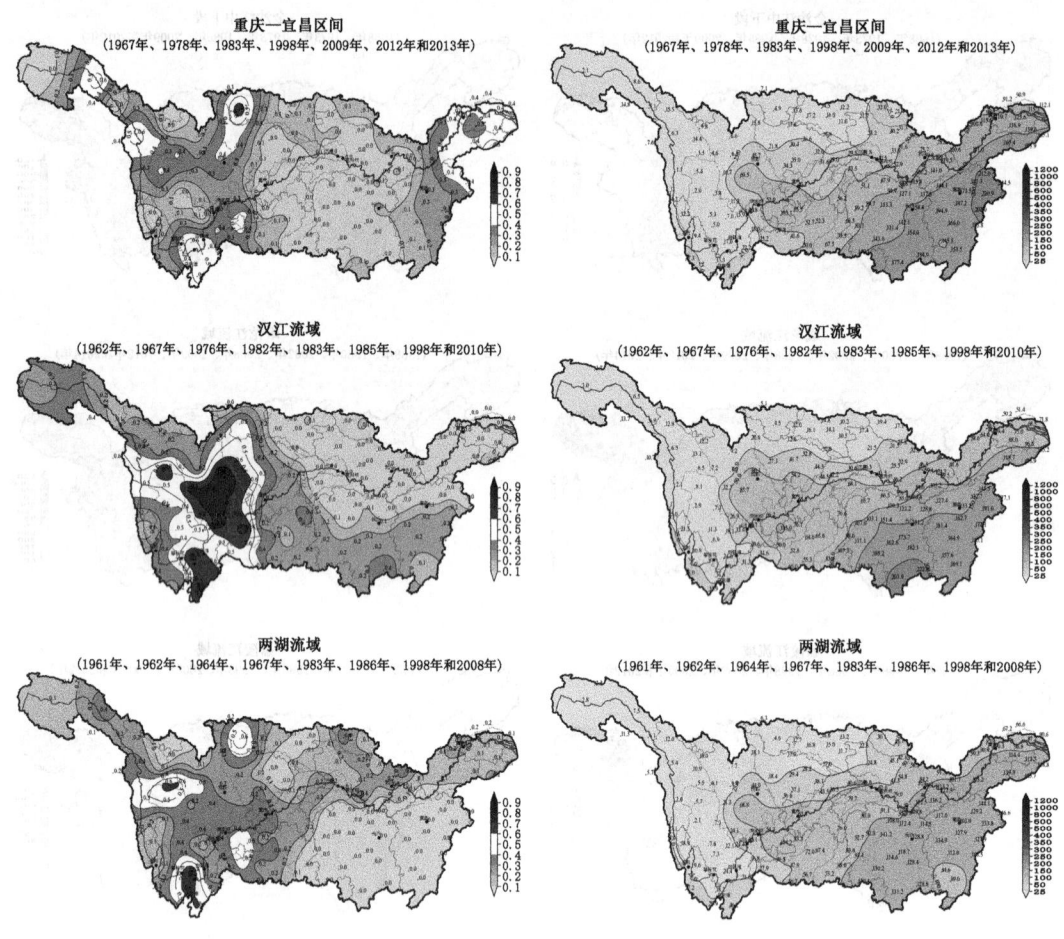

图 2.84 三级分区流域冬季(12月至次年2月)极端少雨年降水正距平频次合成(左,单位:次)和降水量合成(右,单位:mm)

一是长江流域中西部降水异常偏少,而两湖流域东北部及长江下游可能偏多。这种情况主要发生于金沙江上段、金沙江中下段、岷沱江流域、嘉陵江流域,少雨区内西部降水更少,少于 50 mm,而东部降水可能偏多,在 100~300 mm。

二是长江流域大部降水偏少,但局部的部分站点有降水偏多的可能性。这一类有乌江流域和宜宾—重庆区间,发生极端少雨气候事件时,长江上游东部和中游大部均是明显偏少,即本流域和相邻流域均出现了异常偏少。

三是长江中东部,即上游东部和长江中下游异常偏少。重庆—宜昌区间、汉江流域和两湖流域的极端少雨年的合成结果表现出了此类特征,其邻近流域的长江上游东部以及中下游地区均为降水异常偏少,但长江上游西部的部分区域易出现偏多。

从上述分析可见,长江大部分子流域的冬季面雨量呈少—多—少年代际变化特征,从 20 世纪 90 年代之前的偏少到之后的偏多,再到 2008 年后,全流域基本再次进入了少雨的年代际背景中。宜宾—重庆区间这一流域有别于其他流域,只经历了由偏多到正常或偏少的转变,这与宜宾—重庆区间冬季面雨量的年际波动相关,其面雨量波动幅度和频率较大,年际波动更为明显,变化周期要明显小于其他流域。

空间分布上,相互包含的流域之间有较好相关性,地理分区接近的流域之间具有较好的正相关性,同时长江中下游与金沙江流域相关性较差,这种相关性在极端降水气候事件中也有体现。

极端少雨气候事件发生的流域最多的年份是 1962 年、1968 年、2009 年和 2012 年,1991 年、1992 年、1994 年和 2004 年是极端多雨气候事件发生的流域最多的年份。发生极端多雨气候事件时,其地理位置相近的流域通常降水偏多,而地理位置越远的流域也有降水偏多情况存在;长江上游北部流域与上游南部流域间降水易反相;另外,汉江流域易与长江上游降水通常呈反相关。极端少雨气候事件发生时则基本呈现全流域一致降水偏少。

第3章 长江上游极端降水气候事件诊断分析

长江流域降水的影响因子主要有亚洲季风、中高纬度阻塞高压、西太平洋副热带高压(以下简称"西太副高")以及赤道辐合带等。这些因子除了自身的变化外,也会受到外部因子的影响,如海表温度、陆面积雪、海冰面积等。以1998年为例,在超强厄尔尼诺事件、青藏高原积雪异常偏多等外部因子的强迫下,东亚地区夏季环流表现为季风弱、中高纬阻塞活跃、西太副高持续偏南、台风异常偏少,在这些因素的共同作用下形成了历史罕见的洪涝事件(李维京,1999;袁媛 等,2017)。

而对长江上游,受上述因子影响的同时,还需要更多地考虑来自西部的影响,如印度洋海表温度、孟加拉湾和西风带的水汽、西太副高的西伸以及青藏高原的地形作用等(周长艳 等,2005;周月华 等,2005;李跃清 等,2007)。

3.1 春季极端降水气候事件诊断分析

目前对于极端气候变化规律和形成机理仍不清楚,前面已经对极端降水气候事件发生的年代际背景进行了分析,下面将对极端降水气候事件发生的环流背景以及主导因子进行分析:影响极端降水气候事件的因子是否具有极端性,各个因子相互关系对极端降水气候事件的作用是否一致。

3.1.1 极端降水气候事件诊断

对前文统计的长江上游极端多雨年和少雨年进行环流诊断分析,首先给出500 hPa环流合成图(图3.1),可以看到极端多雨年欧亚中高纬呈现出两脊一槽的波列,印缅地区负距平表明印缅槽偏强,此环流形势是利于冷空气西路南下,加上西太副高和印缅槽的活跃,使得西太副高东南暖湿气流和印缅西南暖湿气流充沛,长江上游降水偏多。极端少雨年欧亚中高纬度呈现出两槽一脊波列,西太副高偏南,此环流形势以东路冷空气为主,加之西太副高不强盛,并不利于长江上游降水。从700 hPa风场可以看到(图3.2),极端多雨年长江流域主要受南风控制,低层水汽输送条件好;日本海地区有反气旋异常控制。而极端少雨年长江上游主要受北风控制。

图3.3给出前期1—2月海温和春季海温情况。极端多雨年前期冬季赤道太平洋处于厄尔尼诺状态,春季厄尔尼诺状态持续,日本以东的洋面为正异常海温。极端少雨年前期冬季赤道太平洋处于拉尼娜状态,春季衰减,而日本海到我国东部沿海为明显的负异常海温,赤道印度洋也为负海温距平。极端多雨年和极端少雨年海温情况截然不同。

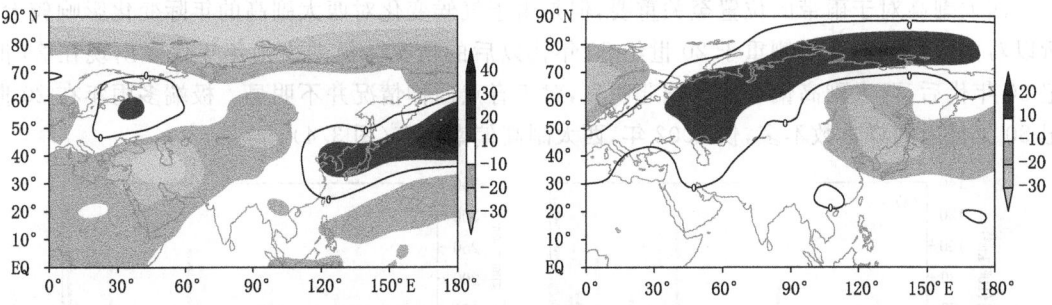

图 3.1 长江上游流域春季极端多雨年(左)、极端少雨年(右)500 hPa 位势高度距平场合成图(单位:gpm)

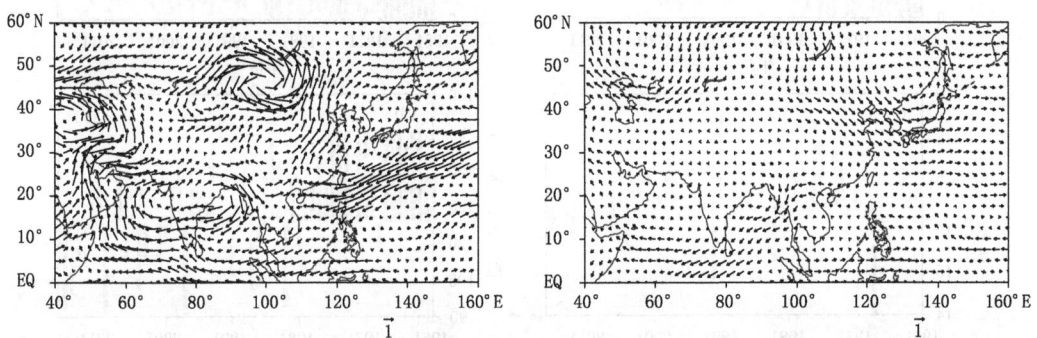

图 3.2 长江上游春季极端多雨年(左)、极端少雨年(右)700 hPa 风距平场合成(单位:m/s)

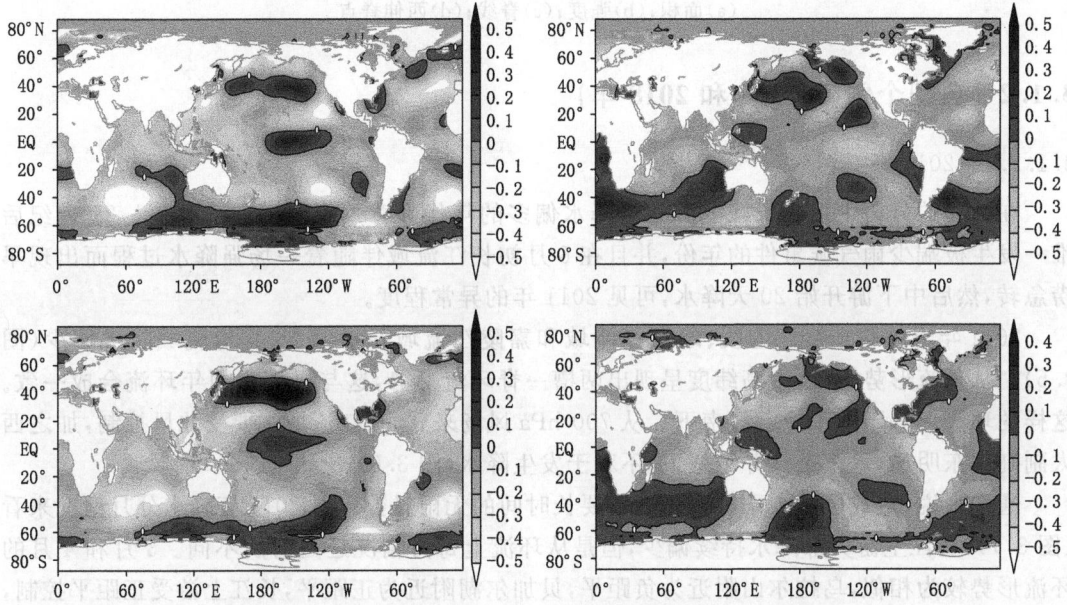

图 3.3 长江上游春季极端异常年份海温距平场分布(单位:℃)
(上左)偏多年前期1—2月;(上右)偏少年前期1—2月;
(下左)偏多年同期3—5月;(下右)偏少年同期3—5月

西太副高对于雨带的位置至关重要,但是由于气候变化对西太副高的年际变化影响较大,所以对西太副高的分析侧重于20世纪80年代以后的情况。极端少雨年年代多出现在20世纪80年代后,西太副高偏小偏弱偏北明显,对于脊点西伸情况并不明显。极端多雨年在20世纪80年代后的样本数不多,仅2002年,西太副高偏南偏东(图3.4)。

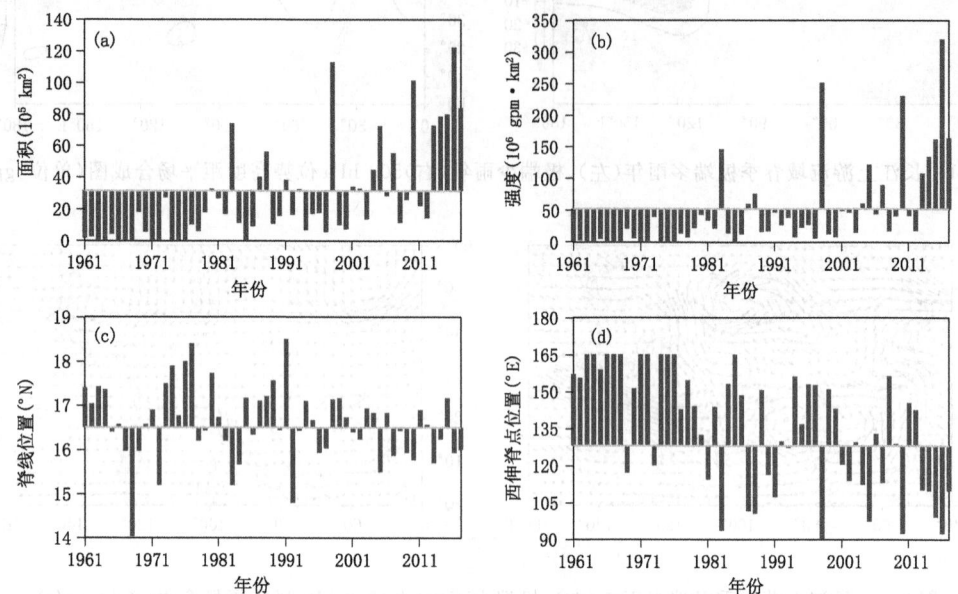

图3.4 西太副高指数春季平均值的逐年变化
(a)面积;(b)强度;(c)脊线;(d)西伸脊点

3.1.2 典型个例(2011年和2018年)

3.1.2.1 2011年

在前面的分析中提到长江上游处于降水偏多的年代际背景中,2011年是进入21世纪后唯一发生极端少雨气候事件的年份,并且在6月初长江流域伴随着一场强降水过程而出现旱涝急转,然后中下游开始20天降水,可见2011年的异常程度。

2011年春季仅金沙江上段、岷沱江流域和嘉陵江流域降水偏多,其他流域降水偏少(图3.5)。从环流形势来看,中高纬度呈现出两槽一脊环流形势,这与极端少雨年环流合成一致。这样的环流形势不利于冷空气南下。从700 hPa风场来看,长江流域主要受北风控制,加之西太副高偏东明显,水汽条件并不好,也不利于发生降水(图3.6)。

通常来说,造成极端少雨气候事件需要长时间的无雨日数。从2011年降水分月情况来看(图3.7),长江上游大部降水持续偏少,但是从环流上每月情况还是有所不同。3月和4月的环流形势较为相似,乌拉尔山附近为负距平,贝加尔湖附近为正距平,长江上游受正距平控制,700 hPa受北风控制。到了5月,我国主要呈现出北低南高的环流形势,长江上游仍然受正距平控制(图3.8)。3—5月稳定维持的环流特征为西太副高偏东,乌拉尔山附近为负距平,贝加尔湖附近为正距平,青藏高原高度场(以下简称"高原高度场")偏高。

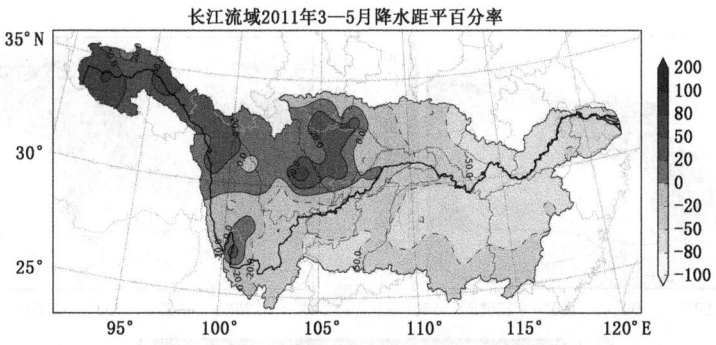

图 3.5　2011 年春季(3—5 月)降水距平百分率空间分布(单位:%)

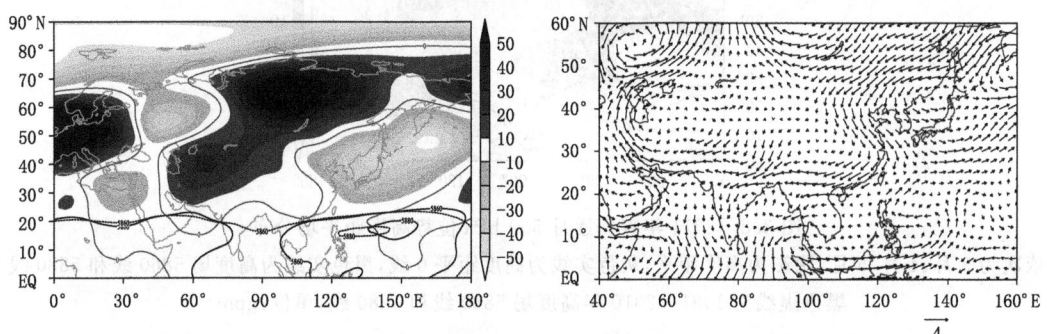

图 3.6　2011 年 3—5 月 500 hPa 位势高度距平场和 700hPa 风距平场分布
(阴影为高度距平,灰色实线为高度距平 0 线,黑色实线为高度场 5860 线和 5880 线,
黑色虚线为 1981—2010 年高度场 5860 线和 5880 线,单位:gpm;矢量为风距平,单位:m/s)

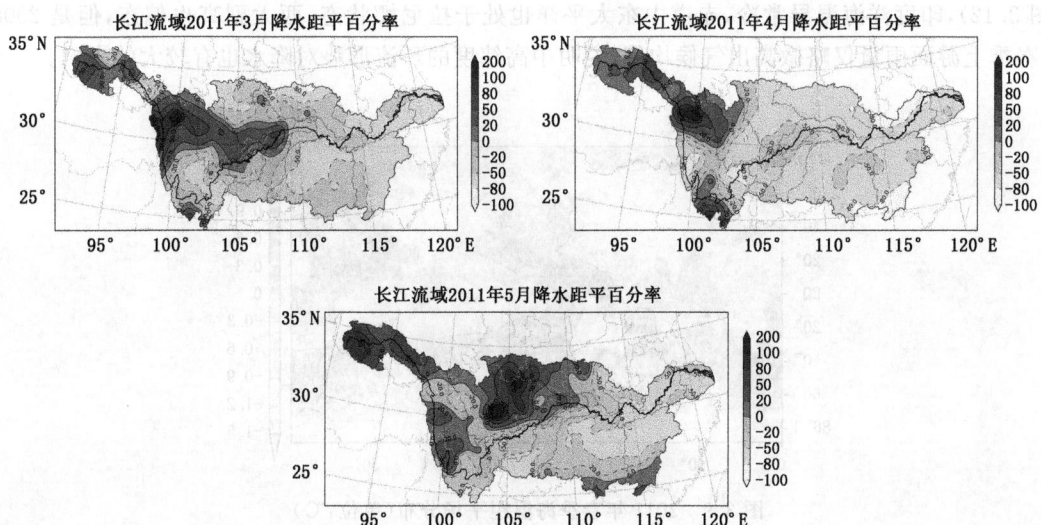

图 3.7　2011 年春季逐月降水距平百分率空间分布(单位:%)

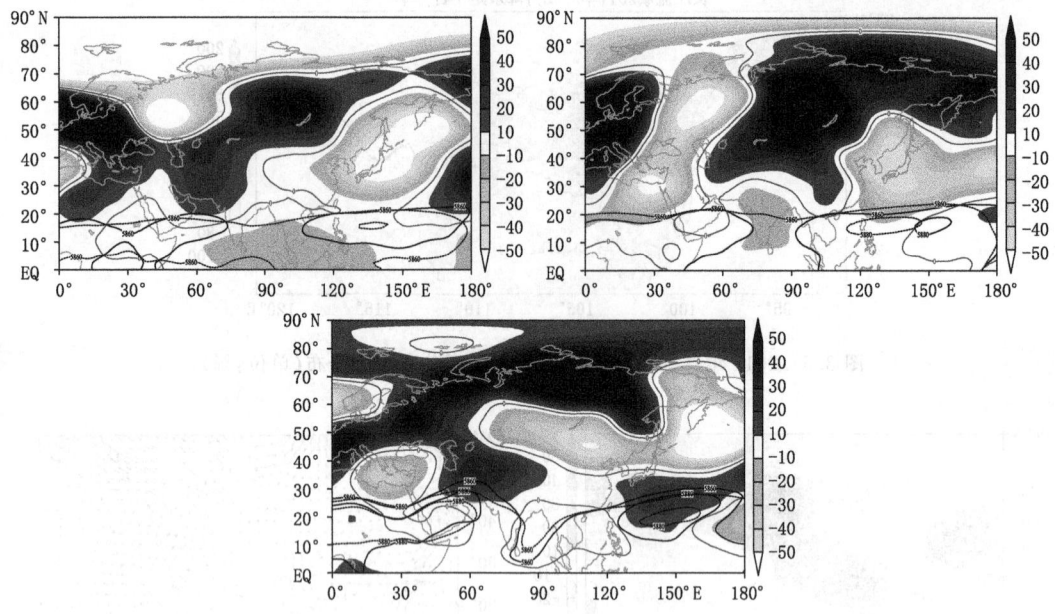

图 3.8　2011 年春季逐月 500 hPa 位势高度距平场分布

(依次为 3 月、4 月、5 月,阴影为高度距平,灰色实线为高度距平 0 线,黑色实线为高度场 5860 线和 5880 线,黑色虚线为 1981—2010 年高度场 5860 线和 5880 线,单位:gpm)

西太副高往往受到海洋的直接影响,2011 年春季赤道太平洋处于拉尼娜状态(图 3.9),从沃克环流来看,南海地区主要受上升气流影响,这不利于西太副高偏西(图 3.10)。从印度洋的海温也可以看到,21 世纪海洋转暖,虽然 2011 年处在暖海温背景下,但春季印度洋海温仍然偏冷,不利于西太副高偏西(图 3.11)。可以注意到另一个热带状况比较相似的年份 2008 年(图 3.12),印度洋海温异常冷,赤道中东太平洋也处于拉尼娜状态,西太副高也偏东,但是 2008 年春季上游面雨量仅略微高出气候均值,说明中高纬度的环流形势对降水也有较大的影响。

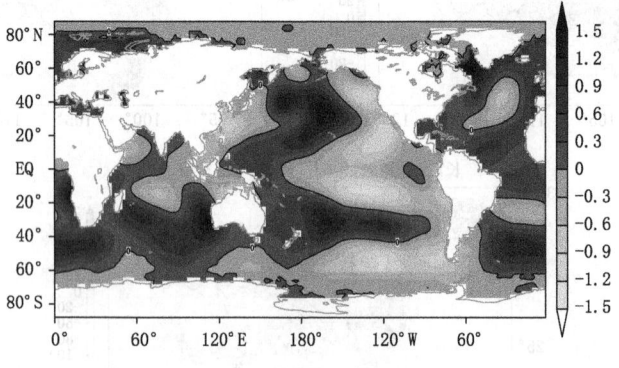

图 3.9　2011 年春季海温距平场分布(单位:℃)

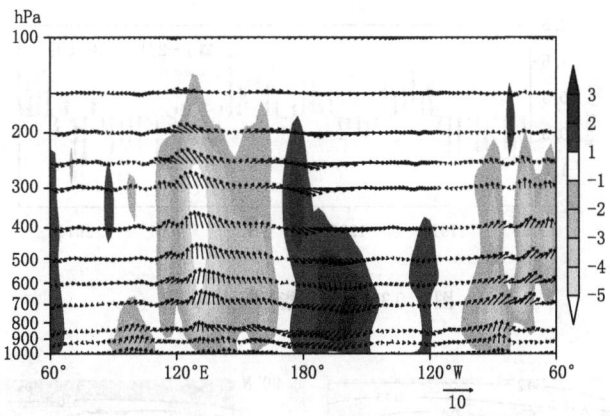

图 3.10 2011 年春季赤道地区(5°S~5°N)平均 Walker 环流分布
(阴影区表示垂直速度距平,单位:10^{-2} Pa/s;矢量表示距平风,单位:m/s)

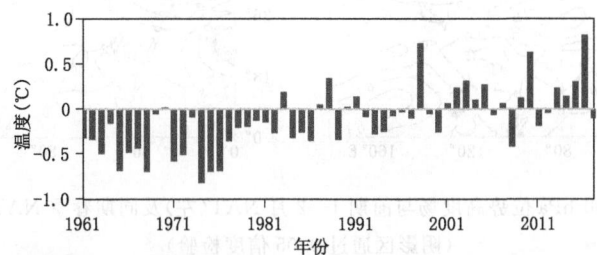

图 3.11 印度洋海温一致模态(下称"IOBW")3—4 月逐年变化

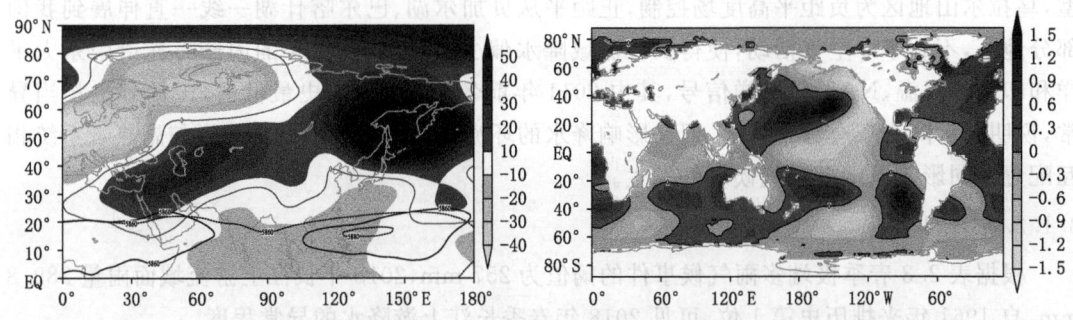

图 3.12 2008 年春季 500 hPa 位势高度距平场和海温距平场分布
(左图阴影为高度距平,灰色实线为高度距平 0 线,黑色实线为高度场 5860 线和 5880 线,
黑色虚线为 1981—2010 年高度场 5860 线和 5880 线,单位:gpm;右图为海温距平,单位:℃)

有研究表明,北大西洋三极子(下称"NAT")对中高纬度环流有影响,自 1961 年以来 NAT 在 2011 年 1—2 月为历史最小值,春季仍然维持负位相(图 3.13),从冬、春季 NAT 与春季 500 hPa 高度场的相关关系可以看到(图 3.14),NAT 负位相有利于高度场在贝加尔湖以东为正距平,贝加尔湖以西为负距平,这与 2011 年中高纬度环流有一个很好的对应关系。2008 年 NAT 也为弱的负位相,但是中高纬度环流并不一致,说明还有其他的因子影响到中高纬度的环流。

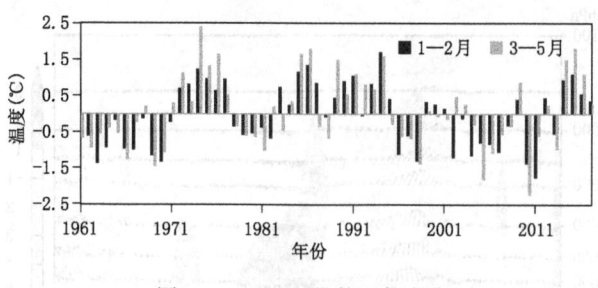

图 3.13 NAT 指数逐年变化

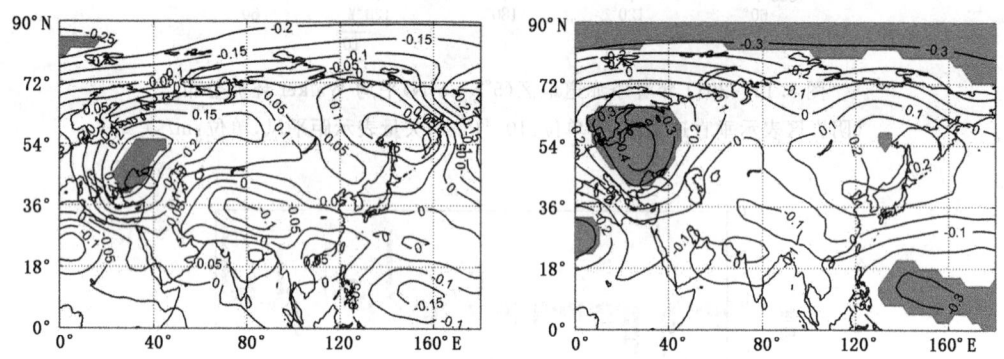

图 3.14 春季 500 hPa 位势高度场与前期 1—2 月 NAT(左)及同期春季 NAT(右)相关分布
(阴影区通过 0.05 信度检验)

总的来说,2011 年春季北极涛动(下称"AO")处于正位相,欧亚中高纬度地区为两槽一脊型,乌拉尔山地区为负距平高度场控制,正距平从贝加尔湖、巴尔喀什湖一线一直伸展到我国部分地区,不利于冷空气活动,使得长江流域降水偏少。影响 2011 年的因子有赤道中东太平洋和印度洋海温、NAT 等海洋信号,其中 2011 年前冬 NAT 为历史最低值,该信号也相当异常,说明异常降水年有异常信号,但是影响降水的环流是需要中高纬度的槽脊与副热带系统相互配置共同影响极端降水气候事件发生。

3.1.2.2 2018 年

根据表 2.3 春季极端多雨气候事件的阈值为 257 mm,2018 年长江上游流域面雨量 289.8 mm,自 1961 年来排历史第 1 位,可见 2018 年春季长江上游降水的异常程度。

首先讨论大气环流对 2018 年春季降水的影响,图 3.15 给出 2018 年春季欧亚中高纬度的环流形势,可以看到两脊一槽波列,乌拉尔山以西的东欧地区受高度场正距平控制,乌拉尔山以东的西西伯利亚受高度场负距平控制,华北以东的西北太平洋上为明显的正异常中心,东亚大槽偏弱,我国大陆受高度场正距平所控制,热带地区高度场偏低。我国受宽广的正距平影响,冷空气南下情况较弱。从 700 hPa 的风场来看,低纬地区菲律宾以东地区有气旋式异常,长江流域主要受南风的影响,而且长江上游处在孟加拉湾反气旋环流的北部,孟加拉湾带来了充沛的水汽;从水汽通量也可以看到(图 3.16),西北太平洋上反气旋式环流底部偏东气流给长江以北地区带来东路水汽,这两条水汽通道为长江上游多雨形势提供必要条件,当上游低涡活跃或者西太副高加强西伸后提供动力条件时造成强降水。

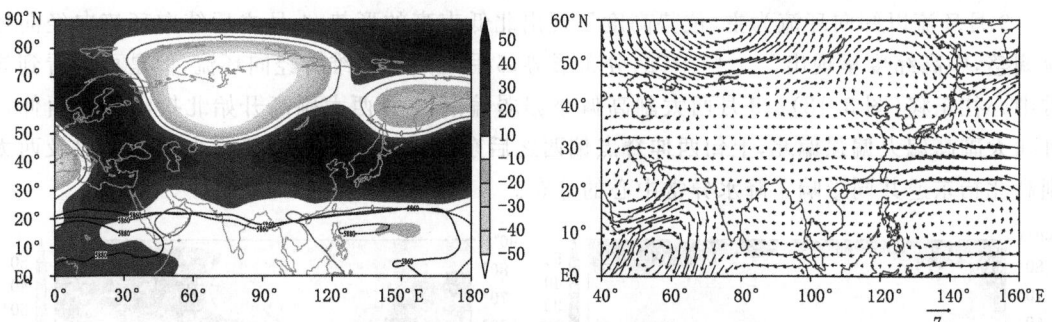

图 3.15 2018 年 3—5 月 500 hPa 位势高度距平场和 700 hPa 风距平场分布
(阴影为高度距平,灰色实线为高度距平 0 线,黑色实线为高度场 5860 线和 5880 线,
黑色虚线为 1981—2010 年高度场 5860 线和 5880 线,单位:gpm;矢量为风距平,单位:m/s)

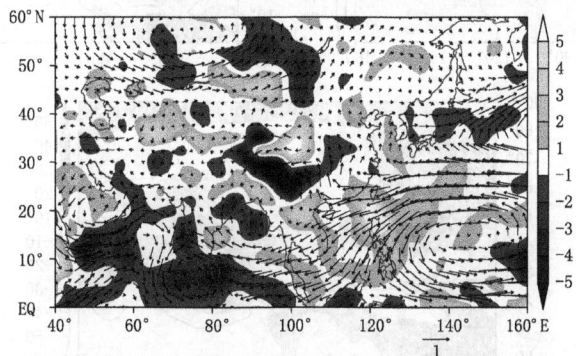

图 3.16 2018 年 3—5 月对流层(1000~300 hPa)整层积分水汽通量散度距平及水汽通量距平场分布
(阴影为水汽通量散度距平,单位:10^{-5} kg/(m²·s);矢量为水汽通量距平,单位:kg/(m·s))

从降水季节内变化来看(图 3.17),异常降水逐渐向东北方向移动,3 月降水偏多 1 倍的中心在金沙江中下段、乌江流域南部和嘉陵江流域中部,4 月降水异常偏多的中心在嘉陵江流域,5 月降水的异常中心在汉江上游。异常中心的变化与中高纬环流和西太副高的变化有着密切的联系。

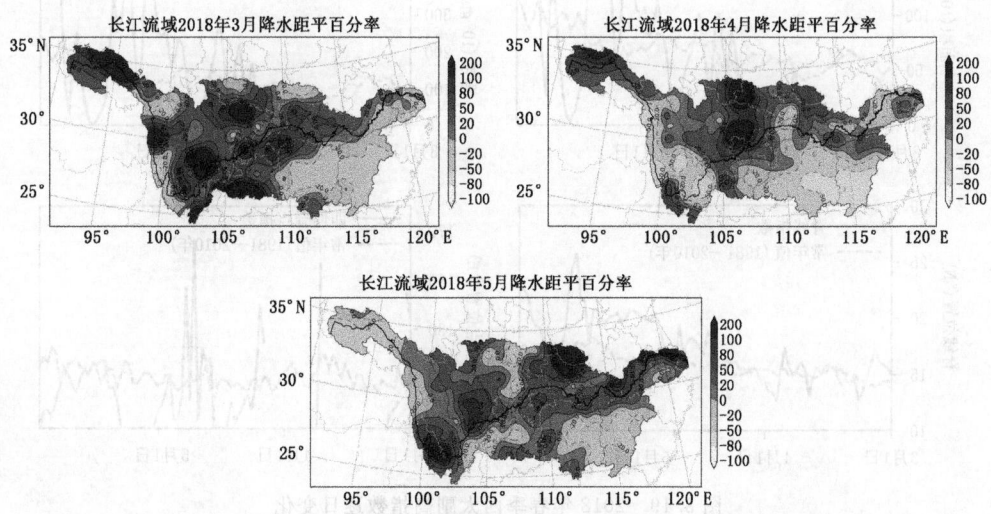

图 3.17 2018 年春季逐月降水距平百分率空间分布(单位:%)

3月环流以纬向环流为主,位势高度呈现出北低南高的形势,4月之后纬向环流向经向环流调整,中高纬度呈现出"— + —"的分布形势,5月之后仍然维持经向环流,但是可以看到异常中心往东移(图3.18)。3月西太副高偏小偏弱偏南,4月西太副高开始北抬阶段性西伸,5月西太副高偏大偏强偏北,上旬西伸脊点偏西之后东退(图3.19)。环流纬向转经向以及西太副高北抬东退共同影响了降水异常中心的分布。

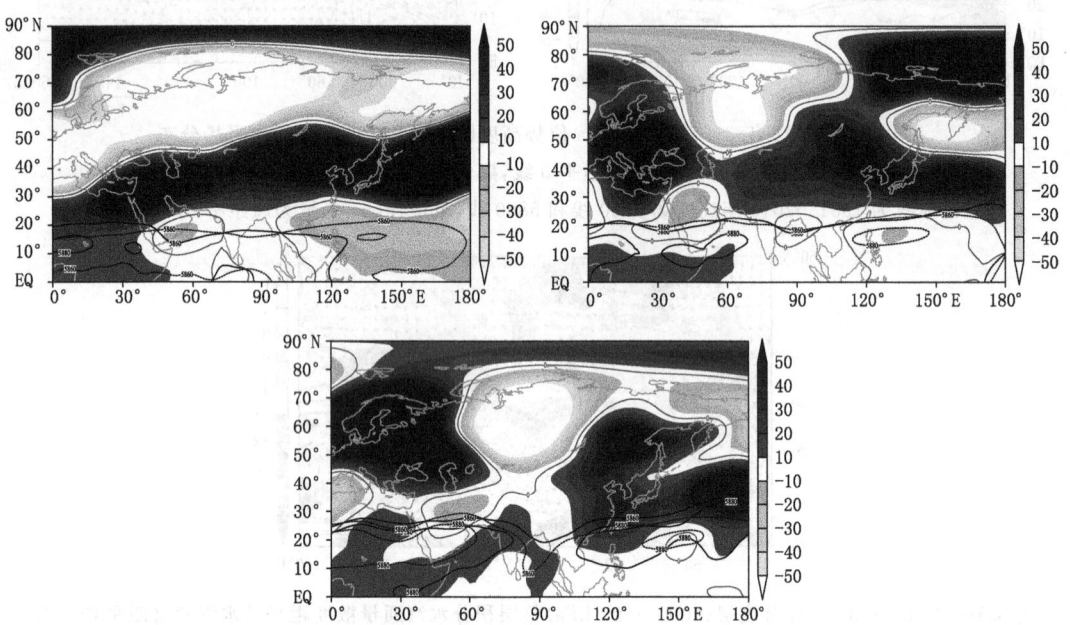

图3.18 2018年春季逐月500 hPa位势高度距平场分布
(依次为3月、4月、5月,阴影为高度距平,灰色实线为高度距平0线,黑色实线为高度场5860线和5880线,
黑色虚线为1981—2010年高度场5860线和5880线,单位:gpm)

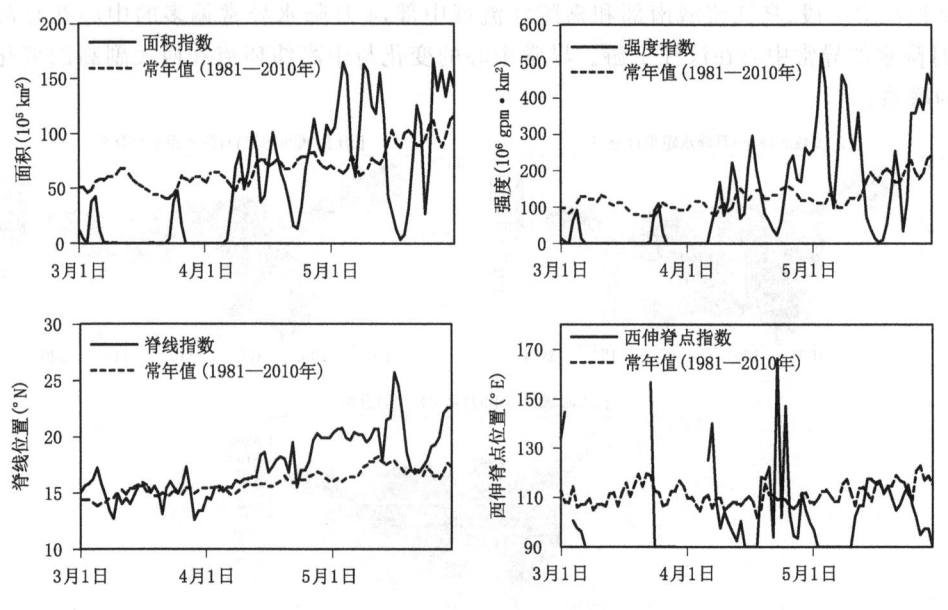

图3.19 2018年春季西太副高指数逐日变化

通过对比 2018 年和历史同期极端多雨年环流场发现，欧亚中高纬度两脊一槽波列形势较为一致，槽脊的位置也大致相同，即欧洲地区为高度场正异常，乌拉尔山至贝加尔湖为高度场负异常，贝加尔湖以东为高度场正异常，低纬西太副高偏大偏强也一致。但是两者也有不同之处，历史极端多雨年我国大陆地区西部受负距平控制，东部受正距平控制，这种西低东高的环流形势经向度更高，而 2018 年受纬向型的正距平控制，环流的纬向度更高。这就导致了不同的降水和温度配置情况，历史极端多雨年流域大部地区气温偏低，而 2018 年为多雨高温年。历史极端多雨年冷空气活动频繁带来系统性锋面降水过程，持久性降水导致了低温多雨的形势，而 2018 年春季冷空气弱，降水多为暖区降水，充沛的水汽条件配合短波槽动力抬升造成短时强降水。

从 700 hPa 风场和水汽场上来看，春季降水有三条水汽通道，南支水汽有两条，分别是西太副高外围带来的东南水汽和印缅槽带来的西南水汽，还有一支东路水汽，其来自东面的海洋上，这三支水汽在 2018 年春季和历史极端多雨年上都有体现，东路的水汽主要来自上层 500 hPa 日本地区正高度距平底部偏东气流的引导，那么该正距平异常高度存在的原因是什么呢？

在 2017 年冬季至 2018 年春季发生了一次弱的拉尼娜事件，2018 年春季处在拉尼娜衰减状态（图 3.20），这个和历史极端多雨年海温合成情况并不一致。但是可以发现两者有共同点，一是日本以东的洋面海温正异常，二是 NAT 呈"＋ － ＋"位相。

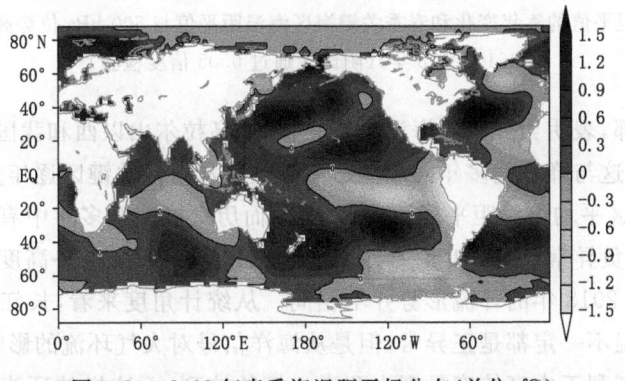

图 3.20 2018 年春季海温距平场分布（单位：℃）

为了更清楚地了解海温的变化是如何影响大气环流的，选取海温差异大的地区标注为海温关键区（130°～180°E，30°～50°N），分别将春季关键区海温距平值、NAT 指数与春季 500 hPa 位势高度进行相关分析（图 3.21）。NAT 与 500 hPa 位势高度显著相关的区域位于乌拉尔山以西的地区、赤道太平洋、北大西洋和北美大陆东部，表明当 NAT 正位相时，乌拉尔山以西的地区位势高度为正，而赤道太平洋位势高度为负，指示西太副高偏弱。这与降水偏多年所对应的欧洲中高纬度环流有一致性，但是对于东亚中高纬度环流的指示性并不强。从 NAT 春季逐年变化序列可以看出，2018 年春季 NAT 自 1961 年以来排历史第 10 位，历史极端降水偏多年的 NAT 以正位相为主，1963 年和 1967 年春季 NAT 为负位相，NAT 正位相与降水偏多的对应关系并不明确，而且从海洋信号对大气环流的影响来看，春季 NAT 对东亚中高纬度环流的影响有限。

海温关键区与 500 hPa 位势高度显著相关的区域位于我国东北华北至西北太平洋、地中

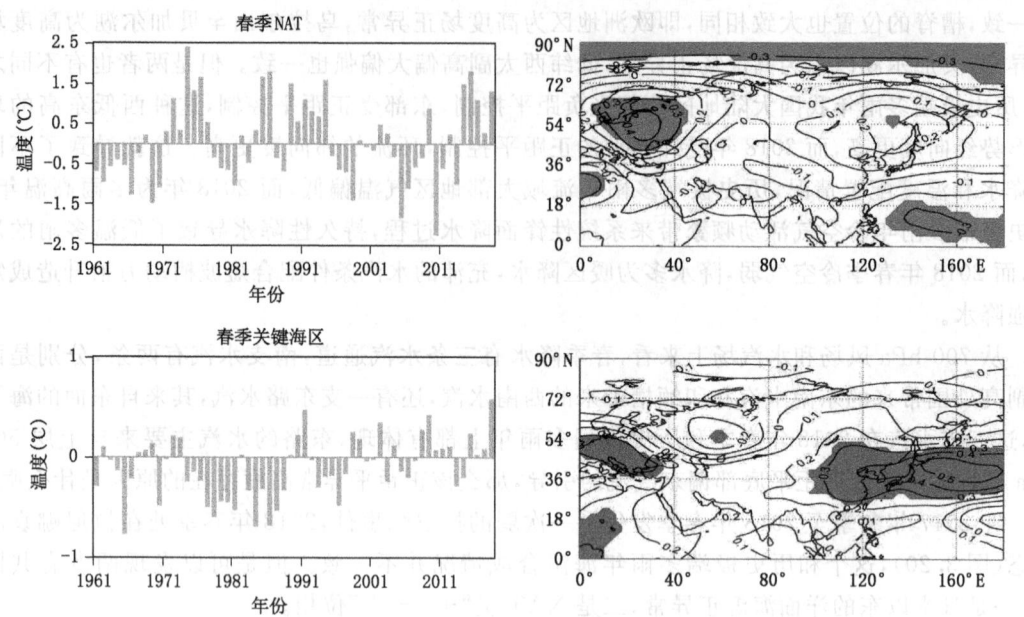

图 3.21 春季 NAT 指数逐年变化和春季 NAT 指数与 500 hPa 位势高度场相关分布(上)，
春季关键海区海温距平值的逐年变化和春季关键海区海温距平值与 500 hPa 位势高度场相关分布(下)
(1961—2018 年)(阴影区通过 0.05 信度检验)

海区域和北美洲南部，表明当关键区海温为正异常时，乌拉尔山以西和我国东北华北至西北太平洋位势高度偏高，这与降水偏多年的环流形势一致。从海温关键区逐年变化序列可以看出，2018 年春季关键海区平均海温距平居历史第 1 位，而历史极端偏多年中有 6 年关键海区海温为正异常，有 2 年为负异常(1974 年和 1977 年)，这 2 年 500 hPa 位势高度场中高纬度自西向东为脊槽的波列，与 2018 年的环流形势并不相同。从统计角度来看，长江上游春季降水偏多年中西北太平洋海温不一定都是正异常，但是从海洋信号对大气环流的影响来看，春季西北太平洋正海温异常是有利于中高纬度呈现出两脊一槽的波列，而这样的环流也是有利于长江上游降水偏多。从海洋因子的分析可以看出，当降水发生异常时，影响因子也会具有异常信号，但是两者对应关系不完全一致，通常都是多因子共同作用的，这也为异常气候事件的预报提出了挑战。

3.1.3 小结

(1)极端多雨年欧亚中高纬度地区为两脊一槽型，印缅槽偏强，西太副高偏强偏西，此环流形势利于冷空气西路南下，加上西太副高和印缅槽的活跃带来的暖湿气流，使得长江上游降水偏多；极端多雨年赤道中东太平洋处在厄尔尼诺状态。极端少雨年赤道中东太平洋处在拉尼娜状态，欧亚中高纬度地区为两槽一脊型，不利于冷空气活动，加上西太副高偏东，使得长江上游降水偏少。

(2)2011 年是进入 21 世纪之后唯一的极端少雨年，2011 年长江流域大部降水偏少，仅金沙江上段偏多。逐月来看，降水每月均偏少。造成极端降水气候事件往往是环流的稳定维持，影响 2011 年的因子有赤道中东太平洋、印度洋海温、NAT 等海洋信号,其中 2011 年前冬 NAT 为历史最低值。

(3)2018 年长江上游流域面雨量 289.8 mm,为 1961 年来历史第一位。对比 2018 年和历史同期极端多雨年环流场发现,历史极端多雨年我国西部受负距平控制,东部受正距平控制,这种西低东高的环流形势经向度更高,而 2018 年我国受纬向型的正距平控制,环流的纬向度更高。这就导致了不同的降水和温度配置情况,历史极端多雨年长江流域大部地区气温偏低,而 2018 年为多雨高温年。影响 2018 年降水偏多的异常信号有西北太平洋海温和 NAT,而且这些指数也有极端性。

(4)通过 2011 年和 2018 年的个例分析,极端少雨年和多雨年的环流对降水预报有指示作用,极端事件的发生往往伴随着指示因子的极端性,但是影响降水的环流是需要中高纬度的槽脊与副热带系统相互配置共同影响,极端降水气候事件发生需要考虑各种因子是不是具有一致性的影响。

3.2 夏季极端降水气候事件诊断分析

众所周知,影响我国汛期降水的因素比较多,也非常复杂,如外强迫因子有 ENSO 现象、印度洋海温、青藏高原积雪、西北太平洋副热带高压、中纬度阻塞高压、东亚夏季风、南亚高压等因素,很多研究对长江中下游的降水异常特征给出了多种影响影子的配置关系,但是对长江上游的研究较少,下面将对长江上游极端降水气候事件进行诊断分析,并给出个例年份进行分析。

3.2.1 极端多雨气候事件诊断

按照长江上游和 5 个子流域的夏季极端降水气候事件年表(表 2.4)中的年份,结合长江上游极端多雨气候事件的空间分布特征,将长江上游极端多雨气候事件分为三类:一是上游一致多雨型,长江上游大部降水偏多;二是上游北部多雨型,降水中心在岷沱江流域和嘉陵江流域;三是上游南部多雨型,降水中心位于长江及其以南地区。

3.2.1.1 上游一致多雨型极端降水气候事件

(1)降水概况。根据极端降水气候事件标准统计,长江上游极端多雨年为 1980 年、1983 年、1984 年和 1998 年,从这些年的降水距平百分率空间分布可以看到(图 3.22),1998 年、1983 年和 1980 年这 3 年长江全流域大部多雨且降水偏多 5 成以上的异常中心位于长江中下游,仅 1984 年长江上游降水偏多而长江中下游偏少,多雨中心位于岷沱江流域和嘉陵江流域交界处。

(2)同期(夏季)环流诊断。从 500 hPa 高度距平合成场可以看到(图 3.23),与长江中下游降水偏多的环流比较一致:①东亚地区从高纬到低纬表现为典型的"+ - +"的遥相关距平型;②东亚中高纬地区有两个正距平中心,分别位于乌拉尔山地区和鄂霍次克海地区,表明阻塞高压发展;③东亚中低纬地区是一个明显的负距平带,即从贝加尔湖南部到我国东北至日本一带高度偏低,表明中纬度低槽十分活跃;④30°N 以南的西太平洋地区高度场明显偏高,偏高的范围还往西包括南海及中南半岛地区,说明西太副高偏强,位置偏西,西太副高面积偏大,强度偏强,脊线位置正常偏南的状态(柳艳菊 等,2008)。

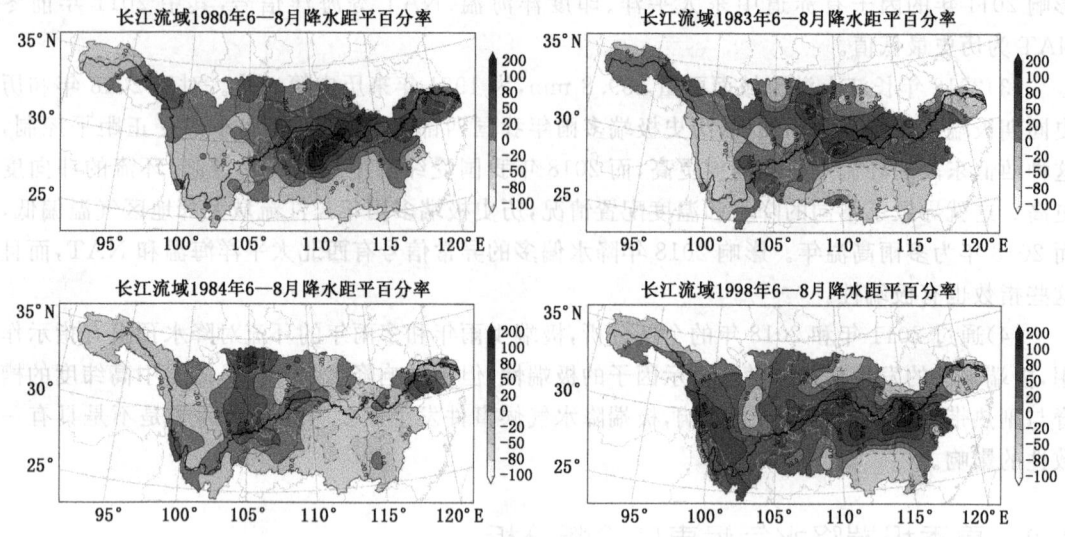

图 3.22　夏季长江上游一致多雨型极端多雨年降水距平百分率空间分布(单位:%)

(依次为 1980 年,1983 年,1984 年和 1998 年)

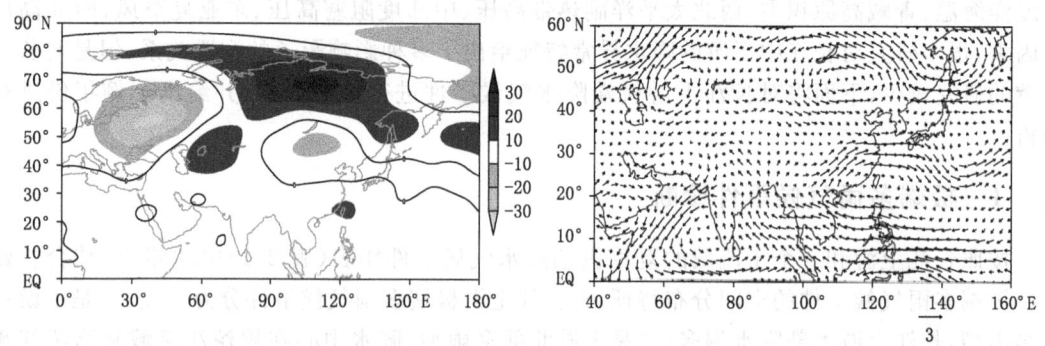

图 3.23　夏季长江上游一致多雨型极端降水气候事件同期 500 hPa 位势高度距平场(左)和
700 hPa 风距平场(右)分布

(阴影为高度距平,实线为高度距平 0 线,单位:gpm;矢量为风距平,单位:m/s)

　　700 hPa 风场形势能够在一定程度上表征水汽及冷暖空气输送(张增信 等,2008)。从涝年 700 hPa 风场距平合成图可见,水汽主要来自南海上空的由西南向东北的异常输送,另一支来自我国北方,为由北向南的异常输送,这两支异常的水汽输送在长江流域汇合;另外,由于西太副高偏南偏西,热带季风偏弱,在 15°N 以南的亚洲地区,有异常的偏东气流水汽输送,而来自印度洋的水汽输送偏弱(张培群 等,2002)。

　　从表 3.1 副热带环流指数来看,1984 年与其他 3 年的指数表现相反,全流域极端多雨年西太副高强度异常偏强偏大,脊线位置偏南,西伸脊点偏西,高原高度场偏高,印缅槽偏弱,东亚夏季风偏弱,而 1984 年各指数均与之相反。指数也说明在全流域降水大部偏多的情况下上游水汽输送主要来自南海和西太平洋地区。而 1984 年为上游降水异常偏多,中下游降水偏少,其环流特征主要表现为中下游降水偏少、西太副高强度偏弱、面积偏小、脊线偏北、西伸脊点偏东的特征,东亚夏季风偏强,印缅槽偏强、高原高度场偏低。

表 3.1 夏季长江上游一致多雨型极端降水气候事件同期环流指数距平值

环流指数/年份	1998	1983	1980	1984	统计
西太副高强度	70.7	43.9	29.5	−64.8	(+)3/4
西太副高面积	233.2	107.2	81.6	−187.3	(+)3/4
西太副高脊线	−2.0	−1.4	−1.0	1.9	(−)3/4
西太副高西伸脊点	−10.8	−8.2	−4.4	11.2	(−)3/4
高原高度场	29.7	12.2	12.7	−17.5	(+)3/4
印缅槽	33.1	24.3	2.4	−24.4	(+)3/4
东亚夏季风	−2.0	−1.3	−1.7	1.4	(−)3/4

(3)前期至同期海温演变特征。海洋对我国夏季降水的影响主要为间接作用,海洋通过作用于大气环流的一些关键成员,而引起我国夏季降水的异常。从前期冬季至同期夏季极端多雨年海表温度距平合成场上可见(图 3.24),赤道中东太平洋处于暖水位相,春季暖水范围减小,到了夏季转为冷水位相,说明涝年处于厄尔尼诺的衰减阶段。从厄尔尼诺事件也可知,1983 年和 1998 年是历史上极强的两次厄尔尼诺事件,1980 年在上年秋季出现一次弱的厄尔尼诺过程维持到当年初夏,但未达到厄尔尼诺事件标准。而 1984 年则是出现了一次弱的拉尼娜过程,与其他 3 年海温特征不一致,因此,该年份将会在上游北部多雨年进行一起分析。从 Nino3.4 指数与上游流域面雨量相关分析来看,与长江上游、岷沱江流域和嘉陵江流域面雨量相关显著,通过 0.05 置信水平检验,其他流域相关不显著。

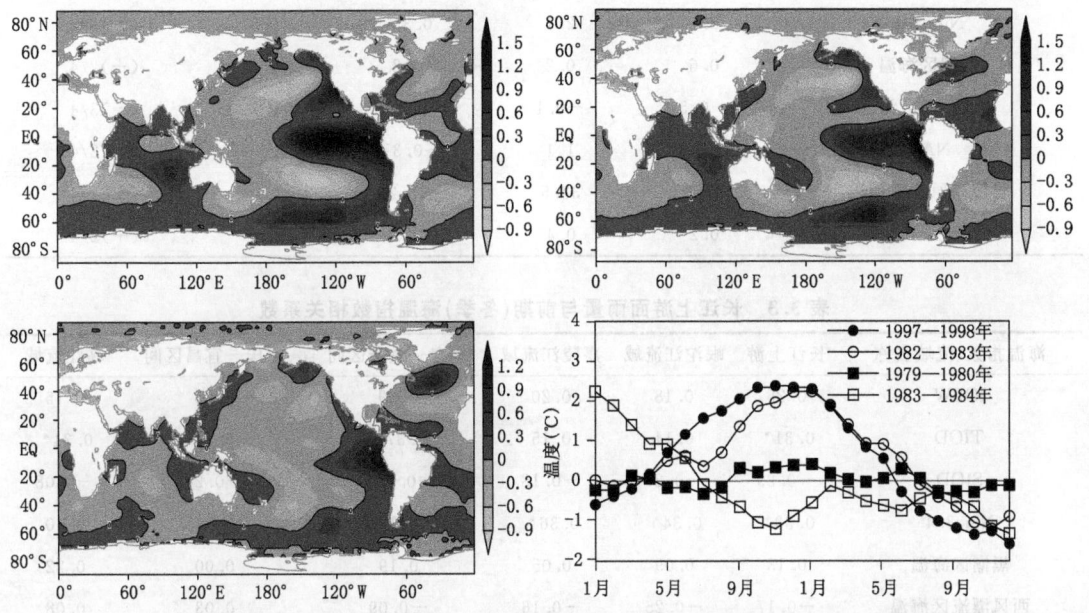

图 3.24 长江上游一致多雨型极端降水气候事件前期冬季(上左)、春季(上右)、同期夏季(下左)海温距平场和 Nino3.4 指数前一年 1 月至当年 12 月演变曲线(下右)(单位:℃)

汛期预报一般在每年3月制作，前期冬季的海温相关分析对业务具有较好的指导作用。从前期冬季的海温指数来看（表3.2），上述几个年份比较一致的指数为副热带南印度洋偶极子（下称"SIOD"）冬季均表现为负值，通过与面雨量相关分析（表3.3），仅在宜宾—重庆区间相关显著，其他流域未通过检验，但相关系数也较高，根据肖子牛等（2002）、唐卫亚等（2005）研究表明，当热带印度洋偶极子（下称"TIOD"）处于正位相时，赤道印度洋海表为东风距平，Walker环流减弱，西南季风偏弱，西太副高偏强偏西偏南，这与前面分析的环流特征比较一致。

IOBW与赤道中东太平洋厄尔尼诺事件关系密切，当厄尔尼诺发展时，在冬季至次年春、夏季，热带印度洋海温往往表现为全区一致增暖，与1998年和1983年的印度洋海温一致。

IOBW增暖（变冷）通过海气相互作用激发赤道印度洋—西太平洋异常Walker环流圈，加强（减弱）西太副高的强度，进而有利于南海夏季风爆发的推迟（提前）。由此，IOBW对维持ENSO对第2年南海夏季风爆发的影响起到了重要的传递作用。

虽然青藏高原积雪指数在极端年份中表现得不一致，1998年和1983年为异常偏多的特征，1980年和1984年为异常偏少，但是从与面雨量相关来看（表3.3），除了与岷沱江流域和嘉陵江流域与青藏高原积雪面积相关关系不显著外，与其他流域均呈现显著正相关关系，即在青藏高原积雪面积偏大的情况下长江大部或上游南部易出现降水偏多。

表 3.2 夏季长江上游一致多雨型极端降水气候事件前期（冬季）海温指数（单位：℃）

海温指数/年份	1998	1983	1980	1984	统计
IOBW	0.5	0.1	−0.1	−0.4	(+)2/4
TIOD	0.5	−0.3	0.2	0.0	(+)3/4
SIOD	−0.7	−0.9	−0.6	−0.6	(−)4/4
Nino3.4	2.2	2.1	0.3	−0.5	(+)3/4
黑潮区海温	0.6	0.2	−0.2	−0.8	(+)2/4
西风漂流区海温	−0.5	−0.1	0.2	−0.7	(−)3/4
NAT	−1.3	1.1	−0.3	0.0	(−)2/4
青藏高原积雪面积	37.8	33.5	−48.2	−30.4	(+)2/4
欧亚积雪面积	0.2	0.4	−0.9	−0.7	(+)2/4

表 3.3 长江上游面雨量与前期（冬季）海温指数相关系数

海温指数\流域名称	长江上游	岷沱江流域	嘉陵江流域	宜宾—重庆区间	重庆—宜昌区间	乌江流域
IOBW	0.25	0.18	0.20	0.29	0.05	0.15
TIOD	0.31*	0.14	0.15	0.37*	0.18	0.34*
SIOD	−0.29	−0.27	−0.18	−0.36*	−0.24	−0.08
Nino3.4	0.39*	0.34*	0.36*	0.15	0.21	0.10
黑潮区海温	0.13	0.06	0.05	0.19	0.00	0.22
西风漂流区海温	−0.17	−0.25	−0.16	−0.09	0.03	0.08
NAT	−0.06	0.16	0.04	−0.16	−0.02	−0.15
青藏高原积雪面积	0.34*	−0.01	0.21	0.32*	0.36*	0.31*
欧亚积雪面积	−0.13	−0.24	−0.18	−0.07	0.09	0.06

注：相关系数计算年份为1981—2010年，"*"标注的达到0.05信度水平。

3.2.1.2 上游北部多雨型极端多雨气候事件

(1)降水概况。对上游北部多雨型极端多雨年的年份进行挑选,选取降水中心位于岷沱江流域和嘉陵江流域的年份,定义为上游北部极端多雨年,分别为 1961 年、1966 年、1981 年、1984 年和 2013 年共 5 年,从降水正距平频次合成可以看出(图 3.25),降水偏多的区域位于嘉陵江流域北部至岷沱江流域东部及上游干流区间西部,长江流域其他大部地区降水以偏少为主。

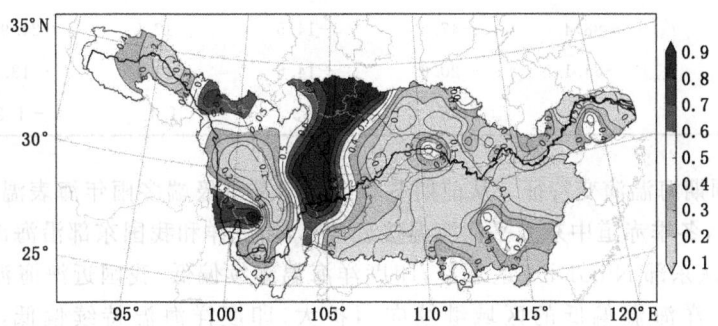

图 3.25　夏季长江上游北部多雨型极端多雨气候事件降水正距平频次合成(单位:次)

(2)同期(夏季)环流诊断。从同期 500 hPa 高度距平合成场(图 3.26)可以看到,乌拉尔山以北地区为正距平中心,巴尔喀什湖至贝加尔湖为负距平中心,渤海至千岛群岛为正距平中心,热带及副热带地区为负距平,从环流指数也可以看到(表 3.4),西太副高强度偏弱,面积偏小,脊线位置偏北,西伸脊点偏东,高原高度场偏低、印缅槽偏强,东亚夏季风以偏强为主,而 2013 年环流指数与其他年份虽有所差异,但西太副高脊线偏北和印缅槽偏强特征仍是一致的。表明印缅槽偏强,来自孟加拉湾的水汽偏强,而西太副高偏北和夏季风偏强使得来自南海和孟加拉湾的水汽偏北。

长江上游的水汽,夏季主要来源于孟加拉湾和南海(张增信 等,2008),从 700 hPa 风场距平合成图(图 3.26)可见,孟加拉湾的水汽分为两支,一支从高原南侧直接北上至长江上游,上游北部水汽为西北东南向风场,而另外一支与南海水汽汇合,直接输送至华北地区,水汽明显偏北。

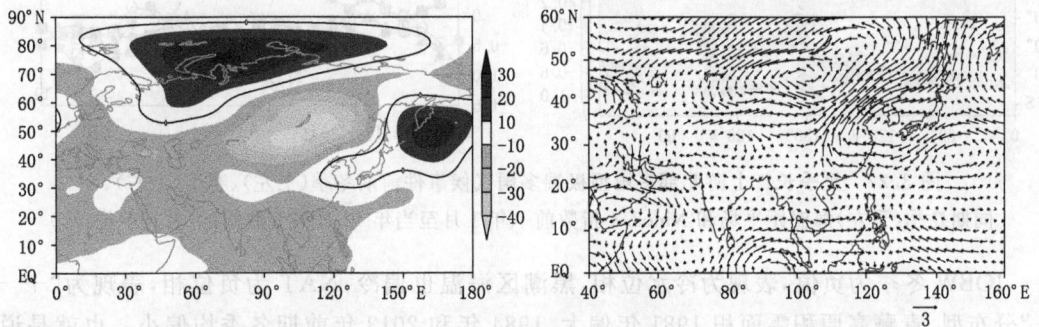

图 3.26　夏季长江上游北部多雨型极端多雨气候事件同期 500 hPa 位势高度距平场(左)和 700 hPa 风距平场(右)分布

(阴影为高度距平,实线为高度距平 0 线,单位:gpm;矢量为风距平,单位:m/s)

表 3.4　夏季长江上游北部多雨型极端多雨气候事件同期环流指数距平值

环流指数/年份	1961	1966	1981	1984	2013	统计
西太副高强度	−63.0	−37.3	−13.2	−64.8	8.6	(−)4/5
西太副高面积	−175.9	−120.2	−28.5	−187.3	11.2	(−)4/5
西太副高脊线	2.3	0.5	0.9	1.9	0.3	(+)5/5
西太副高西伸脊点	18.8	13.1	5.5	11.2	−1.9	(+)4/5
高原高度场	−88.4	−47.6	−14.5	−17.5	24.9	(−)4/5
印缅槽	−64.1	−20.6	−14.6	−24.4	−13.3	(−)5/5
东亚夏季风	0.6	−0.7	1.3	1.4	−1.2	(+)3/5

(3) 前期至同期海温演变特征。从前期冬季至同期夏季极端多雨年海表温度距平合成场上可见(图 3.27)，冬季赤道中东太平洋海温接近常年，印度洋和我国东部沿海海温偏低，春季中东太平洋海温从东部 Nino1+2 区偏冷，印度洋海温继续偏低，我国近海海温开始增暖，到了夏季中东太平洋海温偏低的区域继续向西扩大，印度洋海温持续偏低，范围更大，从 Nino3.4 海温指数上一年 1 月至当年 12 月的演变曲线可见，Nino3.4 海温处于正常冷位相，仅 1966 年在前期冬季发展成一次厄尔尼诺事件，冬季达到峰值，1966 年春季结束。

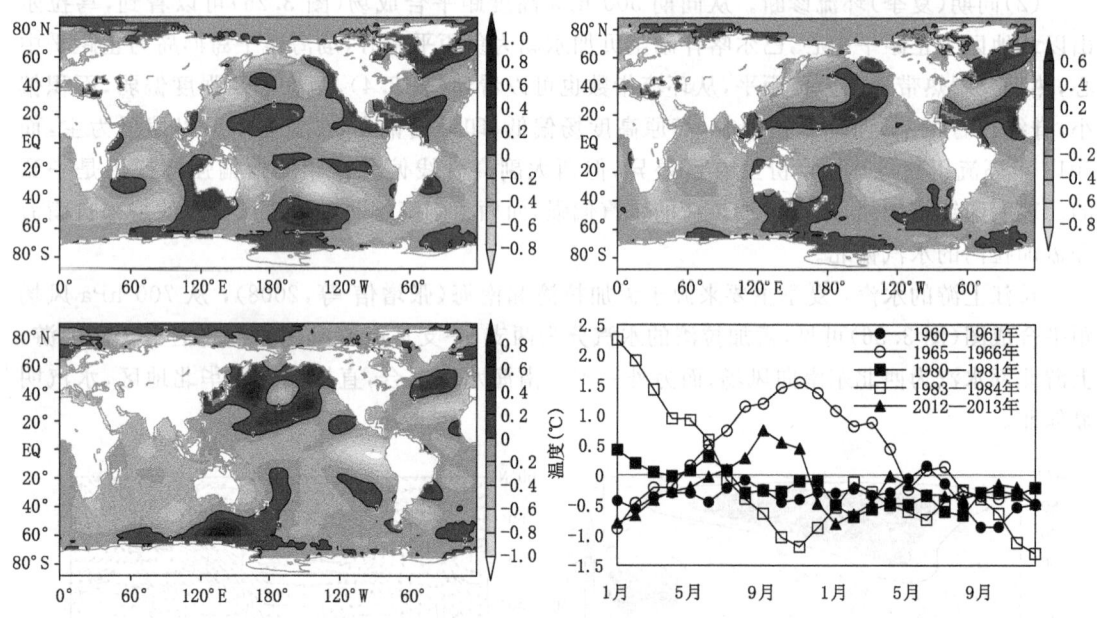

图 3.27　夏季长江上游北部多雨型极端多雨气候事件前期冬季(上左)、春季(上右)、
同期夏季(下左)海温距平场和 Nino3.4 指数前一年 1 月至当年 12 月演变曲线(下右)(单位：℃)

IOBW 冬季为负值，表现为冷水位相，黑潮区海温也偏冷，NAT 为负位相，表现为"+ − +"分布型，青藏高原积雪面积 1981 年偏大，1984 年和 2013 年前期冬季均偏小。也就是说，IOBW 持续偏冷有利于印缅槽偏强，赤道中东太平洋海温处于负位相即拉尼娜状态，有利于西太副高偏弱、偏小和偏东，而我国近海海温呈现增暖的变化特征，这样使得日本海上空为正距平，利于西太副高偏北与大陆高压结合(表 3.5)。

表 3.5　夏季长江上游北部多雨型极端多雨气候事件前期(冬季)海温指数(单位:℃)

海温指数\年份	1961	1966	1981	1984	2013	统计
IOBW	−0.3	−0.3	−0.3	−0.4	0.4	(−)4/5
TIOD	−0.1	0.1	0.2	0.0	0.1	(+)4/5
SIOD	0.1	0.4	0.7	−0.6	−0.6	(+)3/5
Nino3.4	−0.3	1.1	−0.4	−0.5	−0.6	(−)4/5
黑潮区海温	−0.5	−0.2	−0.7	−0.8	−0.5	(−)5/5
西风漂流区海温	−0.5		−0.4	−0.7	1.2	(−)3/5
NAT	0.2	−0.7	−0.3	0.0	−0.5	(−)3/5
青藏高原积雪面积			10.8	−30.4	−3.5	(−)2/3
欧亚积雪面积			−2.6	−0.7	1.6	(−)2/3

3.2.1.3　上游南部多雨型极端多雨气候事件

(1)降水概况。选取降水中心位于长江及其以南地区的年份,定义为长江上游南部多雨型极端多雨年,分别为:1964 年、1967 年、1968 年、1974 年、2002 年和 2007 年共 6 年,从降水正距平频次合成可以看到(图 3.28),降水偏多的区域位于上游干流区间和乌江流域,长江流域其他大部地区降水以偏少为主。

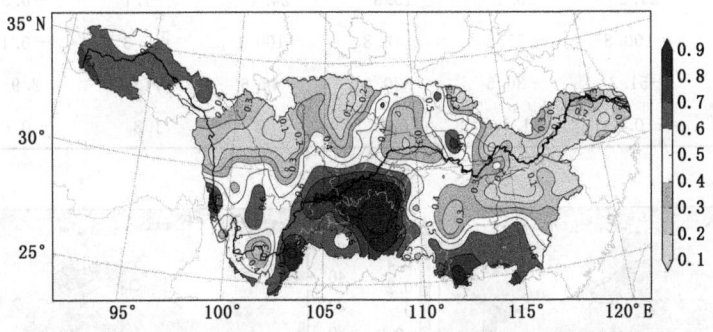

图 3.28　夏季长江上游南部多雨型极端多雨气候事件降水正距平频次合成(单位:次)

(2)同期(夏季)环流诊断。从同期 500 hPa 高度距平合成场可以看到(图 3.29),东亚中高纬呈现"− + −"的距平波列,乌拉尔山地区为负距平中心,贝加尔湖地区为正距平中心,日本及其北部地区为负距平中心,30°N 以南大部为负距平,从环流指数也可以看到(表 3.6),西太副高强度偏弱、面积偏小,脊线位置偏南,西伸脊点偏东,高原高度场偏低、印缅槽偏强,东亚夏季风以偏强为主,与长江上游北部极端多雨年的环流主要区别就是西太副高脊线位置偏南,所以水汽输送位置偏南。

常年夏季长江上游地区的水汽主要来自印度洋经孟加拉湾和中南半岛到达,还有一部分是来自南海以及西太平洋,它们汇合在西南地区形成西南—东北向的水汽输送。而南部极端多雨年(图 3.29),高原南侧有一支由南向北的气流,印度洋水汽偏强。

(3)前期至同期海温演变特征。从前期冬季至同期夏季极端多雨年海表温度距平合成场上可见(图 3.30),赤道中东太平洋冬季至夏季都呈现拉尼娜状态,我国近海海温冬季偏冷,春

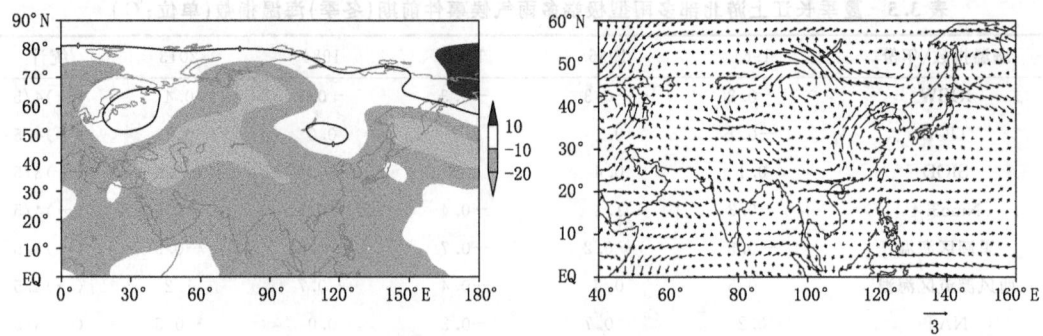

图 3.29 夏季长江上游南部多雨型极端多雨气候事件同期 500 hPa 位势高度距平场(左)和
700 hPa 风距平场(右)分布

(阴影为高度距平,实线为高度距平 0 线,单位:gpm;矢量为风距平,单位:m/s)

表 3.6 夏季长江上游南部多雨型极端多雨气候事件同期环流指数距平值

环流指数/年份	1964	1967	1968	1974	2002	2007	统计
西太副高强度	−70.5	−68.4	−50.1	−83.3	−4.2	3.6	(−)5/6
西太副高面积	−188.2	−193.0	−147.2	−225.0	−7.7	−1.0	(−)6/6
西太副高脊线	0.5	−0.1	−1.2	−0.9	0.7	−0.3	(−)4/6
西太副高西伸脊点	21.2	16.1	15.8	24.4	−1.7	−0.3	(+)4/6
高原高度场	−100.8	−57.2	−48.8	−100.1	−0.3	−0.1	(−)6/6
印缅槽	−51.3	−36.5	−20.6	−44.6	−1.5	2.9	(−)5/6
东亚夏季风	−0.5	1.1	0.4	1.2	1.3	−0.6	(+)4/6

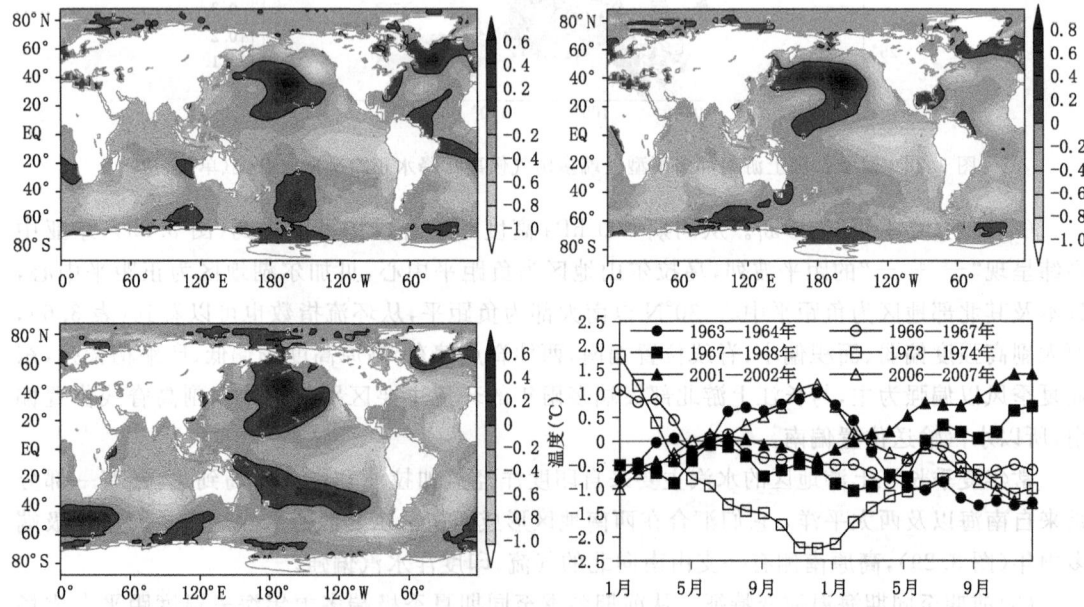

图 3.30 夏季长江上游南部多雨型极端多雨气候事件前期冬季(上左)、春季(上右)、
同期夏季(下左)海温距平场和 Nino3.4 指数前一年 1 月至当年 12 月演变曲线(下右)(单位:℃)

季开始增暖,但偏冷状态持续,印度洋海温持续偏低,从 Nino3.4 海温指数上一年 1 月至当年 12 月的演变曲线可见,有 2 年是厄尔尼诺衰减年即在前期冬季达到峰值,春季结束,分别是 1964 年和 2007 年,有 1 年形成一次拉尼娜事件,即 1974 年前期冬季拉尼娜达到峰值,夏季结束,其余 3 年均处于拉尼娜状态。海温与上游北部多雨年比较相似,IOBW 偏低有利于印缅槽偏强,两者的区别是南部多雨年西风漂流区海温为正位相,北部多雨年与之相反,从时间演变上看,南部多雨年我国近海海温由冬季到夏季持续偏低,这样容易使中纬度位势高度场偏低,不利于西太副高偏北(表 3.7)。

表 3.7 夏季长江上游南部多雨型极端多雨气候事件前期(冬季)海温指数(单位:℃)

海温指数\年份	1964	1967	1968	1974	2002	2007	统计
IOBW	0.0	−0.5	−0.5	−0.6	0.2	0.2	(+)3/6
TIOD	0.0	0.0	0.1	0.3	0.0	0.1	(+)6/6
SIOD	−1.8	−1.3	0.1	0.8	−0.5	0.4	(+)3/6
Nino3.4	0.7	−0.5	−0.8	−2.0	−0.2	0.7	(−)4/6
黑潮区海温	−0.1	−0.4	−0.7	−0.8	0.1	0.6	(−)4/6
西风漂流区海温	−0.2	0.3	0.5	0.8	0.5	0.0	(+)5/6
NAT	−0.7	−1.0	−0.1	0.9	−1.2	−1.0	(−)5/6
青藏高原积雪面积				−3.1	22.5	5.1	(+)2/3
欧亚积雪面积				0.2	−0.2	−1.2	(−)2/3

3.2.2 极端少雨气候事件诊断

(1)降水概况。长江上游极端少雨年为 2006 年、1972 年、1997 年、1994 年和 2011 年,从这些年的降水空间分布来看(图 3.31),除了 1972 年降水偏少中心位于长江中下游外,其他年份少雨中心主要位于长江上游,尤其是 2006 年川渝大旱,出现持续的高温天气,也有很多文章进行了分析和模拟(彭京备 等,2007;李永华 等,2009;刘银峰 等,2009;吴佳 等,2011;李建云 等,2013)。

(2)同期(夏季)环流诊断。从上游极端少雨年的夏季 500 hPa 高度距平场合成来看(图 3.32),①东亚中高纬地区为负距平区,表明阻塞高压不明显;②东亚地区从高纬到低纬表现为典型的"−+−"的遥相关距平型,鄂霍次克海为负距平中心,在我国华北至日本为正距平中心,表明大陆高压偏强,30°N 以南为负距平,西太副高面积偏小、强度偏弱、西伸脊点偏东。

在 700 hPa 风场上,西太平洋西太副高的南边盛行东风气流,而西北边缘则盛行西南气流,当西太副高偏东、偏北,我国南海地区为气旋性环流,西太副高西南向水汽输送减弱而东风水汽输送增强,整个长江上游水汽输送偏东,表现为南海南部至菲律宾地区水汽输送偏强,同时,阿拉伯海至印度半岛中部为异常气旋性环流,也使得印度季风槽明显偏弱,孟加拉湾附近的水汽向我国西南地区输送偏弱。西南地区东部出现近似由北向南的水汽输送异常,表明与常年相比,长江上游地区来自南方的暖湿水汽输送有所减弱。

从夏季环流指数上可以看到(表 3.8),西太副高强度偏弱,面积偏小,脊线偏北,西伸脊点偏东,东亚夏季风偏强,说明来自南海和西太平洋地区的水汽输送偏弱。高原高度场偏高,印缅槽偏强,其中 2006 年各指数与其他年份不同,刘银峰等(2009)研究表明,2006 年夏季西太副高异常偏强偏北,是由于夏季高原热源减弱,菲律宾附近的西太暖池热源偏强导致。

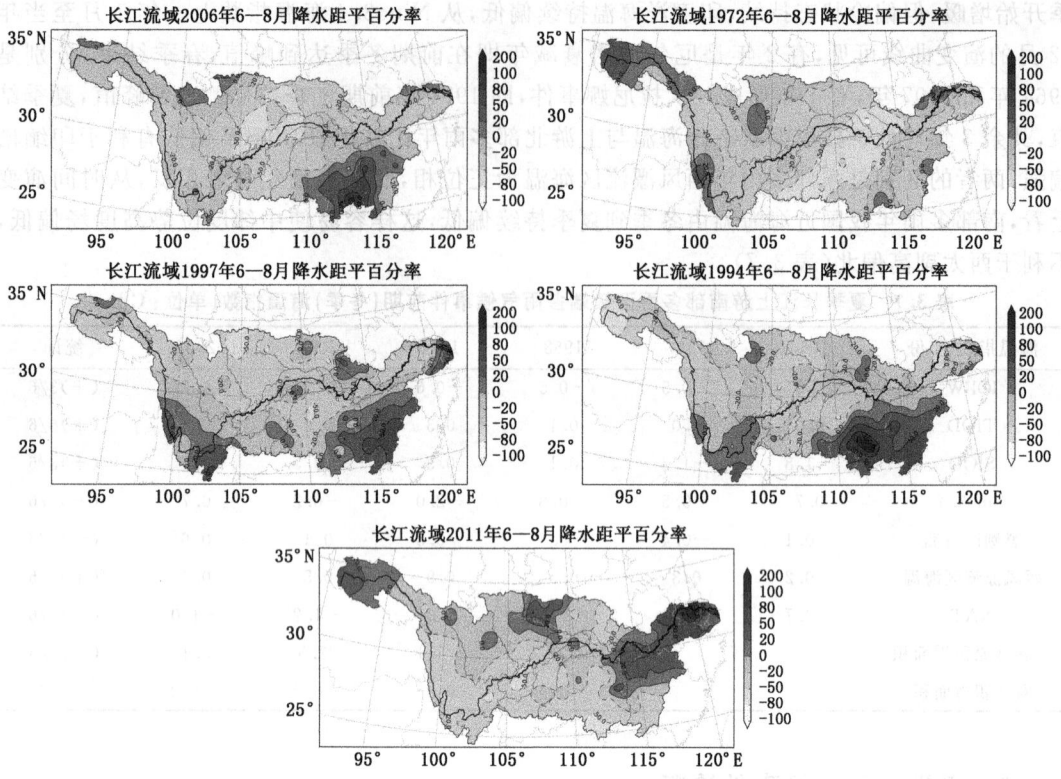

图 3.31　夏季长江上游极端少雨气候事件降水距平百分率空间分布(单位：%)

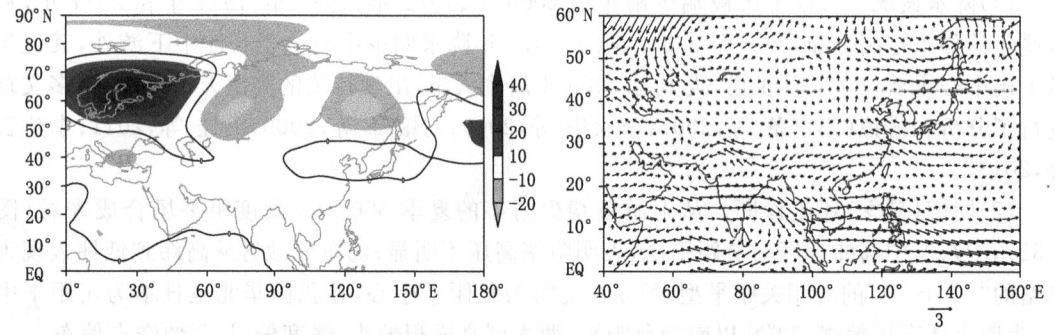

图 3.32　夏季长江上游极端少雨气候事件同期 500 hPa 位势高度距平场(左)和 700 hPa 风距平场(右)分布
(阴影为高度距平，实线为高度距平 0 线，单位：gpm；矢量为风距平，单位：m/s)

表 3.8　夏季长江上游极端少雨气候事件同期环流指数距平值

环流指数/年份	2006	1972	1997	1994	2011	统计
西太副高强度	18.9	−65.2	−6.5	−16.8	−0.4	(−)4/5
西太副高面积	52.4	−182.1	−54.7	−62.1	32.1	(−)3/5
西太副高脊线	1.0	0.2	−1.0	3.0	1.5	(+)3/5
西太副高西伸脊点	−8.6	14.6	−4.7	1.0	1.7	(+)3/5
高原高度场	23.5	−65.8	0.5	7.2	−1.0	(+)3/5
印缅槽	1.4	−31.0	10.1	−19.1	−5.8	(−)3/5
东亚夏季风	0.2	1.7	1.2	1.2	0.04	(+)5/5

(3)前期至同期海温演变特征。从前期冬季至同期夏季极端少雨年海表温度距平合成场上可见(图3.33),冬季赤道中东太平洋负距平异常,春季负距平异常减弱,夏季转为正距平异常,从Nino3.4海温指数上一年1月至当年12月的演变曲线可见,除1994年外,都为拉尼娜衰减年,即在前期冬季达到峰值,春季结束,夏季开始转为厄尔尼诺状态。海温指数上(表3.9),IOBW负距平异常和青藏高原积雪面积偏小特征也较为明显。同时注意到,2011年高原积雪面积偏大与少雨年特征相反,据封国林等(2012)的研究,2011年积雪面积偏大影响的区域主要是长江中下游地区,长江流域大部降水仍以偏少为主。

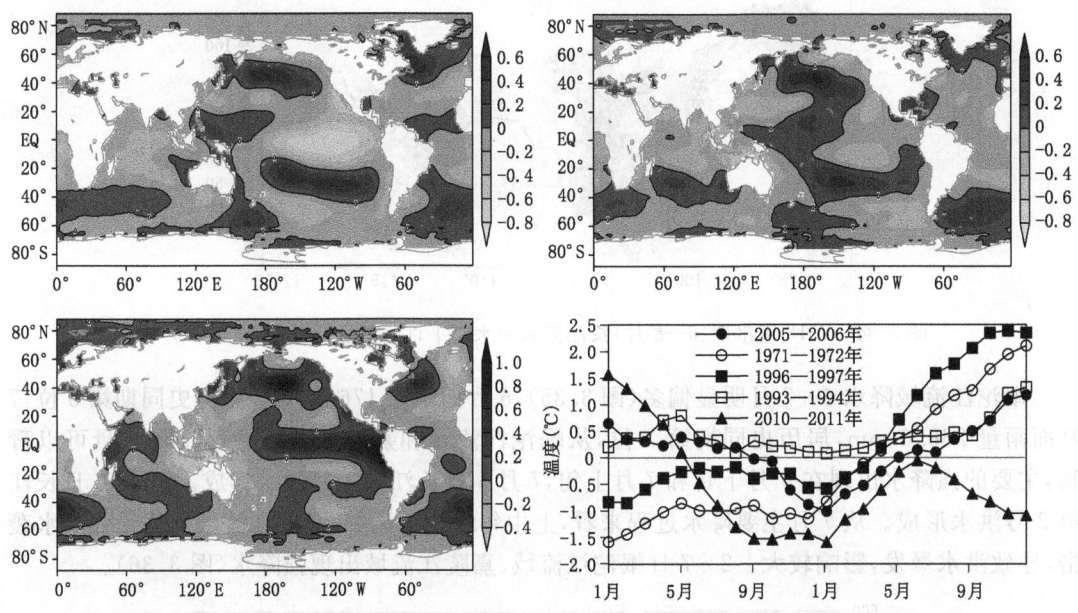

图3.33 夏季长江上游极端少雨年前期冬季(上左)、春季(上右)、同期夏季(下左)海温距平场和Nino3.4指数前一年1月至当年12月演变曲线(下右)(单位:℃)

表3.9 夏季长江上游极端少雨气候事件前期(冬季)海温指数(单位:℃)

海温指数\年份	2006	1972	1997	1994	2011	统计
IOBW	−0.1	−0.3	−0.2	−0.2	0.0	(−)4/5
TIOD	−0.4	0.3	−0.1	−0.2	0.1	(−)3/5
SIOD	0.5	−0.4	0.2	0.4	0.6	(+)4/5
Nino3.4	−0.9	−0.8	−0.5	0.1	−1.4	(−)4/5
黑潮区海温	−0.3	0.0	−0.1	−0.2	−0.3	(−)4/5
西风漂流区海温	−0.3	0.6	−0.2	−0.2	1.2	(+)3/5
NAT	−1.0	0.6	−0.4	1.7	−1.8	(−)3/5
青藏高原积雪面积	−14.0		−4.3	−10.5	17.3	(−)3/4
欧亚积雪面积	1.1		−0.7	−0.1	1.4	(+)2/4

3.2.3 典型个例(2018年)

根据极端降水气候事件阈值统计,2018年岷沱江流域夏季降水量为579.9 mm,超过其极端多雨阈值541.3 mm,而嘉陵江流域虽然夏季降水量没有达到极端降水阈值标准,但是其7月降水量为261.2 mm,超过其7月极端多雨阈值249.4 mm,从长江流域2018年汛期降水距平百分率空间分布来看(图3.34),汛期降水主要表现为上游多下游少的分布特征,其中金沙江流域、岷沱江流域、嘉陵江流域北部、鄱阳湖流域南部偏多1~6成,降水中心位于岷沱江流域和嘉陵江流域北部,长江流域其他大部降水偏少1~6成,其空间分布特征与前面分析的长江上游北部极端多雨特征较一致。

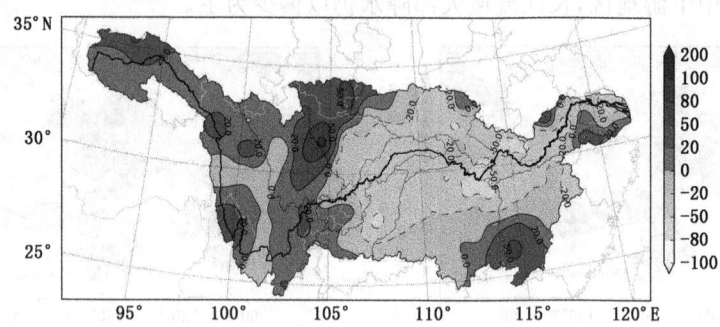

图3.34　2018年汛期(6—8月)长江流域降水距平百分率空间分布(单位:%)

岷沱江流域降水6—7月明显偏多(图3.35),6月面雨量176.7 mm,居历史同期第5位,7月面雨量268.6 mm,居历史同期第1位,从岷沱江流域和嘉陵江流域的逐日降水量可以看到,主要的强降水出现在6月下旬和7月上旬,7月5日长江第1号洪水形成。7月13日长江第2号洪水形成。从7月主要降水过程来看,上中旬岷沱江流域、嘉陵江流域反复受强降水袭击,导致洪水暴发,影响较大。2—7日岷沱江流域、嘉陵江流域出现强降水(图3.36)。

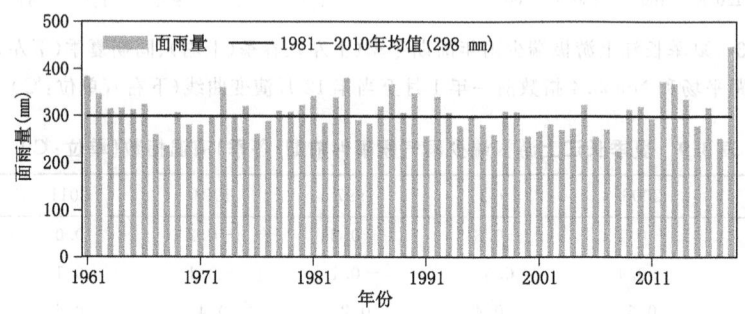

图3.35　岷沱江流域6—7月面雨量历史序列

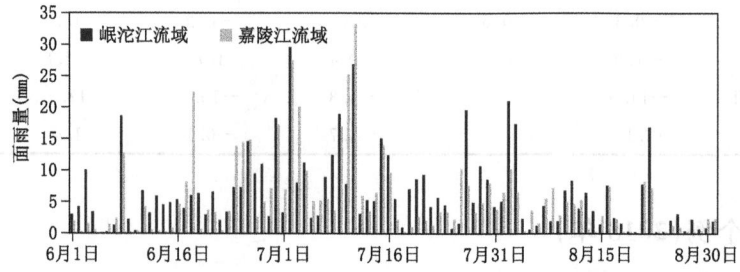

图3.36　岷沱江流域、嘉陵江流域2018年6月1日至8月31日逐日面雨量变化

从 6—8 月 500 hPa 高度距平场可见(图 3.37),中高纬呈两槽一脊型,巴尔喀什湖和日本东北部为负距平中心,贝加尔湖至我国东北部为正距平中心,在 500 hPa 高度距平场上东亚沿岸为"— + —"的距平分布,在 30°N 以南为高度场负异常中心,以北为正异常中心,即西太副高脊线位置较常年同期偏北。而 2018 年夏季西太副高脊线指数的正距平达到 3 个标准差,是 1981 年以来最偏北的一年(顾薇 等,2019)。从环流形势来看,2018 年西太副高与长江上游北部多雨型环流西太副高偏弱、偏小、偏东并不匹配,但是与特例年 2013 年一致,即西太副高偏强、偏大、偏北、偏西。2018 年夏季副热带夏季风强度为 1961 年以来历史第 1 强(顾薇 等,2019),西太副高位置亦为 1961 年以来最北(顾薇 等,2019)。

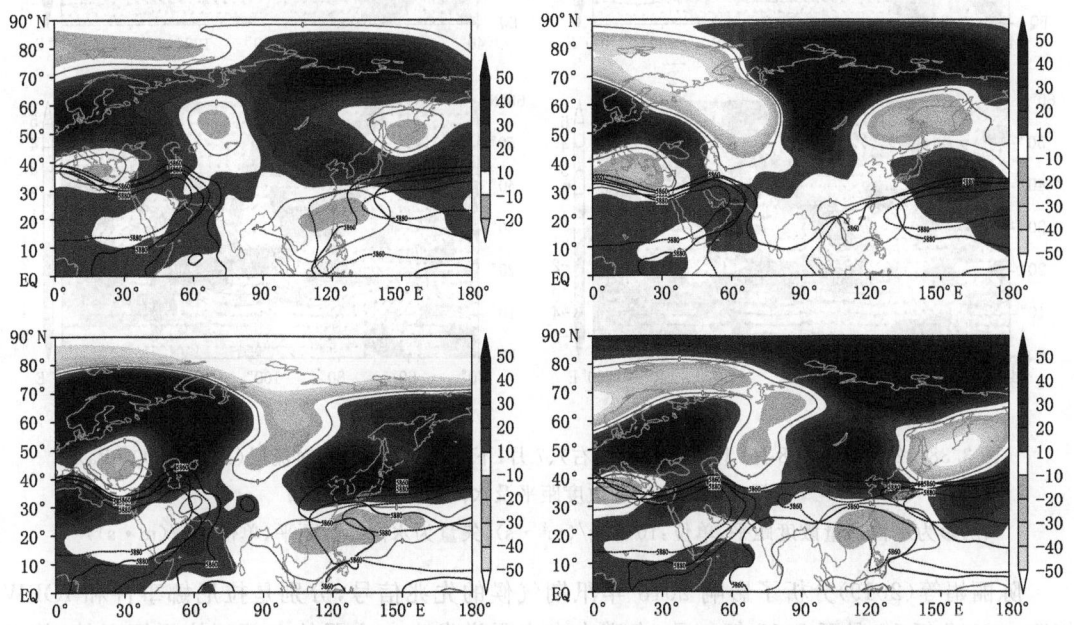

图 3.37　2018 年 6—8 月(上左)、6 月(上右)、7 月(下左)、8 月(下右)500 hPa 高度距平场分布
(阴影为高度距平,灰色实线为高度距平 0 线,黑色实线为高度场 5860 线和 5880 线,
黑色虚线为 1981—2010 年高度场 5860 线和 5880 线,单位:gpm)

分月环流差异较大,6 月中高纬呈现两槽一脊型,乌拉尔山和鄂霍次克海地区为槽区,贝加尔湖为高压脊,西太副高偏强偏北、印缅槽偏强,7 月环流发生明显的调整,中高纬呈现两脊一槽型,乌拉尔山和鄂霍次克海地区为正距平异常区域,贝加尔湖为负异常中心,中高纬以经向环流为主,西太副高异常偏北,印缅槽偏强,来自孟加拉湾的西南水汽和来自南海的东南水汽在岷沱江流域和嘉陵江流域交汇,所以 7 月岷沱江流域和嘉陵江流域降水异常偏多。8 月环流再次发生调整,中高纬以纬向环流为主,北正南负,西太副高异常偏北,长江以南为负距平,印缅槽偏强,来自西南的水汽偏强。降水只是在长江上游南部,岷沱江流域和嘉陵江流域降水偏少。东亚夏季风偏强、印缅槽偏强。

从水汽输送上可以看到(图 3.38),整个汛期水汽来自孟加拉湾的水汽偏强,西太副高偏北,在南海为一气旋性环流,但是 7 月的水汽输送图上可以看到,一方面来自孟加拉湾的水汽偏强,同时由于西太副高偏北,而西太副高南侧的气旋性环流偏东,位于台湾以东,来自西太副高的东南支水汽偏强、偏西,也容易送至岷沱江流域和嘉陵江流域,因此,在 7 月岷沱江流域、嘉陵江流域降水明显偏多。而8月由于受台风影响，我国东南沿海至南海地区为异常气旋性环流，使得西太副高水汽输送更偏北。

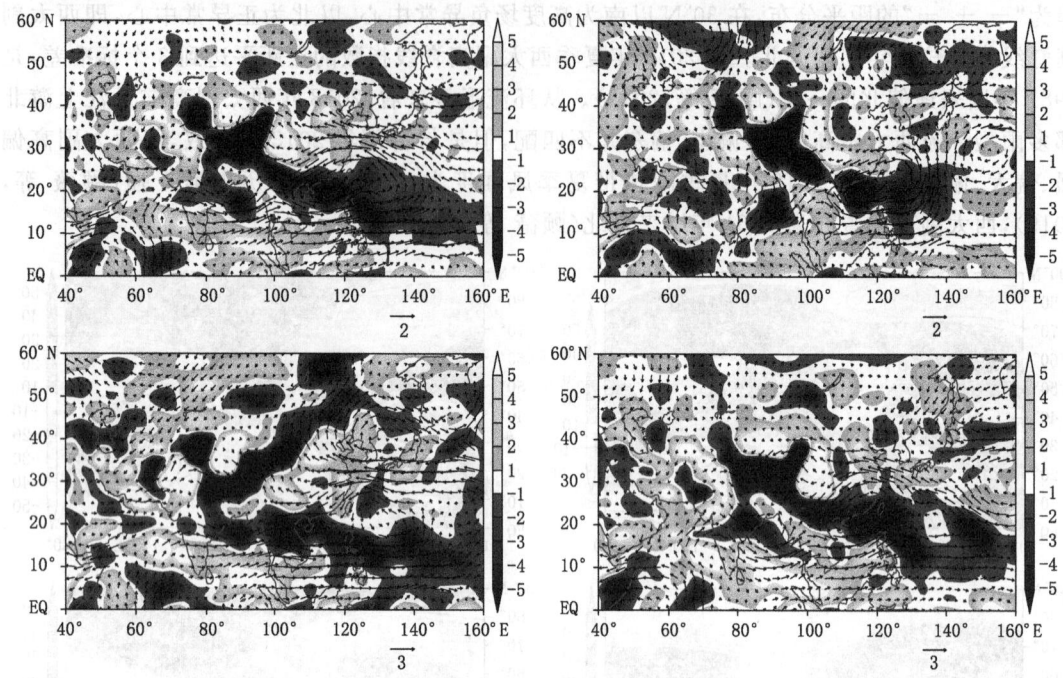

图3.38 2018年6—8月（上左）、6月（上右）、7月（下左）、8月（下右）对流层（1000～300 hPa）整层积分水汽通量散度距平及水汽通量距平场分布

（阴影为水汽通量散度距平，单位：10^{-5} kg/(m²·s)；矢量为水汽通量距平，单位：kg/(m·s)）

陈丽娟等（2019）分析了影响2018年汛期气候的先兆信号，分别是拉尼娜事件和IOBW偏冷。2017年10月至2018年4月，赤道中东太平洋发生一次弱的东部型拉尼娜事件，并于2018年1月达到峰值（图3.39）。其中2017—2018年冬季发生的弱拉尼娜事件、IOBW冬—春—夏季持续偏冷（图3.39）以及青藏高原积雪面积偏少，都预测2018年夏季西太副高位置偏北、强度偏弱，夏季风强度偏强。监测结果表明，2018年夏季副热带夏季风强度为1961年以来历史第1强，西太副高位置亦为1961年以来最北（顾薇 等，2019）。也就是说，西太副高与拉尼娜的响应和预测都不一致。这一年与2013年特征较为一致，长江中下游降水偏少，且

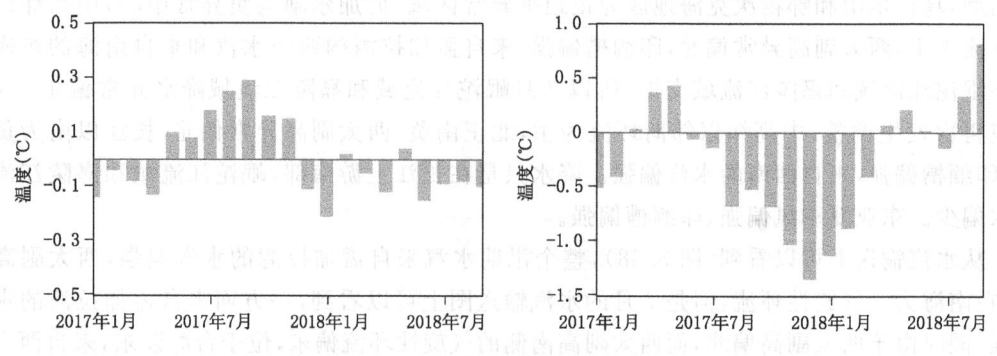

图3.39 2017年1月—2018年9月逐月IOBW指数（左）和Nino3.4指数（右）变化

发生持续高温干旱事件。王文等(2017)分析2013年受负EAP/PJ(东亚太平洋型/东亚日本型)遥相关型影响,西太副高面积偏大、西伸脊点异常偏西、强度偏强,长期控制长江流域,是诱发2013年汛期长江中下游高温干旱的直接成因;东亚夏季风偏强、副热带西风急流偏北,致使长江流域暖湿空气偏强而冷空气不足,加之下沉气流影响,不利于形成降水。

隋翠娟等(2014)也分析了2013年的西太副高特征与海温特征不匹配,即通过分析1979—2012年夏季逐日西太副高经度—时间剖面图和纬度—时间剖面图,发现有几个年份西太副高特征与2013年相似,分别为1983年、1987年、1995年、1998年、2003年和2010年。这几年中西太副高强度、西伸脊点、稳定时间与2013年相似。继续分析前期海温异常场,发现这6年中只有1995年和2003年海温异常场与2013年相似,即中东太平洋地区为负异常,但IOBW正异常不明显,其余4年(1983年、1987年、1998年和2010年)海温异常场与2013年明显不同,中东太平洋处海温明显偏高。进一步分析西太副高的差异,发现1995年、2003年和2013年夏季西太副高明显偏北,而1983年、1987年、1998年和2010年夏季西太副高明显偏南。2013年的这一特征与2018年较为一致,值得进行深入分析。

3.2.4 小结

极端多雨年环流特征为东亚中高纬"＋ － ＋"分布型,阻塞高压明显,西太副高异常偏强、偏大、偏西、偏南,印缅槽偏强,东亚夏季风偏弱。中东太平洋海温为厄尔尼诺衰减年,且厄尔尼诺强度达超强,同时青藏高原积雪面积偏大,在这种情况下长江出现全流域降水偏多,上游易出现极端多雨气候事件。

上游北部极端多雨年环流特征为西太副高强度偏弱、面积偏小,脊线位置偏北,西伸脊点偏东,高原高度场偏低、印缅槽偏强,东亚夏季风偏强。IOBW持续偏冷有利于印缅槽偏强,赤道中东太平洋海温处于负位相即拉尼娜状态,西风漂流区海温夏季为正异常,使得中纬度位势高度场偏高,与西太副高结合,西太副高脊线偏北。

上游南部多雨型的环流和海温与上游北部多雨型比较相似,但也存在不同,环流的区别是西太副高偏南,海温的区别是南部多雨年西风漂流区海温为正位相。南部多雨年我国近海海温由冬季到夏季持续偏低,这样容易使中纬度位势高度场偏低,不利于西太副高偏北。

长江上游少雨异常年环流和海温与极端多雨年相反。环流特征为西太副高面积偏小、强度偏弱、西伸脊点偏东,高原高度场偏高、印缅槽偏强,东亚夏季风偏强,都为拉尼娜衰减年,即在前期冬季达到峰值,春季结束,夏季开始转为厄尔尼诺状态,IOBW也为负距平异常,青藏高原积雪面积偏小(图3.40)。

3.3 秋季极端降水气候事件诊断分析

秋季西太副高南退,中高纬冷空气开始活跃,西风带、南支槽、切变线等天气系统活跃且稳定(袁雅鸣 等,2011),来自西太平洋和孟加拉湾的水汽持续向长江上游输送(周长艳 等,2005),易形成持续性降水天气。另外,受长江上游复杂地形的影响,也容易出现局地强降水等天气。

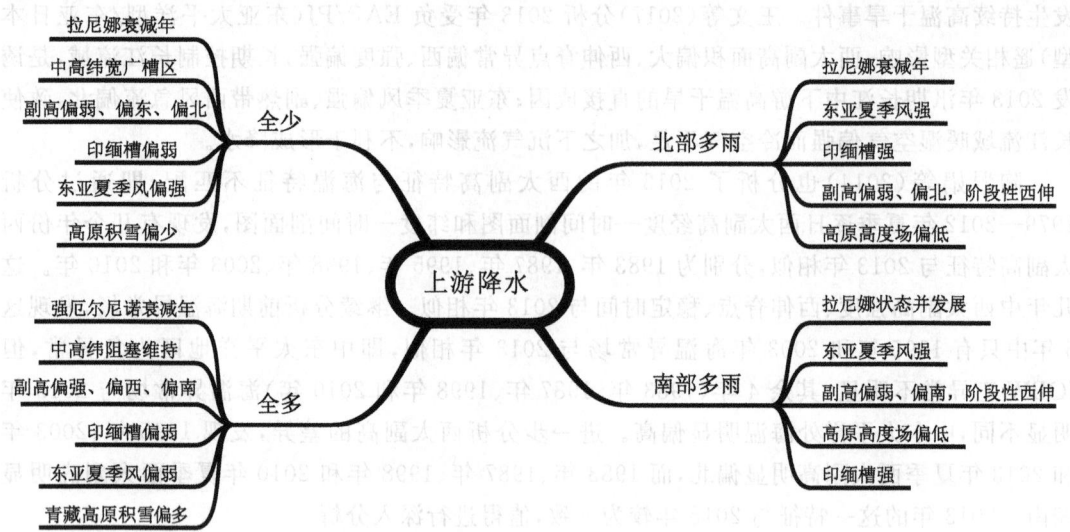

图 3.40 长江上游极端降水不同配置示意图

3.3.1 极端多雨气候事件诊断

按照第 2 章秋季极端降水特征的分区,结合秋季极端降水气候事件年表(表 2.7),可将长江上游的极端多雨气候事件大致分为三类:一是西北部型,主要降水中心在岷沱江流域附近;二是干流偏北型,主要降水在上游干流及嘉陵江流域;三是南部型,以乌江流域附近发生极端多雨气候事件为主要特征。

3.3.1.1 上游西北部型极端多雨气候事件

(1)降水概况。这一型极端多雨气候事件主要发生在 1963 年、1967 年、1975 年和 1978 年。秋季长江上游整体表现为降水偏多的特征,有两个多雨中心,分别在岷沱江流域和乌江流域,极端事件发生在岷沱江流域,乌江流域降水虽然偏多,但未超过多雨阈值(图 3.41)。

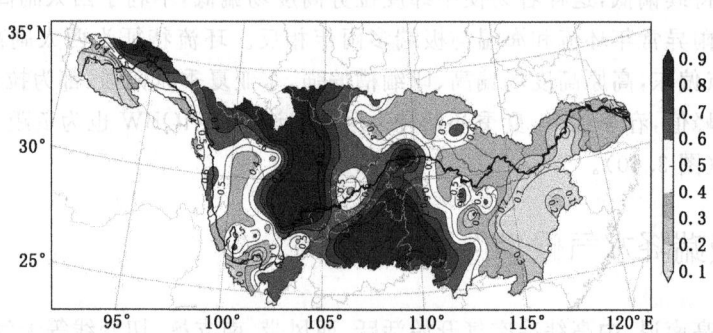

图 3.41 长江上游西北部型极端多雨气候事件秋季降水正距平频次合成(单位:次)

(2)前期(夏季)海温诊断。西北部型极端多雨气候事件,前期夏季海温场为典型的拉尼娜分布型,即赤道中东太平洋海温、IOBW 偏低,澳大利亚东侧海温略偏高。全球海温以大部偏低为主要特征,异常暖水中心仅存在于太平洋北部西风漂流区和大西洋南部(图 3.42,表 3.10)。

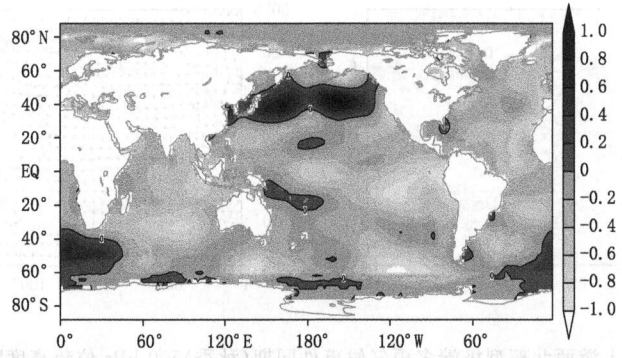

图 3.42　长江上游西北部型极端多雨气候事件前期(夏季)海温距平场分布(单位:℃)

表 3.10　长江上游西北部型极端多雨气候事件前期(夏季)海温指数(单位:℃)

	1963 年	1967 年	1975 年	1978 年	统计
IOBW	−0.35	−0.52	−0.35	−0.49	(−)4/4
TIOD	0.38	−0.36	0.27	0.08	(+)3/4
SIOD	−0.41	−0.81	0.33	0.60	
Nino3.4	0.43	−1.03	−1.38	−0.57	(−)4/4
黑潮区海温	0.22	−0.26	−0.14	−0.01	(−)3/4
西风漂流区海温	1.09	0.63	−0.42	0.28	(+)3/4
NAT	0.38	0.12	0.71	0.73	(+)4/4

将上述几个异常海温指数与长江上游面雨量进行相关分析表明(表 3.11),相关性最好的是 IOBW 指数,当偏冷时,利于长江上游尤其是岷沱江流域面雨量偏多,而乌江流域也有偏多可能;其次是西风漂流区的异常暖海温,同样也指向岷沱江流域面雨量偏多;另外,赤道中东太平洋的拉尼娜事件对长江上游北部有一定影响,嘉陵江流域有多雨可能。发生极端多雨气候事件时,至少一个指数发生明显异常,如 1963 年和 1967 年,西风漂流区暖海温异常分别排在历史第 5 位和第 1 位;1978 年 IOBW 偏冷排在历史第 3 位;1975 年则是 Nino3.4 区冷水排在历史第 2 位,同时 IOBW 偏冷也排在前 10。

表 3.11　长江上游面雨量与前期(夏季)海温指数相关系数

	长江上游	岷沱江	嘉陵江	宜宾—重庆	重庆—宜昌	乌江
Nino3.4	−0.24	−0.21	−0.31**	−0.12	−0.12	0.10
西风漂流区海温	0.23	0.30**	0.15	0.20	0.10	0.10
IOBW	−0.35***	−0.42***	−0.20	−0.26*	−0.10	−0.30**

注:"*"表示通过 0.05 信度检验,"**"表示通过 0.02 信度检验,"***"表示通过 0.01 信度检验。

(3)同期(秋季)环流诊断。秋季,东北半球 500 hPa 位势高度场中高纬度自西向东为两槽一脊分布,乌拉尔山和鄂霍次克海东部为槽区,贝加尔湖至我国东北地区为脊区,这种环流形势下,来自孟加拉湾的水汽沿着槽前的西南气流源源不断地输送至长江上游地区(图 3.43)。

各极端年份环流指数差异较大,相似点在于印缅槽偏强且高原高度场偏低,是利于西南水汽输送的配置(表 3.12),1967 年、1963 年和 1975 年的高原高度场偏低分别排在历史第 2 位、第 4 位和第 6 位,印缅槽偏强分别排在第 10 位、第 6 位和第 7 位;从前期海温的外强迫上看,

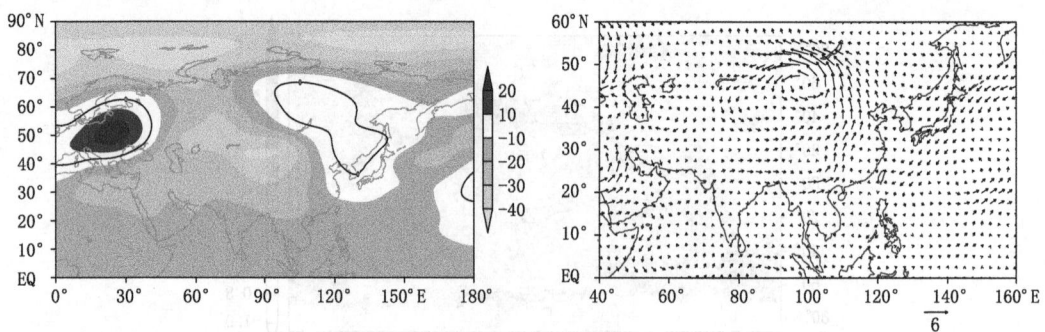

图 3.43 长江上游西北部型极端多雨气候事件同期(秋季)500 hPa 位势高度距平场(左)和
700 hPa 风距平场(右)分布

(阴影为高度距平,实线为高度距平 0 线,单位:gpm;矢量为风距平,单位:m/s)

形成这样的环流主要来自冷 IOBW 的影响,而赤道中东太平洋的拉尼娜事件也有利于印缅槽偏强,加强水汽输送(表 3.13)。

表 3.12 长江上游西北部型极端多雨气候事件同期(秋季)环流指数距平值

	1963 年	1967 年	1975 年	1978 年	统计
东亚槽位置	0.10	−3.07	−4.40	8.60	
东亚槽强度	−60.60	−23.01	180.19	−45.14	(−)3/4
高原高度场	−89.01	−63.54	−72.66	−32.83	(−)4/4
印缅槽	−44.10	−61.78	−41.90	−10.32	(−)4/4
西太副高强度	−141.3	−144.5	−169.2	−54.5	
西太副高面积	−53.0	−54.3	−61.7	−17.0	
西太副高脊线	−1.4	−0.2	0.8	0.9	
西太副高西伸脊点	25.1	23.0	27.9	7.3	

表 3.13 同期(秋季)环流指数与前期(夏季)海温指数相关系数

	东亚槽位置	东亚槽强度	高原高度场	印缅槽	西太副高脊线
Nino3.4	−0.15	0.09	0.17	0.51***	−0.50***
西风漂流区海温	−0.16	0.32***	−0.13	−0.20	0.24*
IOBW	0.23	0.23	0.73***	0.66***	−0.08

注:"*"表示通过 0.05 信度检验,"**"表示通过 0.02 信度检验,"***"表示通过 0.01 信度检验。

西风漂流区偏暖和 Nino3.4 偏冷均是有利于西太副高脊线偏北的因子,但从极端年的实际情况看,4 年中仅有 2 年西太副高偏北,另 2 年西太副高位置偏南,所以还需要结合东亚槽的位置分析。东亚槽和西太副高的配置大概可以分为两类,一类是东亚槽偏强(西风漂流区偏暖利于东亚槽偏强),这种情况下,强大的槽区压制在西太副高北部,西太副高位置易偏南,如 1963 年和 1967 年,主要靠青藏高原负距平产生的西南气流抽吸水汽,降水集中于长江上游;另一类是东亚槽作用不明显,偏西但偏弱或偏强但偏东,压制作用解除,西太副高偏北,如 1975 年和 1978 年,这种情形下,西太副高抬后容易与贝加尔湖至我国东北地区的正距平环流结合,会另外带来东部或东南部洋面上的水汽,使得长江流域的东南部降水同时偏多(图 3.44)。

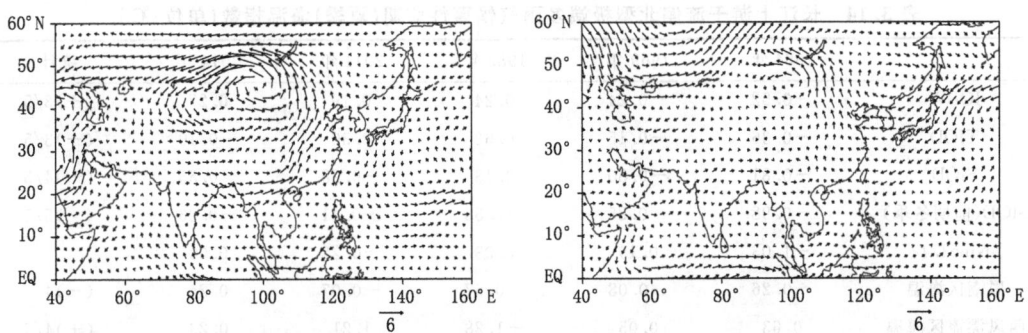

图 3.44 长江上游西北部型极端多雨气候事件同期(秋季)700 hPa 风距平场合成(单位:m/s)
(左)1963 年和 1967 年合成,(右)1975 年和 1978 年合成

3.3.1.2 上游干流偏北型极端多雨气候事件

(1)降水概况。挑选这一型极端多雨气候事件的典型年份 1964 年、1969 年、1983 年、2011 年和 2014 年。秋季长江上游多雨中心比前一种西北部型偏东,有些年份如 1983 年和 2014 年,降水区域更为偏东,整个嘉陵江流域至汉江流域都发生极端多雨气候事件(图 3.45)。

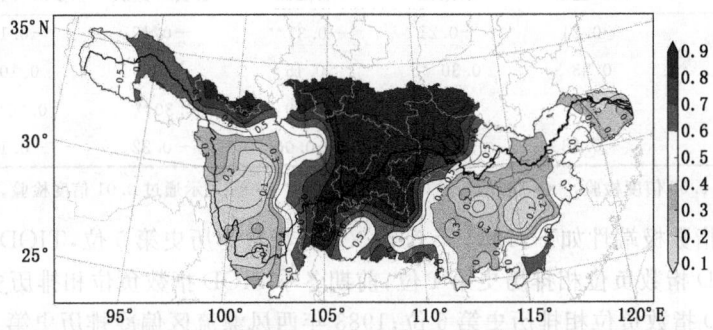

图 3.45 长江上游干流偏北型极端多雨气候事件秋季降水正距平频次合成(单位:次)

(2)前期(夏季)海温诊断。在热带海洋年代际增温的背景下,较为异常的海区依然是西风漂流区的异常暖水;赤道中东太平洋以暖水衰减、冷水发展为主要特征;副热带南印度洋为西南偏低、东北偏高的 SIOD 负位相特征(图 3.46,表 3.14)。

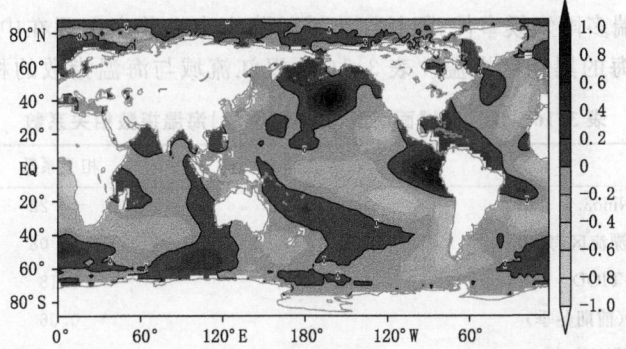

图 3.46 长江上游干流偏北型极端多雨气候事件前期(夏季)海温距平场分布(单位:℃)

表 3.14　长江上游干流偏北型极端多雨气候事件前期(夏季)海温指数(单位:℃)

	1964 年	1969 年	1983 年	2011 年	2014 年	统计
IOBW	−0.52	−0.24	0.24	0.19	0.27	(+)3/5
TIOD	−0.36	−0.15	0.62	0.30	−0.10	(−)3/5
SIOD	−0.81	−0.30	0.13	−0.28	−0.55	(−)4/5
SIOD(前期冬季)	−0.98	−0.85	−0.56	−0.41	−0.26	(−)5/5
Nino3.4	−1.03	0.19	0.03	−0.22	0.00	
黑潮区海温	−0.26	−0.08	−0.57	−0.07	0.24	(−)4/5
西风漂流区海温	0.63	0.05	−1.28	1.21	0.23	(+)4/5
NAT	0.12	0.14	−0.20	0.02	0.33	(+)4/5

从相关分析的结果上看(表 3.15),与上游西北部型相同的海温因子是 Nino3.4 和西风漂流区,Nino3.4 区指数正常或偏冷、西风漂流区指数偏高均有利于上游北部降水偏多;而 IOBW 则主要影响上游干流和上游东南部的乌江流域;另外,前期冬季南半球的 SIOD 指数负位相也利于长江上游降水偏多(西部流域通过 0.1 信度检验)。

表 3.15　长江上游面雨量与前期(夏季)海温指数相关系数

	长江上游	岷沱江	嘉陵江	宜宾—重庆	重庆—宜昌	乌江
Nino3.4	−0.24	−0.21	−0.31**	−0.12	−0.12	0.10
西风漂流区海温	0.23	0.30**	0.15	0.20	0.10	0.10
TIOD	0.30**	0.11	0.10	0.30**	0.25*	0.51***
SIOD(前期冬季)	−0.18	−0.23	−0.06	−0.22	−0.10	−0.09

注:"*"表示通过 0.05 信度检验,"**"表示通过 0.02 信度检验,"***"表示通过 0.01 信度检验。

各年的海温指数极端性如下:1964 年 Nino3.4 负指数为历史第 5 位,TIOD 指数负位相排历史第 6 位,SIOD 指数负位相排历史第 1 位,前期冬季 SIOD 指数负位相排历史第 3 位;1969 年前期冬季 SIOD 指数负位相排历史第 6 位;1983 年西风漂流区偏冷排历史第 2 位,IOBW 偏暖为历史第 7 位,TIOD 指数正位相排历史第 6 位;2011 年西风漂流区异常偏暖为历史第 2 位;2014 年 IOBW 偏暖为历史第 6 位,SIOD 负位相排历史第 6 位。

可以发现,1983 年的异常指数均出现了与相关分析相反的结果,西风漂流区偏冷、TIOD 正位相、IOBW 偏暖等因素,均不利于多雨,且都排在历史前几位;类似的情况也发生在 2014 年。前面也提到,1983 年和 2014 年的实际降水分布相较其他 3 年更为偏东,虽然长江上游的东北部也发生了极端多雨气候事件,但长江流域的降水中心其实出现在中下游北部,因此,还需考虑我国东部近海的黑潮区海温。表 3.16 为汉江流域与海温指数的相关分析结果,其中

表 3.16　汉江流域面雨量与前期(夏季)海温指数相关系数

	相关系数
Nino3.4	−0.22
西风漂流区海温	−0.08
TIOD	0.18
SIOD(前期冬季)	0.06
黑潮区海温	−0.22

Nino3.4和黑潮区的冷海温利于汉江流域降水偏多(通过0.1信度检验),但由于黑潮区靠近我国近海,其同期的影响会更为显著,但同期黑潮区海温与面雨量的直接关系并不明显,而是通过改变秋季我国上空的环流,进而再影响降水,下面将在同期诊断中进行分析。

(3)同期(秋季)环流诊断。东北半球500 hPa位势高度场中高纬度自西向东依然呈现两槽一脊,乌拉尔山和鄂霍次克海东部为槽区,贝加尔湖至我国东北地区为脊区。与西北部型的不同点在于水汽的来源,西北部型以西南水汽为主,而干流偏北型由于乌拉尔山槽区中心偏西且贝加尔湖脊区范围更广、南缘更南,且副高偏西,东南洋面是水汽的主要来源,西南水汽通过中南半岛北部的气旋性环流输送至上游地区,相较西北部多雨型偏弱(图3.47,表3.17)。

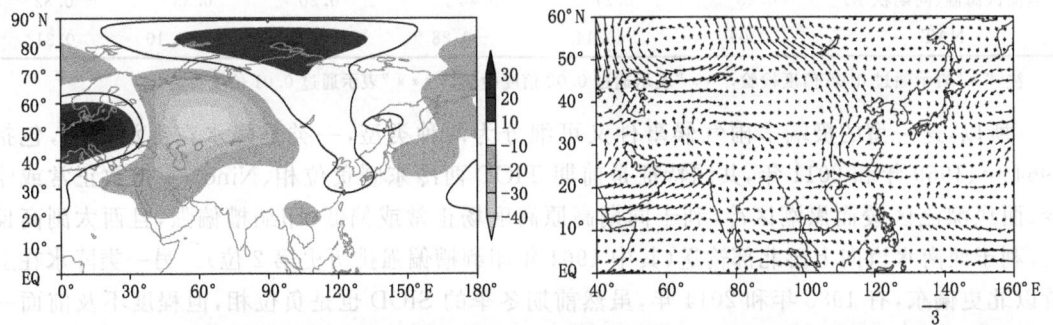

图3.47 长江上游干流偏北型极端多雨气候事件同期(秋季)500 hPa位势高度距平场(左)和700 hPa风距平场(右)分布(阴影为高度距平,实线为高度距平0线,单位:gpm;矢量为风距平,单位:m/s)

表3.17 长江上游干流偏北型极端多雨气候事件同期(秋季)环流指数距平值

	1964年	1969年	1983年	2011年	2014年	统计
东亚槽位置	−3.07	2.10	18.77	0.93	5.77	(+)4/5
东亚槽强度	−23.01	−157.21	−93.90	38.00	94.07	(−)3/5
高原高度场	−63.54	−46.94	9.36	2.66	17.31	(+)3/5
印缅槽	−61.78	−20.87	−1.54	−3.24	13.64	(−)4/5
西太副高强度	−133.5	−121.3	46.0	89.0	120.5	
西太副高面积	−56.4	−47.7	19.5	14.7	44.5	
西太副高脊线	1.3	−1.2	−0.2	1.3	−2.0	
西太副高西伸脊点	29.1	18.3	−1.5	4.1	−6.8	
黑潮区海温指数	−0.12	−0.1	0.06	0.08	0.06	(+)3/5

从秋季环流指数与前期海温指数的相关系数分析(表3.18)来看,除了前面已经分析过的Nino3.4和西风漂流区外,以同期黑潮区的海温影响最为明显。当秋季黑潮区为暖海温时,东亚槽易偏强偏东、西太副高偏北偏西,利于东路水汽往北输送,同时高原高度场偏高、印缅槽偏弱,不利于西南水汽输送,因此,降水会更为偏东。但另一个因素,前期冬季的SIOD负位相,却与黑潮区的海温影响相反,利于高原高度场偏低、西太副高偏南,这种配置下降水更易偏西。

表 3.18 同期(秋季)环流指数与前期(夏季)海温指数相关系数

	东亚槽位置	东亚槽强度	青藏高原高度场	印缅槽	西太副高脊线	西太副高西伸脊点
Nino3.4	-0.15	0.09	0.17	0.51***	-0.50***	-0.41***
西风漂流区海温	-0.16	0.32***	-0.13	-0.20	0.24*	0.14
IOBW	0.23	0.23	0.73***	0.66***	-0.08	-0.73***
TIOD	-0.05	0.13	-0.22	-0.01	-0.08	0.12
SIOD(前期冬季)	0.12		0.25*	0.07	0.35***	-0.14
黑潮区海温	0.10	0.20	0.33***	0.18	0.14	-0.27*
黑潮区海温(同期秋季)	0.25*	0.27*	0.44***	0.20	0.33***	-0.32***
NAT	0.09	-0.14	-0.28	-0.20	-0.10	0.31*

注:"*"表示通过 0.05 信度检验,"**"表示通过 0.02 信度检验,"***"表示通过 0.01 信度检验。

所以,这一型的极端多雨气候事件又可细分为两种类型,一类是降水在上游偏北,包括 1964 年、1969 年和 2011 年,共同特征是前期 TIOD 西冷东暖负位相、Nino3.4 指数正常或略冷、西风漂流区暖而黑潮区冷,利于同期高原高度场正常或偏低、印缅槽偏强,且西太副高偏北,利于西南水汽向上游北部输送(其中 1964 年印缅槽偏强排历史第 2 位)。另一类降水在上游以北更偏东,有 1983 年和 2014 年,虽然前期冬季的 SIOD 也是负位相,但程度不及前面一型,同时黑潮区偏暖,均是不利于降水中心偏西的配置;偏东的降水则主要来自西伸的西太副高带来的东南水汽。但我们也看到,这 2 年的西太副高脊线都是偏南的,尤其 2014 年偏南程度甚至能排在历史第 2 位,与降水偏北并不匹配,从 500 hPa 高度场上可以发现,1983 年和 2014 年日本南部地区有负距平压制,使得西太副高的东段偏南明显,尤其 1983 年这一负距平还与偏强的东亚槽结合,尤为强盛;但西太副高的西段是明显偏北的,这也就解释了虽然西太副高脊线指数偏南,但由于西太副高西伸明显且西段偏北,因此,西太副高外围的水汽可以输送到长江以北(图 3.48)。

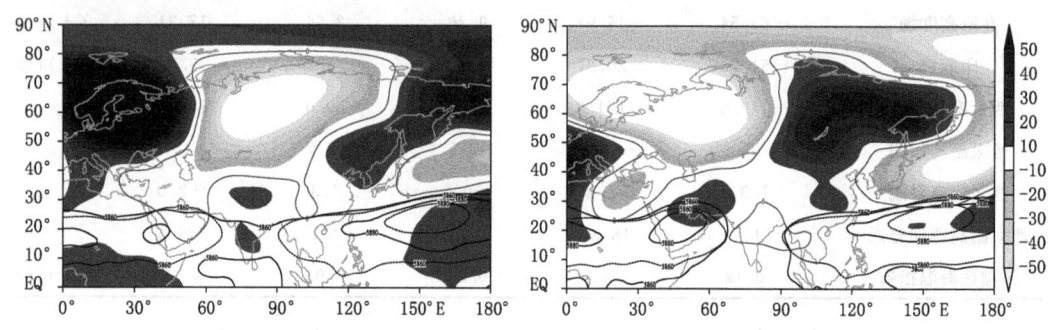

图 3.48 2014 年(左)和 1983 年(右)秋季 500 hPa 高度场距平场分布
(阴影为高度距平,灰色实线为高度距平 0 线,黑色实线为高度场 5860 线和 5880 线,
黑色虚线为 1981—2010 年高度场 5860 线和 5880 线,单位:gpm)

3.3.1.3 上游南部型极端多雨气候事件

(1)降水概况。上游南部型极端多雨气候事件的降水分布明显区别于前两类事件,整个长江以南降水均偏多,包括的年份有 1961 年、1972 年、1982 年、1994 年和 2008 年(图 3.49)。

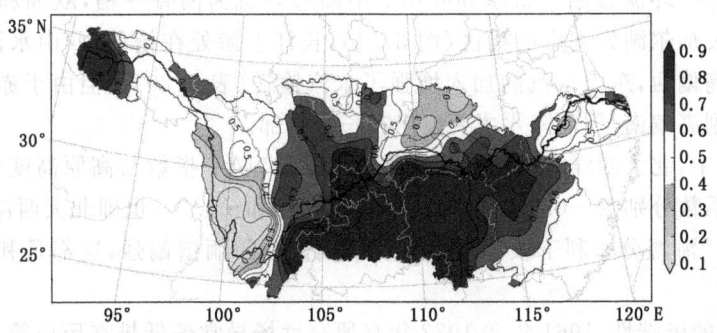

图 3.49 长江上游南部型极端多雨气候事件秋季降水正距平频次合成(单位:次)

(2)前期(夏季)海温诊断。这一类多雨事件的前期海温分布也有鲜明的特征:一是赤道中东太平洋暖水的发展,二是 TIOD 西暖东冷正位相,三是西风漂流区暖海温,四是北大西洋海温自北向南呈"一 + 一"的 NAT 正位相分布。根据前面的相关分析,这种海温配置下,有利于上游南部降水偏多(图 3.50,表 3.19)。

各海温指数的极端性也较为突出:1961 年 TIOD 正位相为历史第 1 位;1972 年 Nino3.4 和 TIOD 分别在历史第 4 位和第 3 位,同时西风漂流区暖海温和 NAT 正位相也排在前 10 位;1982 年 Nino3.4、TIOD 均为第 8 位;1994 年 NAT 为历史第 1 位,TIOD 正位相为第 5 位,西风漂流区暖海温为第 10 位;2008 年西风漂流区暖海温为第 6 位。

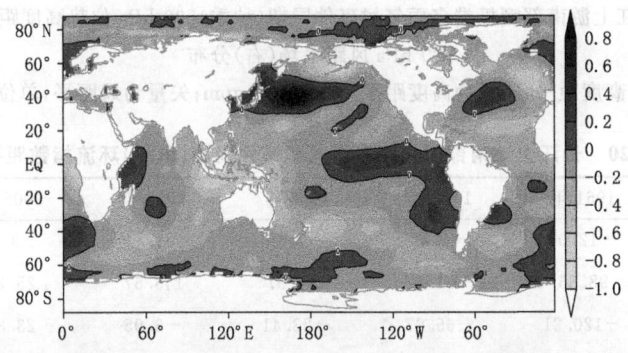

图 3.50 长江上游南部型极端多雨气候事件前期(夏季)海温距平场分布(单位:℃)

表 3.19 长江上游南部型极端多雨气候事件前期(夏季)海温指数(单位:℃)

	1961年	1972年	1982年	1994年	2008年	统计
IOBW	−0.32	−0.13	−0.08	−0.27	0.03	(−)4/5
TIOD	0.85	0.65	0.53	0.64	0.29	(+)5/5
SIOD	0.15	0.31	0.59	0.02	−0.38	(+)4/5
Nino3.4	−0.17	0.87	0.57	0.42	−0.31	(+)3/5
黑潮区海温	0.41	−0.43	−0.57	0.20	0.37	(+)3/5
西风漂流区海温	0.67	0.76	−0.19	0.76	1.02	(+)4/5
NAT	−0.16	1.32	0.94	2.03	−0.81	(+)3/5

(3)同期(秋季)环流诊断。秋季 500 hPa 中高纬环流为两脊一槽,欧洲和日本地区为脊区、乌拉尔山至贝加尔湖为宽广的槽区(图 3.51),长江上游处在槽前,西南水汽充沛,另一方面,由于西太副高偏西,东南水汽的加入增强了水汽输送(表 3.20)。但由于赤道中东太平洋暖水发展,西太副高偏南,因而降水主要发生在长江南部。

这一型事件中,北大西洋海温的影响也需要考虑。NAT 指数与高原高度场、印缅槽都呈现负相关,相关系数分别为 -0.28(通过 0.1 信度检验)和 -0.20,也即北大西洋前期这种自北向南的"一 + 一"海温分布利于秋季高原高度场偏低和印缅槽偏强,这都是利于上游降水的环流。

各环流指数的极端性:1961 年和 1972 年高原高度场异常偏低排在历史第 1 位和第 8 位;1961 年印缅槽偏强排在历史第 1 位。

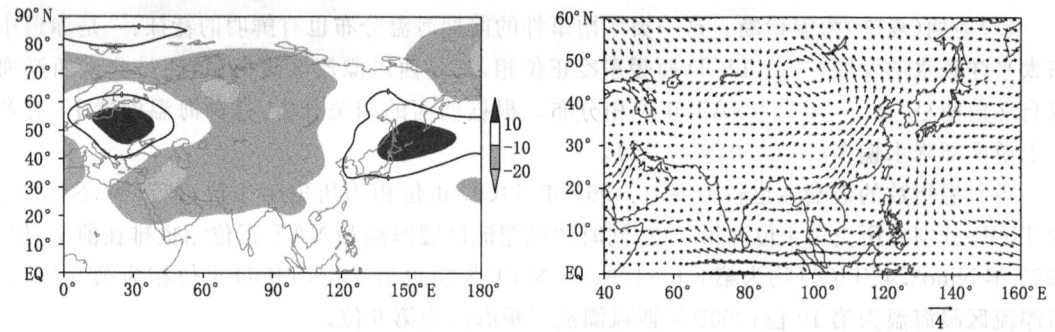

图 3.51 长江上游南部型极端多雨气候事件同期(秋季)500 hPa 位势高度距平场(左)和 700 hPa 风距平场(右)分布

(阴影为高度距平,实线为高度距平 0 线,单位:gpm;矢量为风距平,单位:m/s)

表 3.20 长江上游南部型极端多雨气候事件同期(秋季)环流指数距平值

	1961 年	1972 年	1982 年	1994 年	2008 年	统计
东亚槽位置	-12.07	-5.40	-1.90	-7.40	-3.23	$(-)5/5$
东亚槽强度	98.86	-51.17	-5.57	145.57	25.25	$(+)3/5$
高原高度场	-120.21	-65.97	-23.41	-3.95	23.34	$(-)4/5$
印缅槽	-65.90	-6.02	1.16	-8.12	4.15	$(-)3/5$
西太副高强度	-161.6	-102.6	-58.9	-112.3	134.6	
西太副高面积	-58.9	-31.2	-21.8	-36.7	41.0	
西太副高脊线	1.7	-0.3	-1.03	-0.6	0.1	
西太副高西伸脊点	22.3	7.0	-0.9	6.1	-4.8	
黑潮区海温指数	0.32	-0.53	-0.56	-0.02	0.65	$(-)3/5$

3.3.1.4 小结

长江上游极端多雨气候事件按照降水中心位置的差异可分成 3 种类型,分别是上游西北部型、上游干流偏北型和上游南部型。而前两种事件又有许多类似之处,也可统称为上游北部型。

影响上游北部降水偏多的外强迫因素主要有前期的西风漂流区海温偏暖、赤道中东太平洋海温偏冷以及IOBW偏冷,这种海温配置下,一是利于秋季青藏高原产生气旋式的负距平环流,且印缅槽易偏强,有利于孟加拉湾的西南水汽输送;二是有利于西太副高北抬,有助于降水区的北推。

影响上游南部降水偏多的因素也有西风漂流区海温偏暖,另外,还有北大西洋自北向南海温"－＋－"的分布型,这些因素主要利于西南水汽输送;而赤道中东太平洋暖水发展、TIOD正位相则均有利于西太副高偏西偏南,带来东南水汽。

当整体海温及环流符合上述配置的情况下,至少有1个因子出现极端异常,则容易引发极端多雨气候事件。

3.3.2 极端少雨气候事件诊断

(1)降水概况。长江上游发生极端少雨气候事件时,少雨区的范围较大,空间一致性较好。典型年份选取1984年、1991年、1992年、1997年、1998年、2002年、2007年和2009年(图3.52)。

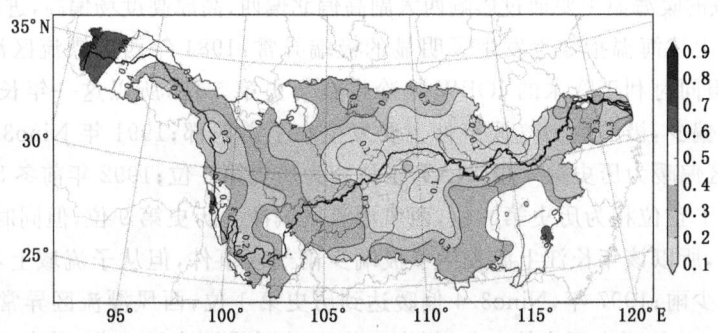

图 3.52 长江上游极端少雨气候事件秋季降水正距平频次合成(单位:次)

(2)前期(夏季)海温诊断。前期夏季海温场为典型的厄尔尼诺分布型,赤道中东太平洋、IOBW偏暖。与极端多雨年海温相比,全球海洋平均温度上升明显,黑潮区偏暖而西风漂流区的暖海温转冷,IOBW偏暖,SIOD为西南偏冷、东北偏暖的负位相分布(图3.53,表3.21)。

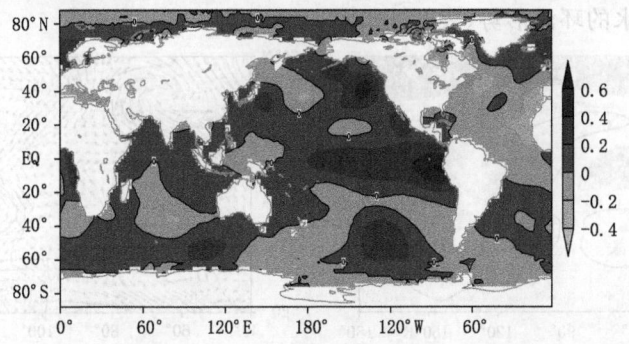

图 3.53 长江上游极端少雨气候事件前期(夏季)海温距平场分布(单位:℃)

表 3.21 长江上游极端少雨气候事件前期(夏季)海温指数(单位:℃)

	1984年	1991年	1992年	1997年	1998年	2002年	2007年	2009年	统计
IOBW	−0.45	0.03	−0.01	0.04	0.30	0.17	0.21	0.33	(+)6/8
TIOD	−0.25	0.16	−0.47	0.41	−0.41	−0.16	0.37	−0.19	(−)5/8
SIOD	−0.13	−0.30	−0.12	0.11	−0.13	−0.45	−0.15	−0.18	(−)7/8
Nino3.4	−0.48	0.80	0.33	1.51	−0.67	0.76	−0.38	0.52	(+)5/8
黑潮区海温	−0.14	0.73	−0.64	−0.05	0.74	0.27	0.02	0.23	(+)5/8
西风漂流区海温	−0.69	0.71	−0.46	−0.96	0.35	0.15	0.06	0.44	(+)5/8
NAT	0.43	1.61	1.43	−0.55	−1.46	0.95	−0.17	0.30	(+)5/8

根据相关分析结果(表3.11,表3.15),当发生厄尔尼诺事件时,上游流域大部降水少,仅在东南部的乌江流域有不显著的正相关关系。印度洋的多个海温指数与上游降水呈负相关关系,那么,IOBW偏暖、前冬SIOD正位相也都是不利于上游降水的配置。与多雨关系最为密切的西风漂流区暖海温,在极端少雨年间也向冷海温转变。黑潮区海温与上游降水有不显著的负相关关系,这一区域的暖海温主要通过影响西太副高偏北偏西、高原高度场偏高,进而影响降水。

典型年份的上述海温指数也发生了明显的极端异常:1984年西风漂流区海温异常偏冷,为历史第6位,但同时利于降水的IOBW偏冷排在历史第5位,所以这一年长江上游部分地区降水没有异常偏少,极端少雨气候事件主要发生在上游西部;1991年Nino3.4正异常为历史第5位,黑潮区偏暖为历史第4位,NAT正位相为历史第5位;1992年前冬SIOD正位相为历史第4位,NAT正位相为历史第6位,西风漂流区偏冷为历史第9位,但同时黑潮区偏冷却达到历史第1位,所以该年长江上游发生了极端少雨气候事件,但从子流域上看,仅有宜宾—重庆区间为极端少雨;1997年,Nino3.4偏暖达到历史第1位,西风漂流区异常偏冷排历史第4位;1998年IOBW偏暖为历史第5位,黑潮区海温偏暖排历史第3位,前冬SIOD正位相排历史第1位,但同时NAT负位相也达到历史第3位;2002年Nino3.4正异常为历史第7位;2009年IOBW偏暖为历史第3位。

(3)同期(秋季)环流诊断。极端少雨年秋季500 hPa中高纬环流为两槽一脊,欧洲地区和贝加尔湖至鄂霍次克海地区为槽区、乌拉尔山为脊区,长江上游处在槽后,盛行偏北气流,水汽不足(图3.54)。受前期海温异常的影响,在秋季易出现西太副高偏西、印缅槽偏弱、高原高度场偏高等不利于降水的环流形势(表3.22)。

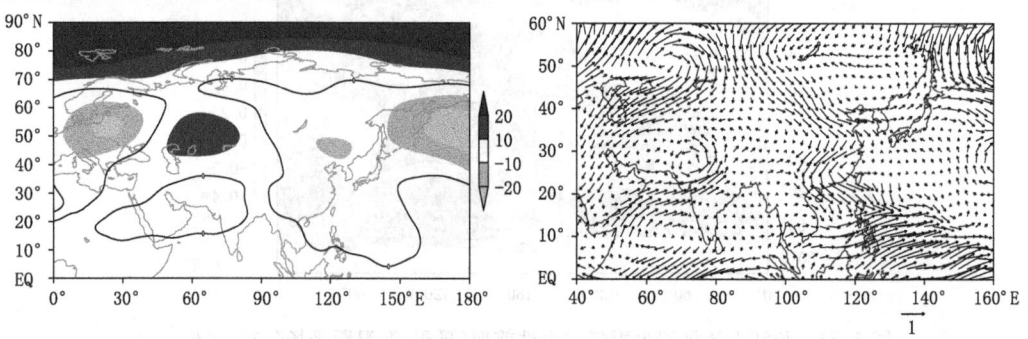

图 3.54 长江上游极端少雨气候事件同期(秋季)500 hPa位势高度距平场(左)和700 hPa风距平场(右)分布
(阴影为高度距平,实线为高度距平0线,单位:gpm;矢量为风距平,单位:m/s)

表 3.22 长江上游极端少雨气候事件同期(秋季)环流指数距平值

	1984年	1991年	1992年	1997年	1998年	2002年	2007年	2009年	统计
东亚槽位置	0.93	5.93	−1.73	−4.90	−5.73	−5.57	11.93	−4.07	(−)5/8
东亚槽强度	−165.61	−69.88	−54.40	−14.24	59.24	−55.96	−33.00	14.28	(−)6/8
高原高度场	−32.00	−20.38	−13.74	−17.66	64.19	−6.19	8.81	14.72	(−)5/8
印缅槽	−12.18	1.78	−20.83	26.24	6.00	5.09	−10.78	13.32	(+)5/8
西太副高强度	−132.92	−13.41	−129.37	69.72	81.02	21.57	14.13	106.86	
西太副高面积	−37.33	−10.57	−43.71	31.54	22.20	11.79	−4.93	25.05	
西太副高脊线	−0.61	−0.11	0.07	−2.72	0.25	−0.37	1.81	−0.46	
西太副高西伸脊点	12.00	7.86	12.84	−15.95	−6.07	−4.02	6.08	7.93	
黑潮区海温指数	−0.49	−0.16	−0.84	−0.27	0.74	−0.04	0.36	0.14	(−)5/8

前面分析极端少雨年各海温指数的极端性时,可以发现有些指数与少雨配置相反,主要有 1984 年的 IOBW 偏冷、1991 年的 NAT 正位相和 1992 年的黑潮区海温偏冷同时 NAT 正位相,印度洋和黑潮海温的影响前面已经进行了很多讨论,这里主要分析北大西洋的情况。从表 3.18 相关分析的结果来看,NAT 正位相利于高原高度场偏低、西太副高偏东,东南水汽不足,但还是会存在部分西南水汽的输送,如 1991 年秋季金沙江流域降水明显偏多,金沙江中下段甚至还发生了极端多雨气候事件,但对长江上游而言,降水过于偏西,从 500 hPa 高度场实况分析(图 3.55),一是印缅槽偏弱,水汽量不够充足,二是东亚槽强、西太副高偏南偏东,没有东南水汽的补充,因此,降水仅局限在流域西南部;又如 1992 年,NAT 正位相且黑潮区异常偏

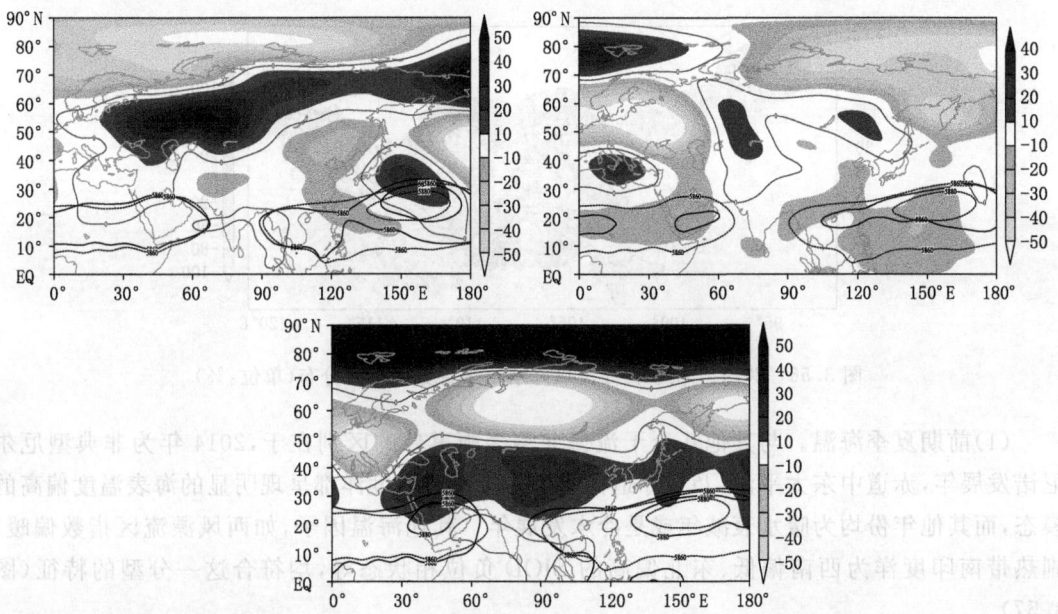

图 3.55 1991 年(上左)、1992 年(上右)和 1998 年(下)长江上游极端少雨气候事件同期(秋季)500 hPa 高度场距平场分布(阴影为高度距平,灰色实线为高度距平 0 线,黑色实线为高度场 5860 线和 5880 线,黑色虚线为 1981—2010 年高度场 5860 线和 5880 线,单位:gpm)

冷,这种配置利于高原高度场偏低,与 1991 年一样有偏西的西南水汽,另外,东亚槽易偏强,西太副高比 1991 年偏东更明显,东部的降水也更少。前面分析表明,当 NAT 正位相时,东南水汽缺失造成少雨,而当其异常负位相,如 1998 年,NAT 异常负位相,对环流的影响主要是利于高原高度场偏高和西太副高的偏西,这种情形下,副热带的高压系统易连成一片,阻断水汽,也是少雨的配置形势。

各环流指数的极端性:1984 年东亚槽偏强排历史第 2 位;1997 年印缅槽偏弱排历史第 2 位,西太副高偏南排历史第 1 位,西太副高偏西排历史第 2 位;1998 年高原高度场偏高排历史第 1 位;2007 年西太副高偏北排历史第 1 位。

(4)小结。影响长江上游降水偏少的外强迫因素主要有前期的西风漂流区海温偏冷、赤道中东太平洋海温偏暖、IOBW 偏暖、SIOD 西暖东冷、秋季黑潮区海温偏暖以及 NAT 负位相。这种海温配置下,秋季高原高度场易偏高、印缅槽偏弱,不利于西南水汽的输送;同时也不利于西太副高的西伸,东南水汽也难以到达长江上游。而另一种情况,西太副高西伸明显,但由于脊线位置过于偏南(1997 年)或是与高原高度场连成一片(1998 年),也不利于降水发生。

3.3.3 典型个例(2014 年)

2010 年以来,由于秋季长江上游重新进入面雨量偏多的年代际背景,2014 年发生了近年来最严重的一次秋季极端多雨气候事件,未发生极端少雨气候事件。

2014 年多雨中心位于上游东北部的嘉陵江流域、干流重庆—宜昌区间段以及中游北部的汉江流域附近,岷沱江流域面雨量与常年持平,属于前述分类中的上游干流偏北型极端多雨气候事件(图 3.56)。

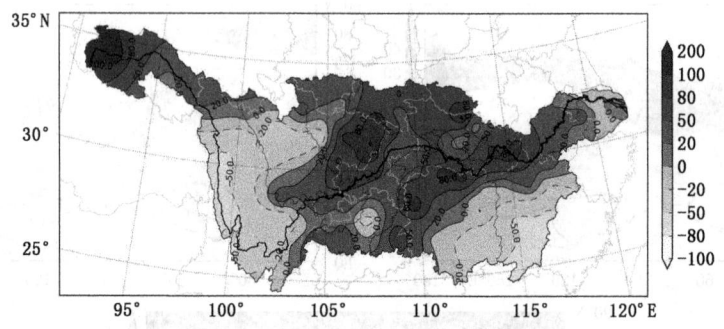

图 3.56 2014 年秋季长江流域降水距平百分率空间分布(单位:%)

(1)前期夏季海温。与其他几个干流偏北型多雨事件的区别在于,2014 年为非典型厄尔尼诺发展年,赤道中东太平洋,乃至赤道西太平洋及赤道印度洋都呈现明显的海表温度偏高的模态,而其他年份均为暖水衰减年或是冷水发展年。其他海温因子,如西风漂流区指数偏暖、副热带南印度洋为西南偏低、东北偏高的 SIOD 负位相状态等,均符合这一分型的特征(图 3.57)。

(2)同期环流特征。2014 秋季,东亚沿岸高度场距平分布自北向南为"+ − +",是典型的多雨型环流。鄂霍次克海阻塞高压(以下简称"鄂阻")及西太副高均强盛且稳定,西太副高外围输送的西南支水汽是该年最稳定的水汽来源。季内,西太副高主要影响 9 月降水;10 月,

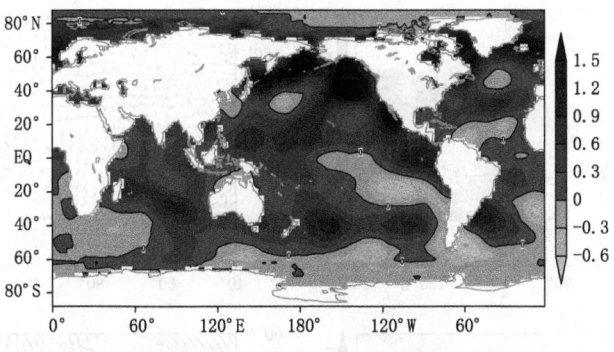

图 3.57 2014 年夏季海温距平场分布(单位:℃)

随着西太副高南撤,东亚地区环流整体南压,日本海附近为高压控制,高压底部输送的东路水汽继续为上游带来降水;11 月,高纬度地区冷空气增强,日本海高压有所东移,对长江上游的影响减弱,主要水汽依然来源于西太副高的输送(图 3.58 至图 3.60)。

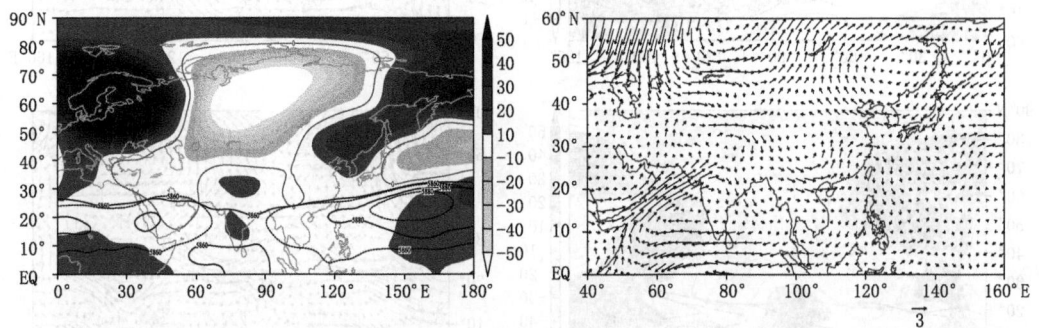

图 3.58 2014 年秋季 500 hPa 位势高度距平场(左)和 700 hPa 风距平场(右)分布
(阴影为高度距平,灰色实线为高度距平 0 线,黑色实线为高度场 5860 线和 5880 线,
黑色虚线为 1981—2010 年高度场 5860 线和 5880 线,单位:gpm;矢量为风距平,单位:m/s)

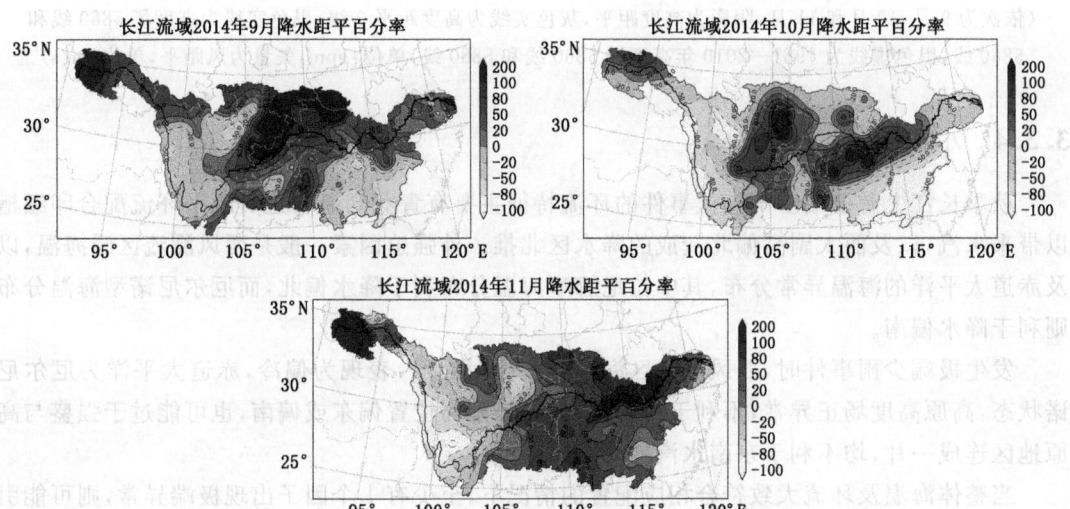

图 3.59 2014 年秋季长江流域降水距平百分率空间分布(单位:%)

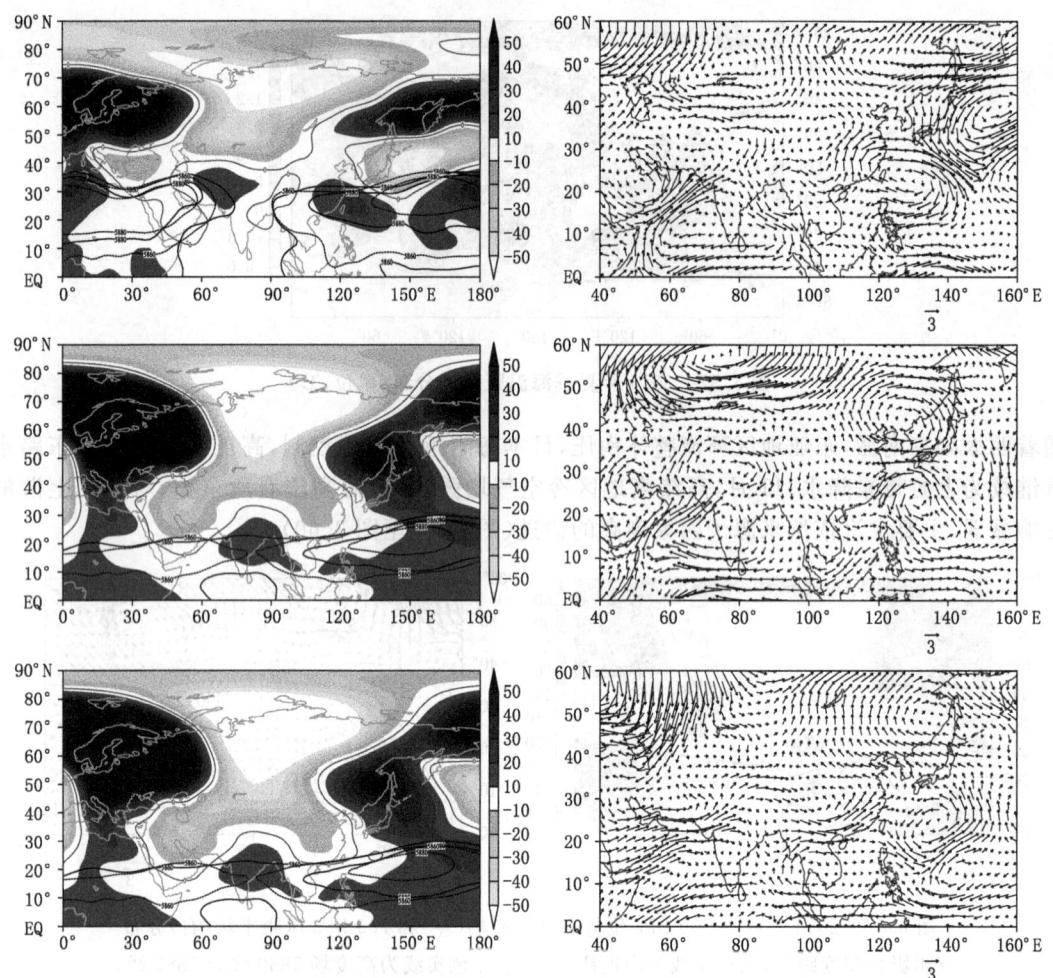

图 3.60 2014 年秋季各月 500 hPa 位势高度距平场(左)和 700 hPa 风距平场(右)分布
(依次为 9 月、10 月和 11 月,阴影为高度距平,灰色实线为高度距平 0 线,黑色实线为高度场 5860 线和
5880 线,黑色虚线为 1981—2010 年高度场 5860 线和 5880 线,单位:gpm;矢量为风距平,单位:m/s)

3.3.4 小结

秋季长江上游极端多雨气候事件的环流特征主要有青藏高原附近负距平环流配合印缅槽以带来水汽,以及西太副高偏北造成的降水区北推。外强迫因素一般是西风漂流区暖海温,以及赤道太平洋的海温异常分布,其中拉尼娜型海温分布利于降水偏北,而厄尔尼诺型海温分布则利于降水偏南。

发生极端少雨事件时,西风漂流区海温与多雨时相反,表现为偏冷,赤道太平洋为厄尔尼诺状态,高原高度场正异常,不利于西南水汽输送;副高位置偏东或偏南,也可能过于强盛与高原地区连成一片,均不利于东南水汽的输送。

当整体海温及环流大致符合相应配置的情况下,至少有 1 个因子出现极端异常,则可能引发极端降水气候事件。

3.4 冬季极端降水气候事件诊断分析

冬季是一年中最为寒冷、降水最少的季节。已有研究指出,影响我国冬季降水的主要环流系统包括了北极涛动、东亚冬季风、西伯利亚高压、副热带高压、高原高度场、东亚槽等;当乌阻偏强、东亚槽加深、西伯利亚高压偏强时,有利于冷空气南下;日本海为高压控制存在偏东水汽输送,同时南方系统较强,即印缅槽强、副高强且西伸,偏南水汽输送强盛,与北方南下冷空气交汇带来降水。但以往研究主要集中在我国整体或我国南方等较大区域上,且只针对季节平均降水,对长江上游极端降水的诊断分析较少,需进行进一步研究。

3.4.1 极端多雨气候事件诊断

(1)前期异常气候特征。根据极端降水气候事件年表,挑选出长江上游冬季降水极端偏多年,将对应年份前期(秋季)的 500 hPa 高度场进行合成。长江上游极端多雨年前期秋季 500 hPa 高度场在北极地区为异常负距平中心;中高纬呈典型的两脊一槽分布,巴尔喀什湖以东的西伯利亚地区到我国东北为异常正距平中心,一直向东延伸到日本以东;欧洲西部也是异常正距平中心,而乌拉尔山附近为较弱的负距平,表明乌拉尔山阻塞高压(以下简称"乌阻")较弱。虽然我国大部受正距平控制,但台湾东部的热带到副热带广大区域均为负距平,表明秋季西太副高偏弱。700 hPa 距平风场上,极端多雨年前期秋季,我国上空相比历史同期偏西气流弱,长江上游为偏东风距平(图 3.61)。

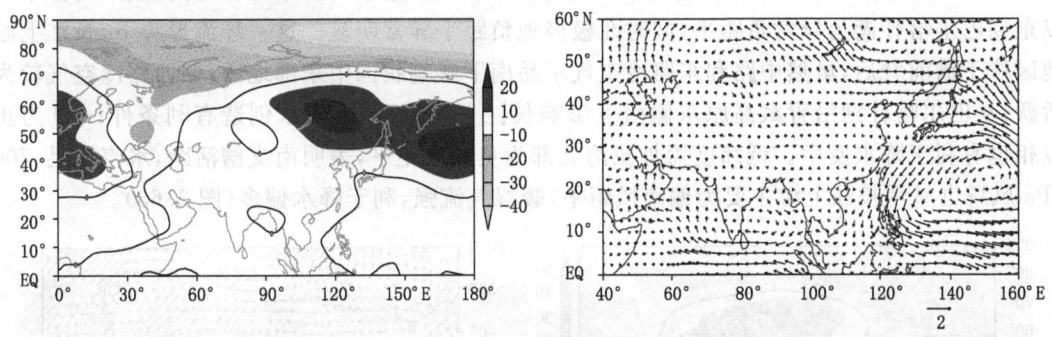

图 3.61 长江上游极端多雨年前期(秋季)500 hPa 位势高度距平场(左)和 700 hPa 风距平场(右)分布
(阴影为高度距平,实线为高度距平 0 线,单位:gpm;矢量为风距平,单位:m/s)

图 3.62 给出了长江上游冬季极端多雨年前期秋季的逐月海温演变和季节平均,从图中可以看到,前期秋季是较为明显的厄尔尼诺发展年,赤道中东太平洋海温逐步升高,太平洋北部海温正异常明显,太平洋西部以及我国近海海温为负异常,ENSO 发展明显。这无疑是有利于长江上游多雨的:赤道中东部海温偏高,进而通过海气相互作用影响大气,这一地区上升气流增强,Walker 环流减弱东移,赤道西太平洋海温偏冷区下沉,气流增强,该地区降水减少;这一下沉气流与低层的东南风结合,在我国青藏高原东侧上升,暖湿气流在上升过程中逐渐变冷,到达高空后在两侧气压差的作用下向东南方向移动,这样就形成了一个低层东南风高层西北风的闭合环流圈,长江上游上升气流增强,易出现极端多雨。此外,印度洋海温表现为增暖趋势,且为全区一致的偏暖,TIOD 和 SIOD 特征不甚明显。

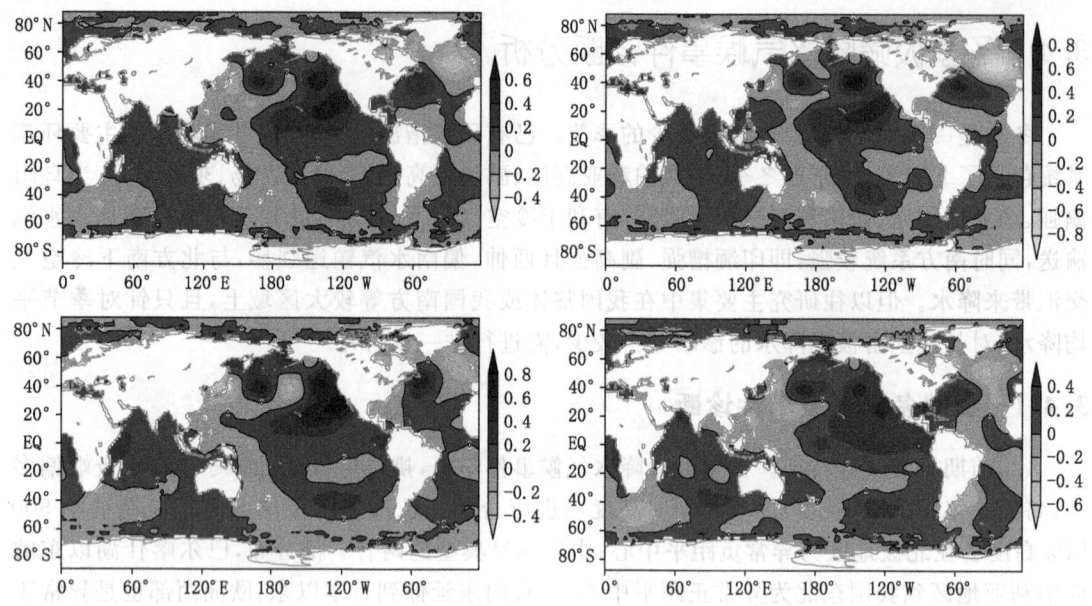

图 3.62 长江上游冬季极端多雨年前期秋季(上左)、9 月(上右)、10 月(下左)、11 月(下右)海温距平场分布(单位:℃)

(2)同期异常降水成因诊断分析。极端多雨年 500 hPa 高度场与前期秋季有相似之处,中高纬地区继续呈现明显的两脊一槽波列,欧洲西岸和贝加尔湖到日本地区为高压脊,乌拉尔山以东到巴尔喀什湖为异常负距平,同时北极极地负距平异常明显。这一环流形势下,长江上游地区位于槽前脊后,虽然中路和东路冷空气不易南下影响我国中东部地区,但西路冷空气较为活跃,从巴尔喀什湖沿青藏高原东侧南下影响长江上游地区,为降水创造有利条件;AO 为正位相也有利于降水发生。低纬度孟加拉湾北部为负高度距平,表明南支槽活跃,水汽充足,700 hPa 风场也显示长江上游主要为偏南风距平,暖湿气流强,利于降水偏多(图 3.63)。

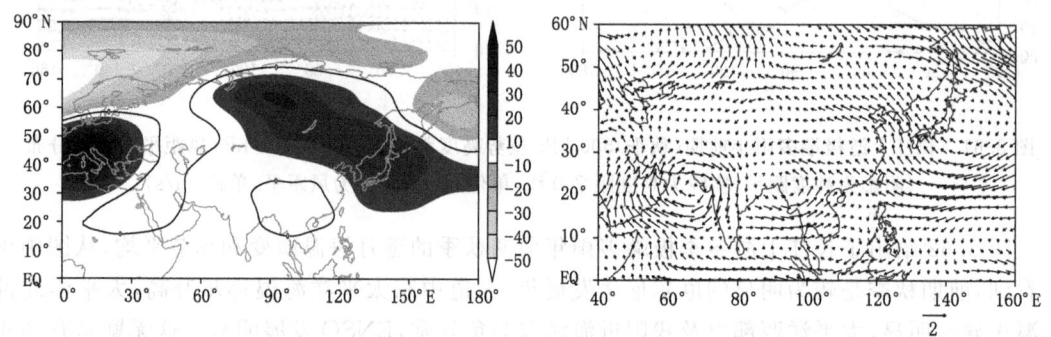

图 3.63 长江上游极端多雨年同期(冬季)500 hPa 位势高度距平场(左)和 700 hPa 风距平场(右)分布
(阴影为高度距平,实线为高度距平 0 线,单位:gpm;矢量为风距平,单位:m/s)

当长江上游发生极端多雨气候事件时,同期冬季逐月及季节平均海温距平分布如图 3.64 所示。从季节平均来看,赤道中东太平洋海温仍呈正距平,即 ENSO 事件仍然持续,但从逐月海温演变来看,2 月赤道中东部海温相比 1 月与前一年 12 月已有所减弱,表明厄尔尼诺转为衰减状态。印度洋海温同样如此,从暖海温逐渐向正常状态转变。

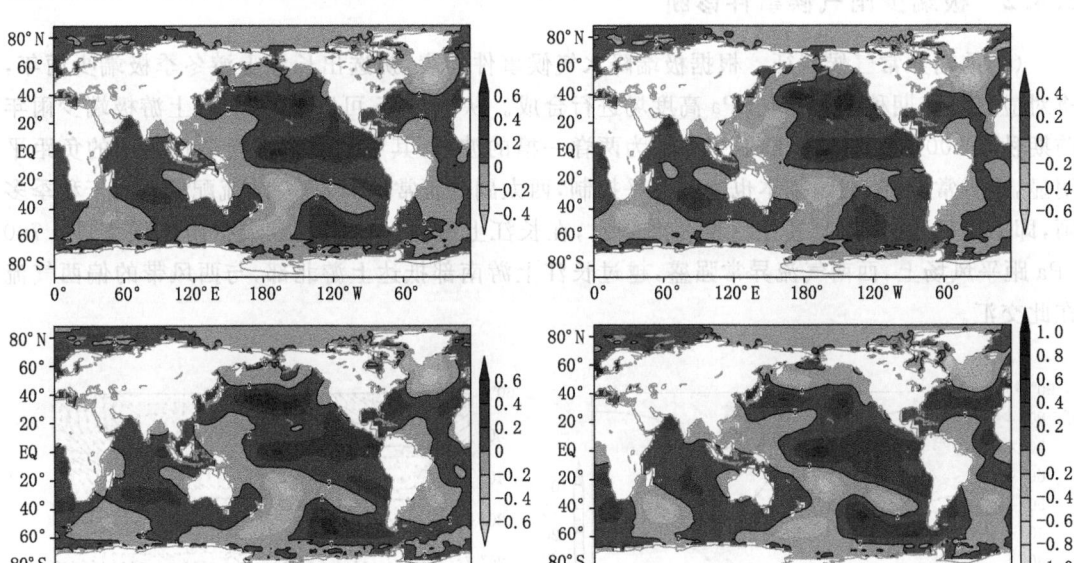

图 3.64　长江上游冬季极端多雨年同期冬季(上左)、12 月(上右)、1 月(下左)、
2 月(下右)海温距平场分布(单位:℃)

不同月份时不同海域的海温与长江上游冬季降水的关系存在差异,为了明确地找到相关性最好的月份以及对应的海温指数,分别将各海域主要的海温指数(主要为太平洋和印度洋,包括 Nino 各区海温指数、IOBW、SIOD、TIOD 等)与长江上游冬季降水做相关分析,表 3.23 给出了这些因子与长江上游冬季降水的相关系数。长江上游冬季降水与印度洋的关系相对来说更为密切,但无论是前期还是同期相关,各指数均未能通过 95% 的显著性检验,表明长江上游降水的影响系统十分复杂,受到包括海温在内的多种因子的共同影响、互相作用,海温是影响长江上游冬季降水的关键因子,但并非唯一的决定因素。

表 3.23　不同月份各海温指数与长江上游冬季降水相关系数表

月	Nino1+2	Nino3	Nino4	Nino3.4	IOBW	TIOD	SIOD
11	−0.19	−0.14	−0.15	−0.13	−0.15	0.15	0.06
12	−0.19	−0.14	−0.15	−0.12	−0.14	0.21	−0.06
1	0.04	−0.03	−0.14	−0.05	−0.16	−0.29	0.00
2	0.07	0.00	−0.14	−0.04	−0.15	−0.07	−0.02
3	0.03	−0.03	−0.12	−0.04	−0.20	−0.01	0.05
4	0.07	0.00	−0.13	−0.08	−0.20	−0.05	−0.03
5	0.09	0.09	−0.08	0.00	0.01	−0.13	−0.13
6	0.10	0.08	−0.09	−0.01	−0.13	0.11	−0.10
7	0.06	−0.01	−0.11	−0.06	−0.11	0.26	−0.11
8	0.00	−0.09	−0.13	−0.14	−0.05	0.20	−0.24
9	−0.13	−0.15	−0.16	−0.17	−0.13	0.13	−0.24
10	−0.13	−0.15	−0.15	−0.15	−0.13	0.16	−0.08

3.4.2 极端少雨气候事件诊断

(1)前期异常气候特征。根据极端降水气候事件年表,挑选出长江上游冬季极端少雨年,将对应年份前期秋季的 500 hPa 高度场进行合成。从图 3.65 可以看到,长江上游极端少雨年前期秋季 500 hPa 高度场欧亚中高纬为两脊一槽的波列,其中欧洲东部至乌拉尔山的负距平明显,槽异常偏强;我国基本也为负距平控制,西太副高正常偏弱,这一环流配置有利于秋季多雨,即秋雨较强时,需要关注后期冬季降水,在长江上游地区易出现极端少雨气候事件。700 hPa 距平风场上,西南气流异常强盛,越过长江上游南部抵达上游北部,与西风带的偏西气流在此交汇。

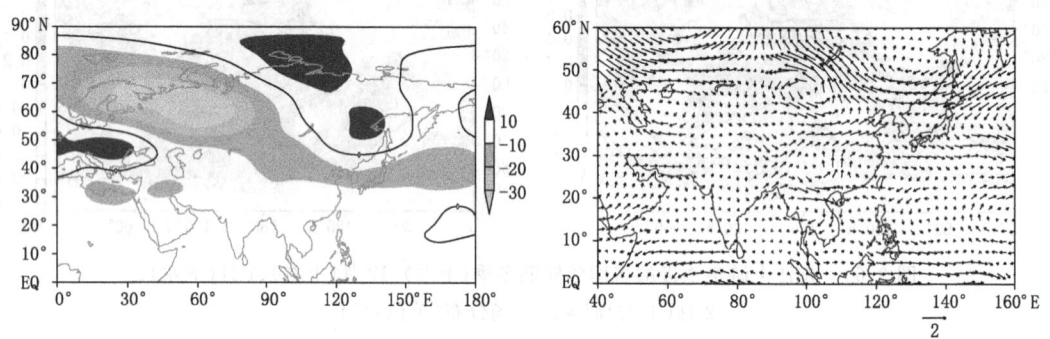

图 3.65　长江上游极端少雨年前期(秋季)500 hPa 位势高度距平场(左)和 700 hPa 风距平场(右)分布
(阴影为高度距平,实线为高度距平 0 线,单位:gpm;矢量为风距平,单位:m/s)

图 3.66 给出了长江上游冬季极端少雨年前期秋季的逐月海温演变和季节平均,从图中可以看到,长江上游冬季极端少雨年前期秋季是厄尔尼诺发展年,赤道中东太平洋海温逐步升高,太平洋北部海温正异常明显,太平洋西部以及我国近海海温为负异常,ENSO 发展,到 11 月赤道中东太平洋海温到达峰值。但赤道中部太平洋海温正距平要明显高于赤道东太平洋,表现为中部型厄尔尼诺的特征,这明显区别于极端多雨年。此外,印度洋海温表现为增暖趋势,与极端多雨年不同的是,极端少雨年 SIOD 由正常逐渐转变为明显的负位相。

(2)同期异常降水成因诊断分析。极端少雨年 500 hPa 环流与极端多雨年基本相反,中高纬高度场呈"- + - +"的分布形态,西欧为负异常,乌拉尔山西侧为正异常,贝加尔湖附近为宽广的槽区,对于我国来说呈现北负南正的环流形势,冷空气路径偏北,从 700 hPa 风场上看,冷空气仅影响华北及以北地区。长江流域为一个弱的正异常区控制,南支水汽被阻挡而难以向北输送(图 3.67)。

当长江上游发生极端少雨气候事件时,同期冬季逐月及季节平均海温距平分布如图 3.68 所示。从季节平均来看,赤道中东太平洋海温仍呈正距平,且赤道中部太平洋海温正距平仍高于赤道东太平洋;分月来看,赤道东部美洲沿岸的冷海温向偏冷状态持续发展,中部型厄尔尼诺事件仍然维持,印度洋海温基本维持在正常状态,但 SIOD 逐渐向冷位相转变。整体来看,这样一种中部型厄尔尼诺事件表现为类拉尼娜的影响,有利于我国中西部地区包括长江上游少雨。

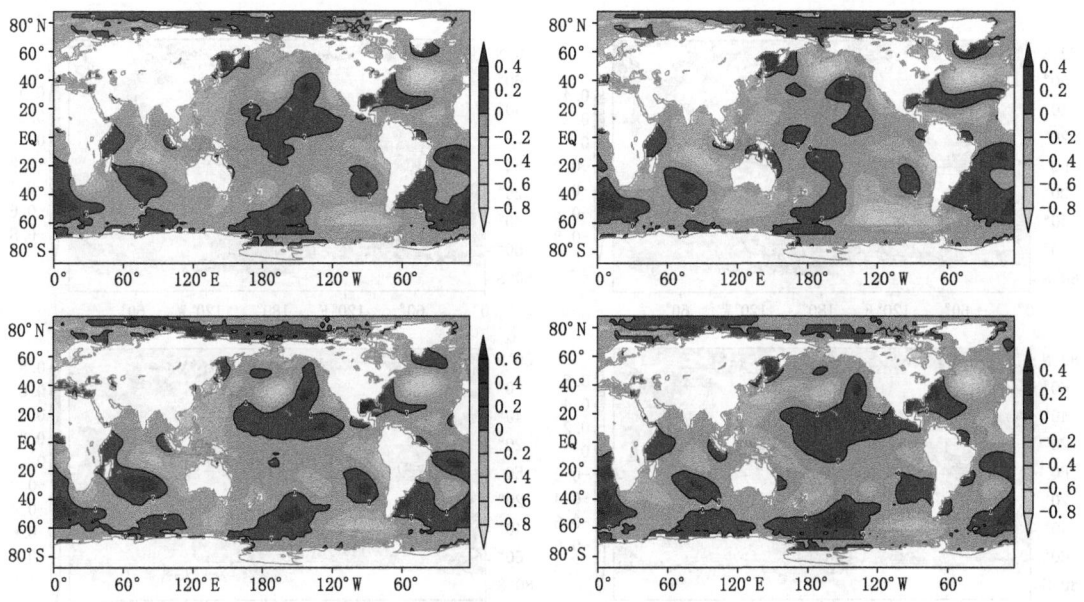

图 3.66　长江上游冬季极端少雨年前期秋季(上左)、9 月(上右)、
10 月(下左)、11 月(下右)海温距平场分布(单位:℃)

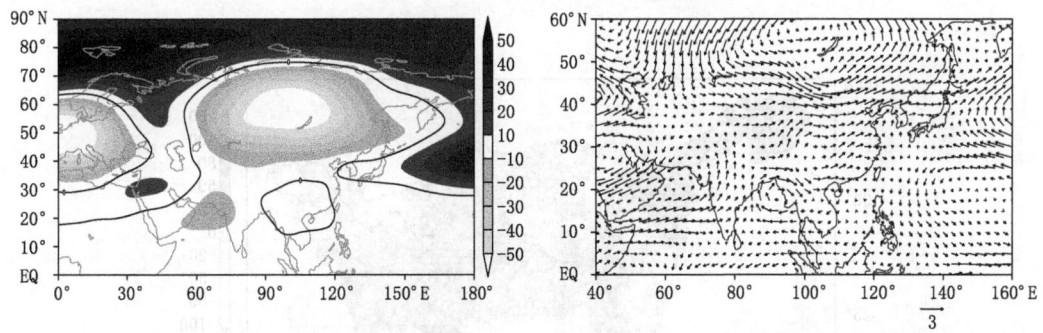

图 3.67　长江上游极端少雨年同期(冬季)500 hPa 位势高度距平场(左)和 700 hPa 风距平场(右)分布
(阴影为高度距平,实线为高度距平 0 线,单位:gpm;矢量为风距平,单位:m/s)

3.4.3　典型个例(1994 年和 2012 年)

(1)1994 年。从长江各子流域冬季(12 月至次年 2 月)极端降水气候事件年表中可知,1994 年长江上游冬季降水异常偏多,面雨量高达 60 mm,远超历史同期,选择 1994 年为样例进行分析。图 3.69 给出了 1994 年长江流域冬季降水距平百分率空间分布,可以看到,长江上游降水大部偏多,尤其是金沙江上段、岷沱江流域北部和嘉陵江流域北部异常偏多,部分地区偏多一倍以上。值得注意的是,在长江上游大部偏多的同时,金沙江中下段为异常偏少,这也体现了金沙江流域的特殊性。

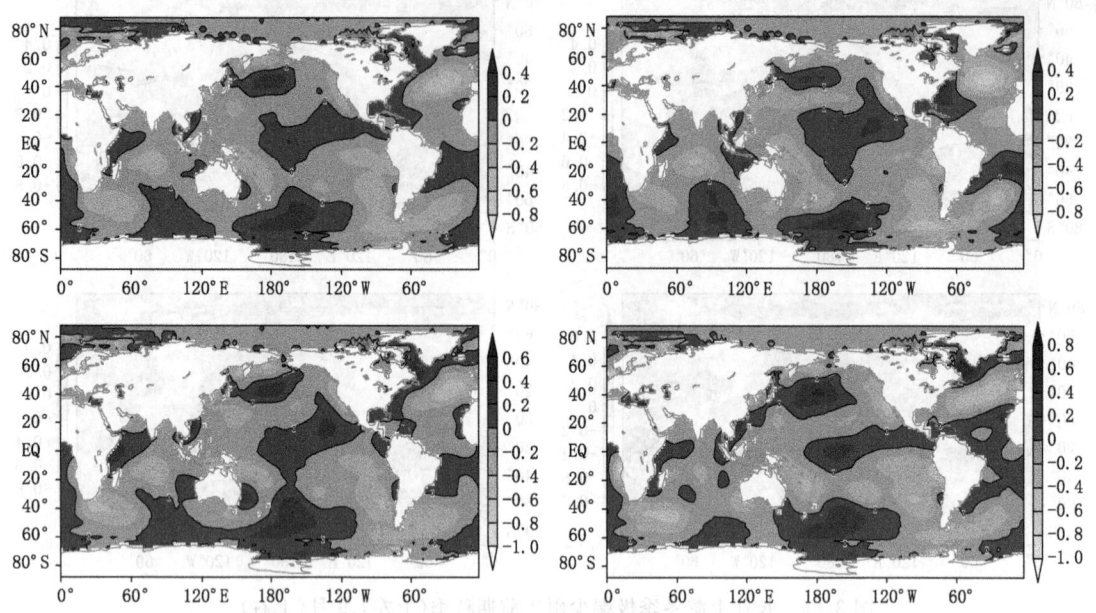

图 3.68 长江上游冬季极端少雨年同期冬季(上左)、12月(上右)、1月(下左)、
2月(下右)海温距平场分布(单位:℃)

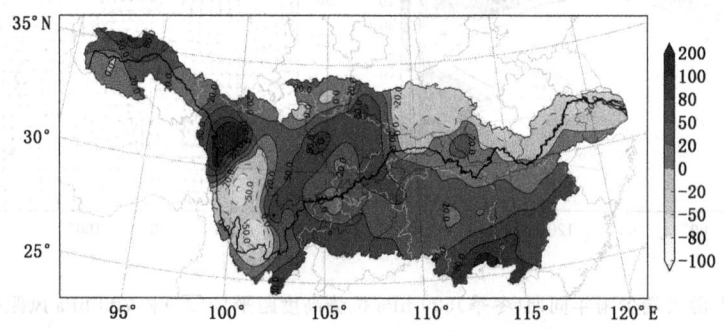

图 3.69 1994年长江流域冬季降水距平百分率空间分布(单位:%)

1994年前期秋季500 hPa高度场对于我国为北正南负,极涡异常偏强,西太副高强度偏弱,50°N附近的纬圈均为正距平控制,但在乌拉尔山以西的正距平中心和贝加尔湖以东的正距平中心之间的巴尔喀什湖附近,正距平并不明显,在3个月中若环流调整,北方负距平南压可能在该地区形成槽区,引导冷空气南下,使得长江上游及中游地区降水偏多。而同期冬季500 hPa环流场在中高纬则为自西向东的"+ - +"的距平分布,西伯利亚地区为正异常中心,同时印度北部到孟加拉湾为负距平控制,表明印缅槽偏强,为长江上游降水提供了水汽条件,同时北正南负的距平分布也使冷空气易于南下,有利于长江上游降水偏多,这与典型极端多雨年的分析一致(图 3.70)。

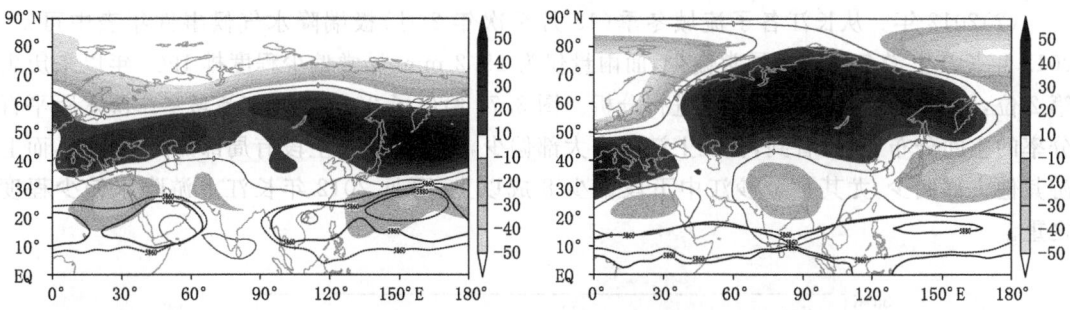

图 3.70 1994 年前期秋季(左)和同期冬季(右)500 hPa 高度场距平场分布
(阴影为高度距平,灰色实线为高度距平 0 线,黑色实线为高度场 5860 线和 5880 线,
黑色虚线为 1981—2010 年高度场 5860 线和 5880 线,单位:gpm)

从 1994 年前期秋季和同期冬季 700 hPa 风距平场合成可以看到(图 3.71),前期秋季长江上游有弱偏东风和弱偏南风交汇,实况是 1994 年秋季金沙江上段以及下游东部降水偏少,下游西部以及乌江流域等地降水异常偏多;到了冬季,上述偏东气流与偏南气流更为发展强盛,表明水汽条件更好,冬季实况整个上游降水均偏多,降水中心较秋季北移,在金沙江上段、岷沱江流域北部和嘉陵江流域北部。

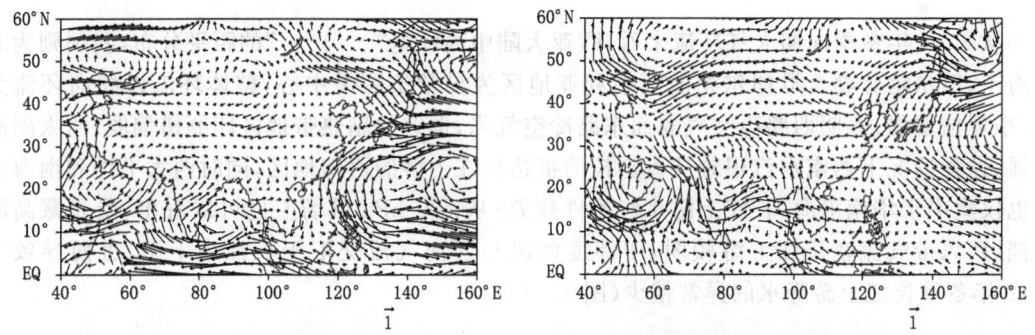

图 3.71 1994 年前期秋季(左)和同期冬季(右)700 hPa 风距平场合成(单位:m/s)

从海洋外强迫来看,1994 年是典型的中部型厄尔尼诺发展年,前期秋季赤道中部太平洋海温已呈现为正距平,到冬季赤道中部暖海温进一步发展,明显高于赤道东太平洋海温,我国近海海温由冷海温向正常转变,此外,SIOD、NAT 均有所发展,这些外强迫信号共同作用对大气环流产生了影响,进而使长江上游冬季异常多雨;在对长江上游极端降水进行预测时,可重点参考这些因子(图 3.72)。

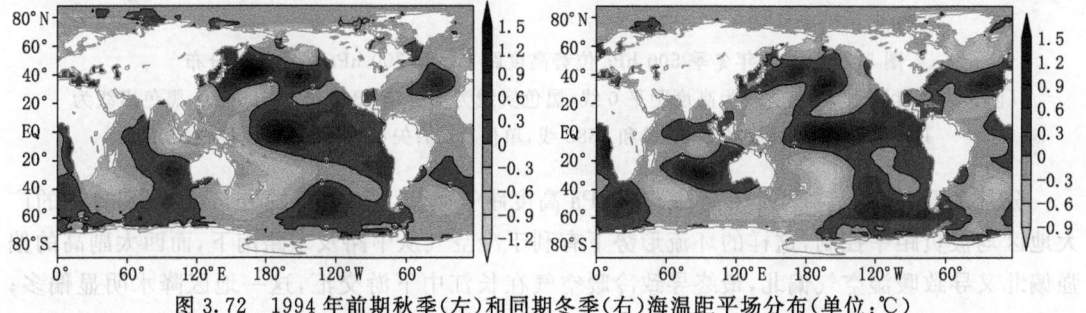

图 3.72 1994 年前期秋季(左)和同期冬季(右)海温距平场分布(单位:℃)

(2)2012年。从长江各子流域冬季(12月至次年2月)极端降水气候事件年表中可知,2012年长江上游冬季降水异常偏少,面雨量仅为25.2 mm,异常偏少程度排1961年以来历史第2位,因此选择2012年为样例进行分析。图3.73给出了2012年长江流域冬季降水距平百分率的空间分布,可以看到,长江上游降水大部偏少,仅在金沙江上段有局部的降水偏多,而上游其他大部偏少,尤其是金沙江中下段偏少8成以上,可见2012年长江上游降水偏少程度之重。

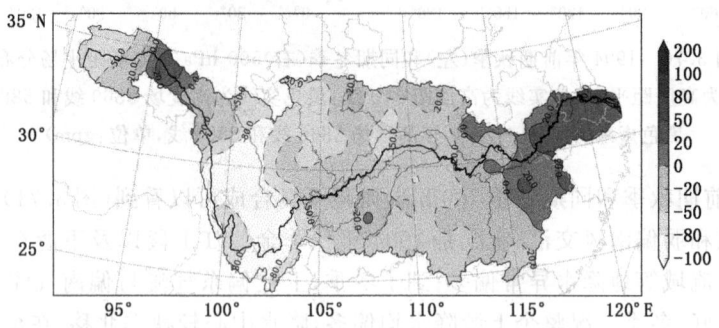

图3.73　2012年冬季长江流域降水距平百分率空间分布(单位:%)

从2012年冬季同期大气环流来看,欧亚大陆中高纬呈"一 + 一"的距平分布,我国则为北负南正,巴尔喀什湖至贝加尔湖的西伯利亚地区为异常负距平中心,整体环流以纬向环流为主,东亚槽偏强,表明西路冷空气弱而东路冷空气强;低纬的副热带地区印缅槽偏弱,西太副高偏强,这种情况下西南水汽很难从孟加拉湾抵达长江上游的西南地区,同时西太平洋和南海水汽也仅集中于华南沿海,长江上游水汽条件较差;从700 hPa风场上也可以看出,受青藏高原阻挡,西风带气流在长江上游较弱,中纬度西风与西南气流交汇于长江中下游,进而导致了2012年冬季长江上游降水的异常偏少(图3.74)。

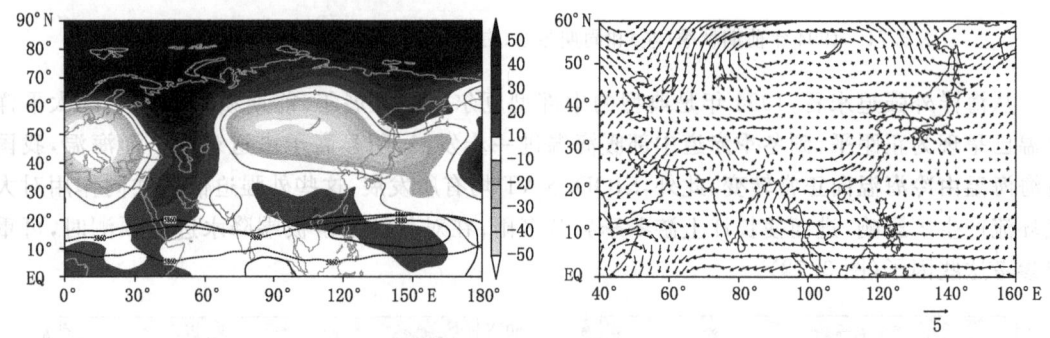

图3.74　2012年冬季500 hPa位势高度距平场和700 hPa风距平场分布
(阴影为高度距平,灰色实线为高度距平0线,黑色实线为高度场5860线和5880线,黑色虚线为
1981—2010年高度场5860线和5880线,单位:gpm;矢量为风距平,单位:m/s)

分月来看,2012年12月中高纬500 hPa高度距平场呈北正南负的分布,我国到日本的广大地区均被负距平控制,这样的环流形势下有利于冷空气从中路及东路南下,而西太副高的偏强偏北又导致暖湿空气偏北,最终导致冷暖空气在长江中下游交汇,这一地区降水明显偏多;

2013年1月环流场上东亚槽偏东,乌拉尔山以东为明显负距平,我国大部为正异常,冷空气路径偏东,整个长江流域以少雨为主;2013年2月我国为北负南正的距平分布,与12月相反,环流经向度较弱,冷空气虽然以中路为主,但强度不高,最终导致了2月整体降水偏北(图3.75,图3.76)。

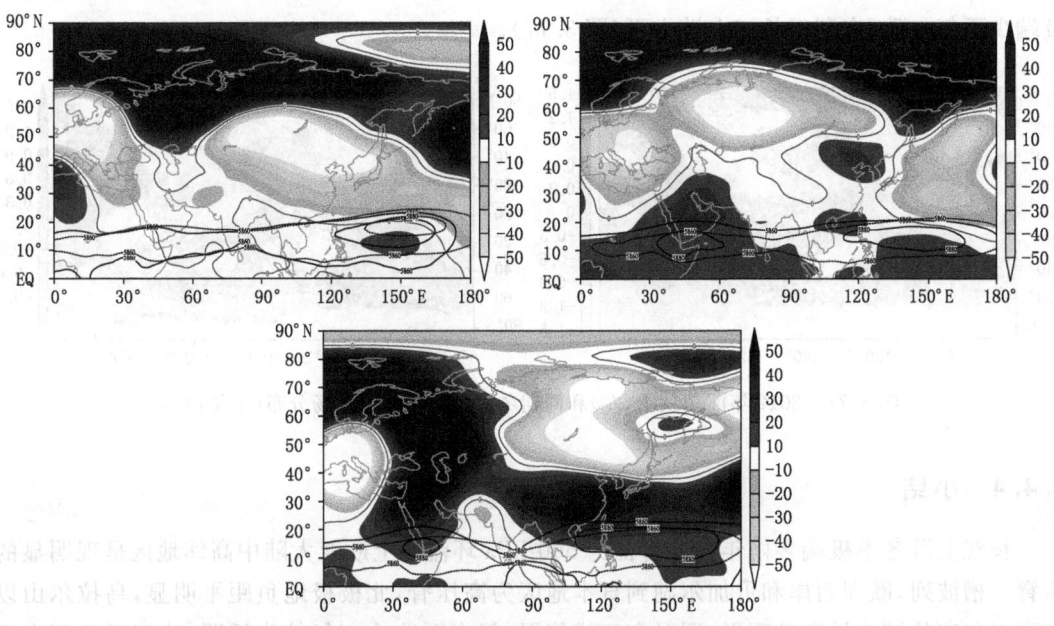

图 3.75　2012年冬季长江流域逐月500 hPa位势高度距平场分布
(依次为12月(上左)、2013年1月(上右)、2月(下);阴影为高度距平,灰色实线为高度距平0线,黑色实线为高度场5860线和5880线,黑色虚线为1981—2010年高度场5860线和5880线,单位:gpm)

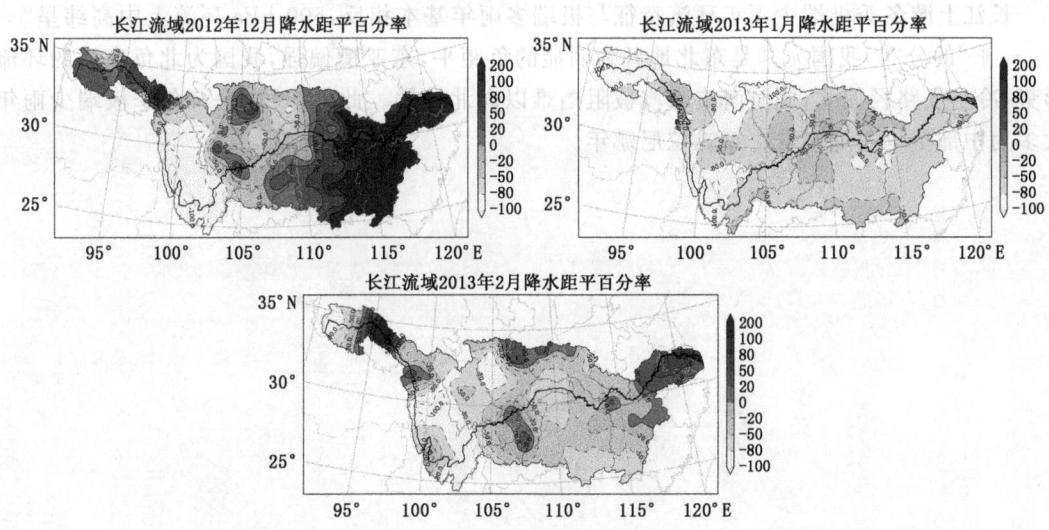

图 3.76　2012年冬季长江流域逐月降水距平百分率空间分布(单位:%)

之前已经提到,海洋可通过海气相互作用影响大气环流,进而引起降水的异常。2012年前期秋季海温在赤道太平洋基本正常,在印度洋略微偏暖,但偏暖程度不大;到了冬季赤道中东太平洋向冷海温发展,这与之前分析的典型极端少雨年的中部型厄尔尼诺年略有差异,但分析也提到极端少雨年的中部型厄尔尼诺事件表现为类拉尼娜的影响,这与2012年冬季的拉尼娜现象影响基本一致,而印度洋增暖明显,同时SIOD为明显的负位相,这也与长江上游冬季极端少雨年一致,有利于长江上游少雨(图3.77)。

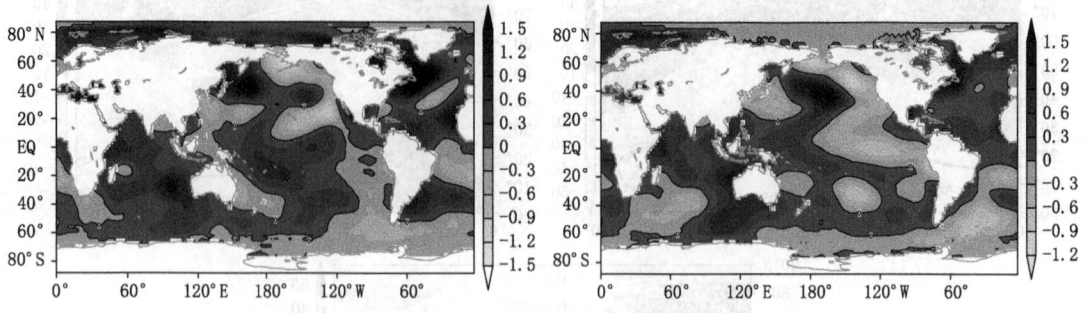

图 3.77　2012 年前期秋季(左)和同期冬季(右)海温距平场分布(单位:℃)

3.4.4　小结

长江上游冬季极端多雨年环流特征为 500 hPa 环流场上欧亚大陆中高纬地区呈现明显的两脊一槽波列,欧洲西岸和贝加尔湖到日本地区为高压脊,北极极地负距平明显,乌拉尔山以东到巴尔喀什湖为异常负距平,同时东亚槽偏弱,仅有西路冷空气较为活跃,从新疆北部南下影响长江上游地区,700 hPa 风场上长江上游偏南气流活跃,为降水创造了有利条件;各海温指数与长江上游冬季面雨量的相关系数未能通过 95% 的显著性检验,表明长江上游降水系统的影响因子复杂多样,但极端多雨发生年多为厄尔尼诺衰减年。

长江上游冬季极端少雨年环流特征与极端多雨年基本相反,500 hPa 环流上中高纬呈"一+一+"的分布,我国尤其是东北地区为明显的负距平,东亚槽偏强,我国为北负南正的环流形势,冷空气路径偏北;同时南支水汽被阻挡难以向北输送。此外,长江上游冬季极端少雨年大多为中部型厄尔尼诺发生年或拉尼娜年。

第4章 金沙江雨季极端降水气候事件诊断分析

金沙江发源于青海境内唐古拉山脉的格拉丹冬雪山北麓,流经青藏高原、川西高原、横断山脉、云贵高原、川西南山地,到四川盆地西南部的宜宾为止,全长3496 km。金沙江中、上游位于青藏高原,高原气候特征明显,属于高原季风气候区,下游大部平均海拔在1800 m以下,属于亚热带季风气候区。

金沙江流域雨旱分明,一年中有一段降水集中期,我们通常把它称为雨季(5月中旬至10月中旬)。期间有伴随着两次西南季风爆发,降水量迅速上升,并在7月达到峰值(肖舸 等,2014)。相关研究表明金沙江雨季(5—10月)降水量占全年的90%(孙士型 等,2009;张方伟 等,2011)。从金沙江流域雨量及站点的分布来看,金沙江上段站点少且降水量小,主要降水集中在金沙江中下段,下面主要诊断分析金沙江中下段雨季的极端降水成因。

4.1 面雨量时空分布

年际变化大是金沙江中下段雨季面雨量的主要特点,自1961年以来该流域面雨量呈现较明显的减少趋势,20世纪60年代属于降水偏多的年代,极端多雨气候事件频发,8个极端多雨年就有3个发生在这一时段,分别为:1968年、1965年和1966年,其中极大值即发生在1968年,该年面雨量为967.6 mm,70—80年代降水偏少,90年代又转为略多,2000年之后,降水明显偏少,2011年为降水异常偏少年,该年面雨量为554.3 mm,比常年平均(784.8 mm)少230.5 mm,偏少接近3成(图4.1)。

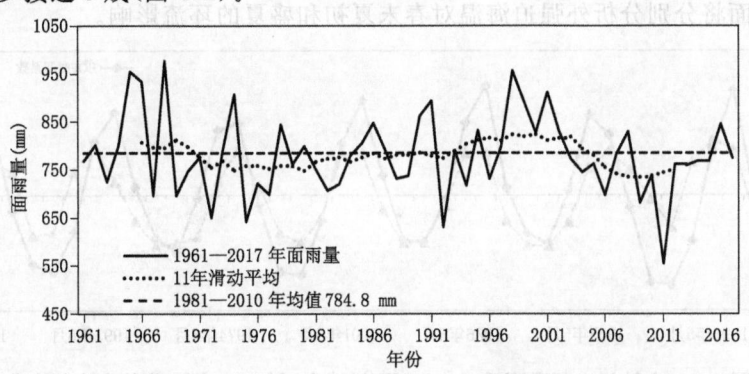

图4.1 金沙江中下段雨季(5—10月)面雨量历史序列及11年滑动平均

4.2 极端多雨气候事件诊断

4.2.1 面雨量特征

金沙江中下段雨季极端多雨各年的分月面雨量的多寡表现出不一致的特征,例如,1965年、1966年和2001年盛夏前少后多,其中1965年和1966年8月异常偏多,不同的是1965年10月异常偏多,而1966年10月略少。1968年和1974年都属于春末至盛夏一致偏多,但1968年夏季偏多持续至秋季9月,10月转为偏少,1974年的夏季偏多,进入秋季9月开始反转为略少,10月转为异常少。1991年和1998年都属于夏季偏多,雨季初期(5月)和末期(10月)偏少,但1991年为盛夏至秋初(7—9月)偏多,1998年为主汛期(6—8月)偏多。1999年盛夏(7—8月)多及初夏(5月)多,其他月份正常或略少(表4.1)。

总体来看,金沙江中下段雨季极端多雨各年的10月降水对雨季降水达到极端的贡献较小。

表4.1 金沙江中下段雨季(5—10月)极端多雨年份月面雨量距平百分率(单位:%)

年份	5月	6月	7月	8月	9月	10月
1965	10.0	37.2	−28.0	49.3	22.3	72.1
1966	21.7	14.8	−11.9	70.4	14.8	−7.8
1968	27.4	12.9	24.9	32.5	46.9	−30.7
1974	53.6	25.5	7.7	34.2	−5.4	−34.8
1991	−29.3	−0.1	19.3	19.4	47.2	−5.0
1998	−33.4	40.0	48.4	53.8	−36.5	−16.2
1999	47.3	−7.0	15.3	34.0	−0.2	−5.8
2001	76.4	24.7	−18.4	14.7	20.9	27.0

对金沙江中下段雨季极端多雨的8年各年5—10月500 hPa位势高度场共计48个月高度场进行EOF分解,第一模态对应时间系数及各月位势高度场与第一空间模态相关系数的曲线变化呈现出较为一致的同步性,共有8个波,其中各年的5月和10月处在波峰,而7—8月都处在波谷(图4.2),也说明金沙江流域雨季中极端多雨年的5月、10月环流与7—8月环流差异较大。下面将分别分析外强迫海温对春末夏初和盛夏的环流影响。

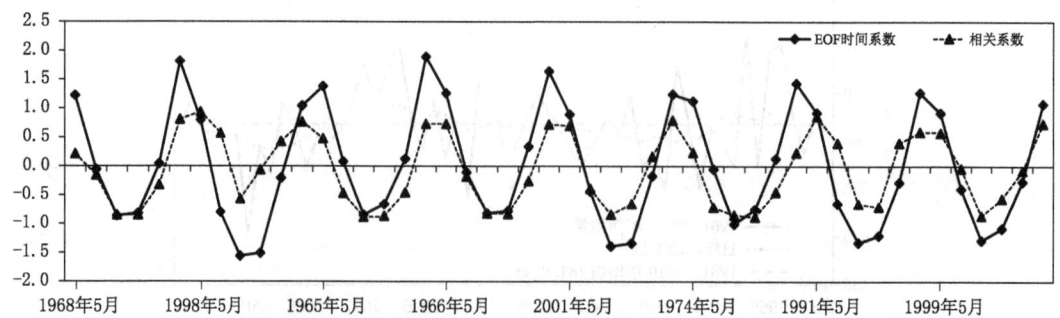

图4.2 金沙江中下段雨季(5—10月)极端多雨年500 hPa位势高度场变化
EOF分解第一模态对应时间系数及各月位势高度场与第一空间模态的相关系数

雨季极端多雨年春末夏初500 hPa高度距平场自西向东呈现"十 - 十"分布,巴尔喀什湖—贝加尔湖之间为明显负异常,对应700 hPa矢量风场上为气旋环流,同时鄂霍次克海至日本群岛为明显正异常,矢量风场上为明显反气旋(图4.3)。

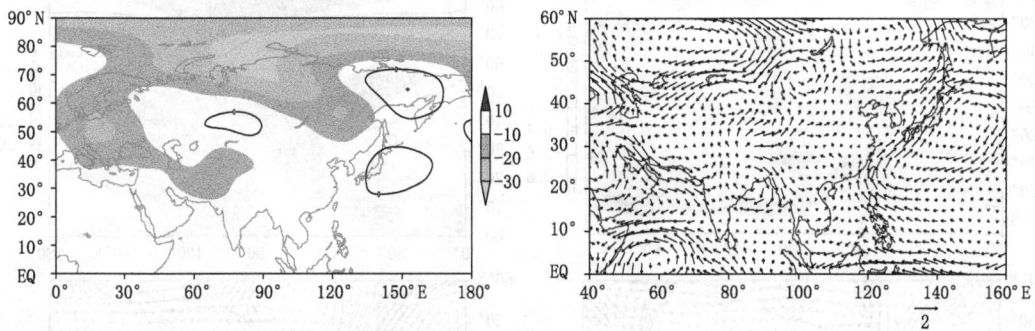

图4.3 金沙江中下段雨季(5—10月)极端多雨年春末夏初500 hPa位势高度距平场(左)和700 hPa风距平场(右)分布
(阴影为高度距平,实线为高度距平0线,单位:gpm;矢量为风距平,单位:m/s)

雨季极端多雨年盛夏期500 hPa高度距平场北向南呈现"十 -"分布,贝加尔湖至极地为明显的正异常,我国中北部为明显的负异常。对应700 hPa矢量风场上蒙古存在着气旋型环流,同时日本群岛地区为明显的气旋性环流(图4.4)。

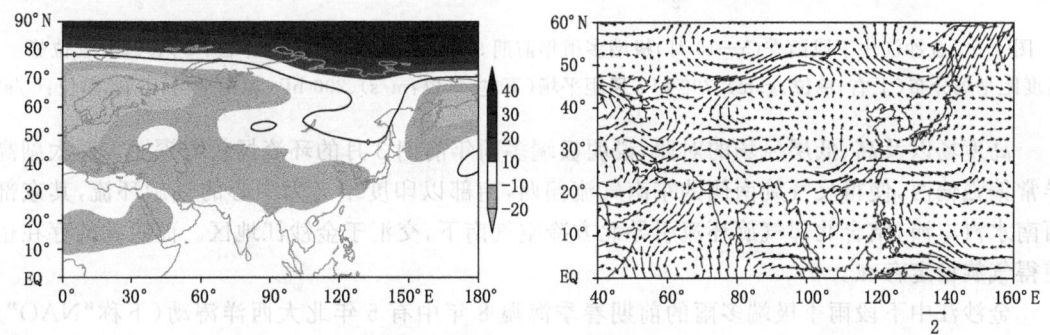

图4.4 金沙江中下段雨季(5—10月)极端多雨年盛夏期500 hPa位势高度距平场(左)和700 hPa风距平场(右)分布
(阴影为高度距平,实线为高度距平0线,单位:gpm;矢量为风距平,单位:m/s)

4.2.2 前期海温及环流诊断

金沙江中下段雨季5—10月的极端多雨年为1968年、1998年、1965年、1966年、2001年、1974年、1991年和1999年。极端多雨前期3月海温在北大西洋区域由南到北呈现为"十 - 十"的NAT负位相态势,这种海温异常能够对大气环流产生重要的反馈作用(李建 等,2007),尤其是对东亚夏季风的年际变化存在显著的影响(Wu et al.,2009;左金清 等,2012;Zuo et al.,2013),此外,西风漂流区为明显的偏暖。环流场上500 hPa高度场自西欧向东亚为"十 - 十"的距平异常,主要的异常中心分别位于西欧、巴尔喀什湖—贝加尔湖、东亚长江中下游地区,对应着乌阻偏强、巴尔喀什湖—贝加尔湖低槽偏深、西太副高偏强偏北。高层200 hPa矢量风场上,对应着500 hPa高度场的异常中心(西欧、巴尔喀什湖—贝加尔湖、东亚长江中下游地区)分别为反气旋、气旋、反气旋环流异常,当然中间的气旋分为南、北两个气旋,北部气旋以巴尔喀什湖—贝加尔湖为中心,南部气旋以印度半岛为中心,同时低层 700 hPa 矢量风距平分布类似与 200 hPa(图 4.5)。

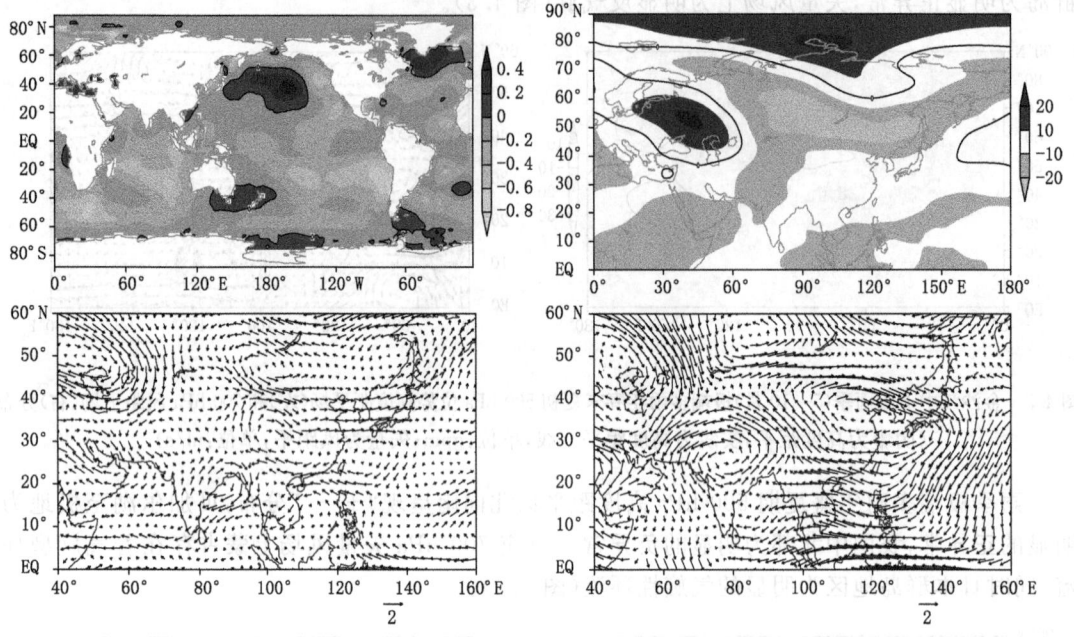

图 4.5　金沙江中下段雨季(5—10 月)极端多雨年前期 3 月海温距平场(上左,单位:℃)、500 hPa 位势高度距平场分布(上右,单位:gpm)、700 hPa 风距平场(下左,单位:m/s)、200 hPa 风距平场(下右,单位:m/s)

高度场以及高、低层风场的对照,说明极端多雨年前期 3 月的环流场较为深厚。西太副高异常偏强偏西,使得反气旋南侧的东南气流偏西,南部以印度半岛为中心的气旋环流,其东部西南水汽丰沛,结合北部气旋环流引导北方冷空气南下,交汇于金沙江地区。而阻塞的存在也使得气旋稳定存在。

金沙江中下段雨季极端多雨的前期春季海温 8 年中有 5 年北大西洋涛动(下称"NAO")为负位相,西风漂流区海温 6 年为暖异常,赤道中东太平洋 Nino3.4 区 5 年为负距平,与前文的结论较为一致(表 4.2)。

表 4.2　极端多雨年前期春季 3—5 月海温指数(单位:℃)

年份	NAO	西风漂流区海温	Nino3.4
1968	−0.11	0.57	−0.83
1998	−0.16	−0.37	1.09
1965	0.03	0.1	−0.2
1966	0.14	0.47	0.66
2001	−0.14	−0.05	−0.42
1974	0.17	0.56	−1.28
1991	−0.02	0.87	0.18
1999	−0.22	0.28	−0.88
统计	5/8 负	6/8 正	5/8 负

(1) 春季3—5月NAO异常负位相年份对应500 hPa位势高度场。春季NAO异常负位相时,利于春末夏初乌拉尔山、我国东北至鄂霍次克海为明显正异常,巴尔喀什湖至贝加尔湖为负异常;700 hPa矢量风场上对应着明显的气旋及反气旋;后期盛夏期环流与春末夏初环流大部较为一致,如自西向东的"+ − +"分布,中心分别在乌拉尔山、巴尔喀什湖—贝加尔湖、我国东北至鄂霍次克海,但也存在差异,一是异常程度相对前期明显减弱,二是我国中东部至西太平洋地区转为正异常。

即前期春季NAO异常负位相,利于春末夏初及盛夏的乌阻和鄂阻偏强,同时巴尔喀什湖—贝加尔湖低槽加深,东亚大槽偏弱,盛夏的西太副高偏强偏北,同时在阿拉伯海地区为负异常(图4.6,表4.3)。

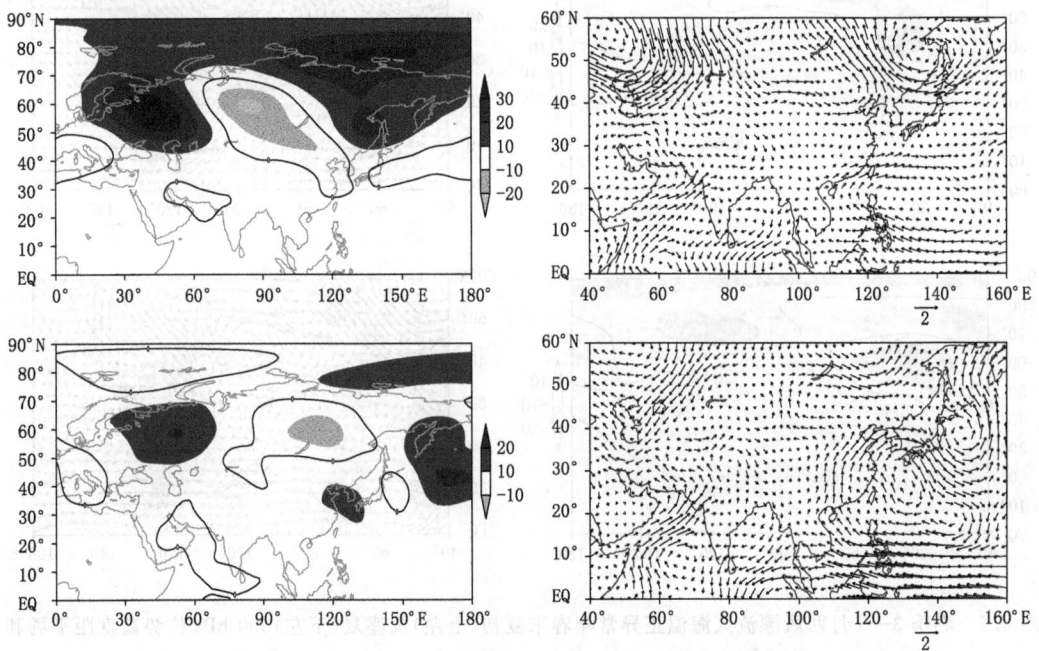

图4.6 春季NAO异常负位相年春末夏初(上左)及盛夏(下左)500 hPa位势高度距平场和春末夏初(上右)及盛夏(下右)700 hPa风距平场分布

(阴影为高度距平,实线为高度距平0线,单位:gpm;矢量为风距平,单位:m/s)

表4.3 金沙江中下段雨季降水偏多年的海温与春末夏初及盛夏年环流特征指数相关系数

年份	西太副高北界		西太副高脊点		东亚大槽		印缅槽	
	春末夏初	盛夏	春末夏初	盛夏	春末夏初	盛夏	春末夏初	盛夏
NAO	0.38*	0.18	−0.43*	−0.08	−0.25	−0.27	−0.17	−0.13
西风漂流区	−0.1	0.21	−0.02	0.65*	0.1	−0.26	−0.50	−0.55
Nino3.4	−0.37	−0.39*	0.34	−0.50	−0.24	0.42	0.78	0.67

注:"*"表示通过0.05信度检验。

(2) 春季3—5月西风漂流区海温正异常年份对应500 hPa位势高度场。西风漂流区海温异常偏暖时,利于春末夏初东北半球500 hPa高度距平场呈现出"+ − +"分布,乌拉尔山为明显正异常,南亚、巴尔喀什湖—贝加尔湖至鄂霍次克海为负异常,中心位于巴尔喀什湖—贝加尔湖,长江中下游至日本群岛及北太平洋为正异常,对应着700 hPa矢量风场上反气旋中心分别位于西欧和西太平洋,气旋位于我国内蒙古至贝加尔湖。盛夏期环流与春末夏初环流大部较为一致,乌拉尔山的正异常及反气旋环流,巴尔喀什湖—贝加尔湖的负异常及气旋环流,但负异常明显东扩南压,同时长江中下游至日本群岛及北太平洋为正异常缩小,仅在长江中下游地区为正异常及对应的反气旋环流。即前期春季西风漂流区海温偏暖,利于春末夏初及盛夏的乌阻偏强、巴尔喀什湖—贝加尔湖低槽偏深,东亚大槽偏弱,盛夏的西太副高偏强(图4.7,表4.3)。

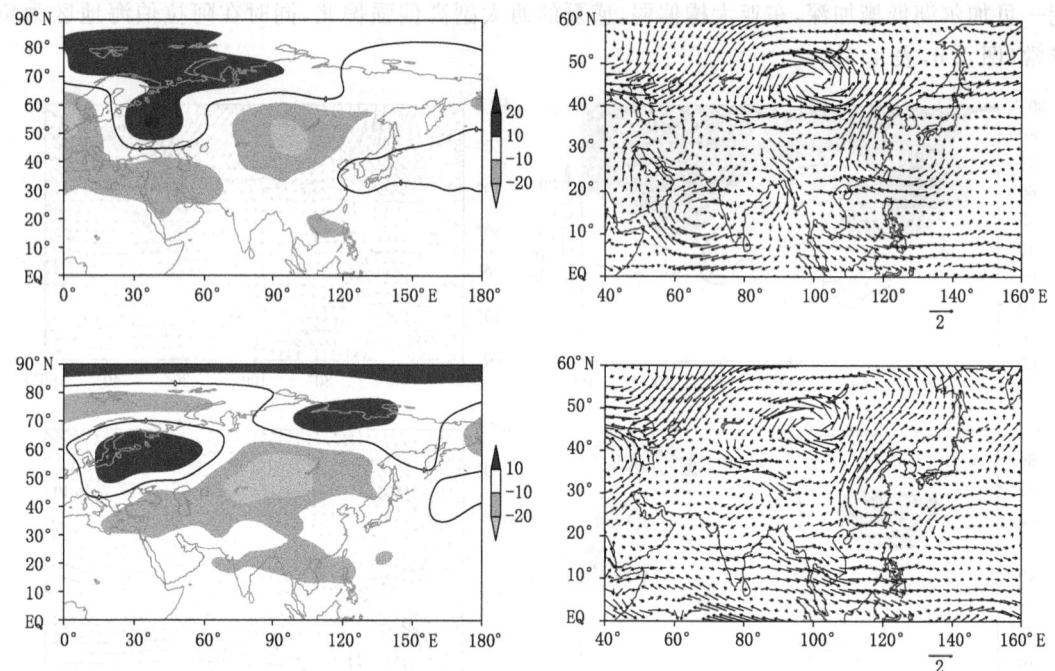

图 4.7 春季 3—5 月西风漂流区海温正异常年春末夏初(上左)及盛夏(下左)500 hPa 位势高度距平场和春末夏初(上右)及盛夏(下右)700 hPa 风距平场分布

(阴影为高度距平,实线为高度距平 0 线,单位:gpm;矢量为风距平,单位:m/s)

(3)3—5 月 Nino3.4 负异常年份对应 500 hPa 位势高度场。赤道中东太平洋异常偏冷时,利于春末夏初东北半球 500 hPa 大部负距平,仅在西欧西部及鄂霍次克海为正异常,此外,南亚北部正异常。对应着 700 hPa 矢量风场在我国内蒙古至贝加尔湖地区为明显气旋。同时盛夏期环流在亚洲呈现出"+ − +"的环流分布,中心分别位于里海、巴尔喀什湖—贝加尔湖至东西伯利亚、我国东北至日本群岛北部,对应着 700 hPa 矢量风场与负异常中心对应着明显的气旋。即前期春季 Nino3.4 冷海温,利于春末夏初及盛夏的巴尔喀什湖—贝加尔湖低槽加深,东亚大槽偏弱,盛夏的西太副高偏弱(图 4.8,表 4.3)。

结合春季不同海区(NAO、西风漂流区、Nino3.4)海温对春末夏初、盛夏环流的影响,与金沙江中下段极端多雨年春末夏初及盛夏的环流分布,发现春季 NAO 负位相,同时西风漂流区偏暖,利于春末夏初乌阻和鄂阻持续至盛夏,巴尔喀什湖至贝加尔湖低槽偏深,同时东亚大槽偏弱,西太副高偏北,配合 NAO 和 Nino3.4 区的共同作用也会使得盛夏西太副高偏北偏东,最终使金沙江中下段雨季出现极端多,但分月面雨量的多寡表现出不一致的特征,其中 10 月多寡对于降水达到极端贡献并不大(表4.3,表4.4)。

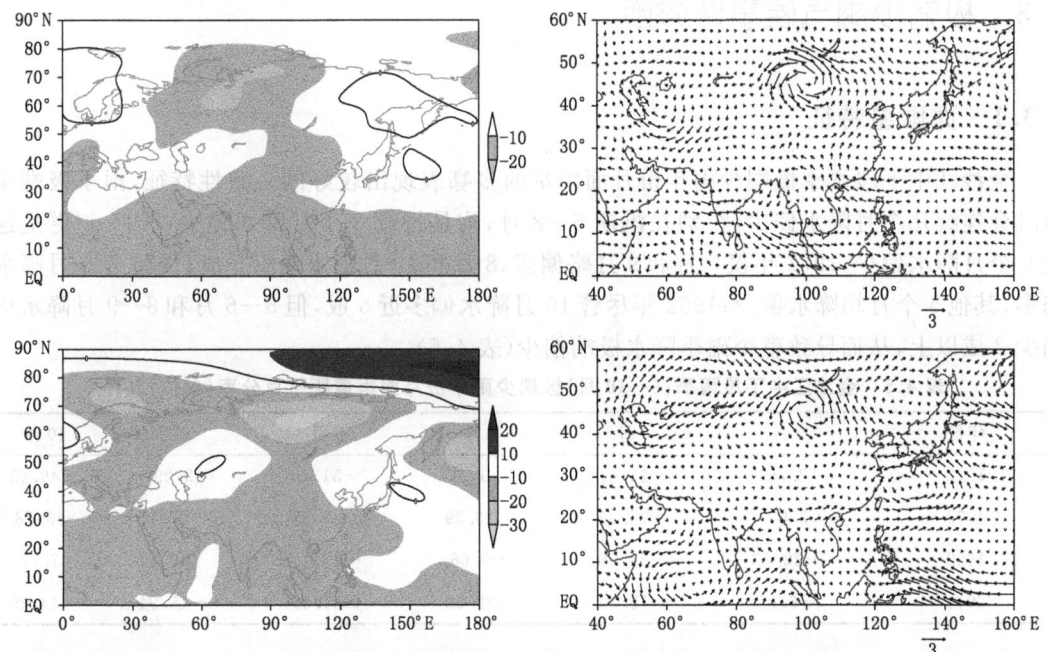

图 4.8 春季 3—5 月 Nino3.4 负异常年春末夏初(上左)及盛夏(下左)500 hPa 位势高度距平场和
春末夏初(上右)及盛夏(下右)700 hPa 风距平场分布

(阴影为高度距平,实线为高度距平 0 线,单位:gpm;矢量为风距平,单位:m/s)

表 4.4 极端多雨年春末夏初及盛夏年环流特征指数距平值

年份	西太副高北界		西太副高脊点		东亚大槽		印缅槽	
	春末夏初	盛夏	春末夏初	盛夏	春末夏初	盛夏	春末夏初	盛夏
1968	0.92	−0.6	−44.7	29.5 (第六)	232.8 (第三)	−135.8	−22.7	−21.9
1998	1.14	−3.2 (第四)	−14.1	−11.3	46.6	183.1 (第一)	36.3	32.9
1965	1.44	−2.0	32.2	18.9	−190.8	−156	−43.5	−34.7
1966	0.74	−1.3	−42.1	20.7	91.0	−16.3	−8.6	−26.1
2001	0.06	1.0	12.8	23.2	39.4	104.9 (第十)	−17.2	−9.5
1974	—	—	−111.2 (第一)	49.7 (第一)	24.6	−280.1 (第二)	−47.1 (第十)	−43.1 (第十二)
1991	1.23	−1.3	0.2	21.6	5.6	−14.4	26.1	−4.8
1999	1.59	2.3	25.4	20.7	37.4	36.4	−19.4	−14.3
统计	7/7 北	5/7 北	4/8 东 4/8 西	7/8 东	7/8 弱	5/8 强	6/8 强	7/8 强

4.3 极端少雨气候事件诊断

4.3.1 面雨量特征

金沙江中下段雨季极端少雨年份月面雨量的多寡表现出较好的一致性特征,雨季极端少雨时会连续几个月降水偏少,特别在汛期 6—8 月,均是持续 3 个月降水偏少,2011 年更是连续 6 个月降水偏少,1972 年仅 5 月和 9 月略偏多,8 月和 10 月降水偏少 5 成;1975 年 5 月降水偏多,其他 5 个月均降水偏少;1992 年尽管 10 月降水偏多近 5 成,但 5—6 月和 8—9 月降水均偏少 2 成以上,从而导致整个雨季降水极端偏少(表 4.5)。

表 4.5 金沙江中下段雨季(5—10 月)极端少雨年份月面雨量距平百分率(单位:%)

年份	5 月	6 月	7 月	8 月	9 月	10 月
1972	2.75	−15.27	−0.21	−51.76	3.29	−49.53
1975	3.03	−15.56	−16.39	−29.33	−27.17	−3.78
1992	−28.53	−38.58	−3.66	−23.11	−40.67	47.77
2011	−6.65	−16.22	−32.59	−51.59	−15.94	−44.85

4.3.2 前期海温及环流诊断

金沙江中下段雨季 5—10 月的极端少雨年为 1972 年、1975 年、1992 年和 2011 年。极端少雨年和极端多雨年前期 3 月海温分布总体差异不大,极端少雨年的前冬到前期 3 月,北太平洋中部到鄂霍次克海维持正的海温距平,这一特征在 20 世纪 80 年代以后更加明显,相对 1972 年和 1975 年,1992 年和 2011 年前期 3 月海温在北大西洋区域呈现为典型的 NAT 负位相"＋ − ＋"分布,这种海温异常能够对大气环流产生重要的反馈作用(李建 等,2007),尤其是对东亚夏季风的年际变化存在显著的影响(Wu et al.,2009;左金清 等,2012;Zuo et al.,2013)。环流场上 500 hPa 高度场中高纬自欧洲向东亚为"＋ − ＋"的距平异常,主要的异常中心分别位于西欧、喀拉海—巴尔喀什湖—西亚、鄂霍次克海地区,与极端多雨年的主要区别在于极端少雨时鄂阻明显,同时西太副高偏弱,东亚区域环流为典型的"− ＋ −"距平分布。高层 200 hPa 矢量风场上,对应着 500 hPa 高度场的异常中心,西欧、鄂霍次克海为反气旋中心,伊朗高压区为气旋式环流,相对于 1972 年和 1975 年,1992 年和 2011 年在南亚高压区东部出现了明显的反气旋中心,低层 700 hPa 矢量风距平分布与 200 hPa 类似,但在印度洋和我国南海区域分别为反气旋和气旋式环流(图 4.9,图 4.10)。

基于前文金沙江中下段雨季极端少雨年前期 3 月海温特征分析结论,提取了 NAT、西风漂流区海温和 Nino3.4 指数,分析前期春季这些海温指数和金沙江中下段雨季极端少雨的关系发现:前期春季西风漂流区海温为正距平不利于金沙江中下段雨季降水偏多,该流域降水极端偏少的 4 年,西风漂流区海温均为正距平;前春 NAT 正位相也是不利于金沙江中下段雨季降水偏多,4 个降水极端偏少年中就有 3 年 NAT 为正位相;赤道中东太平洋 Nino3.4 区海温与该流域降水关系不明显(表 4.6)。

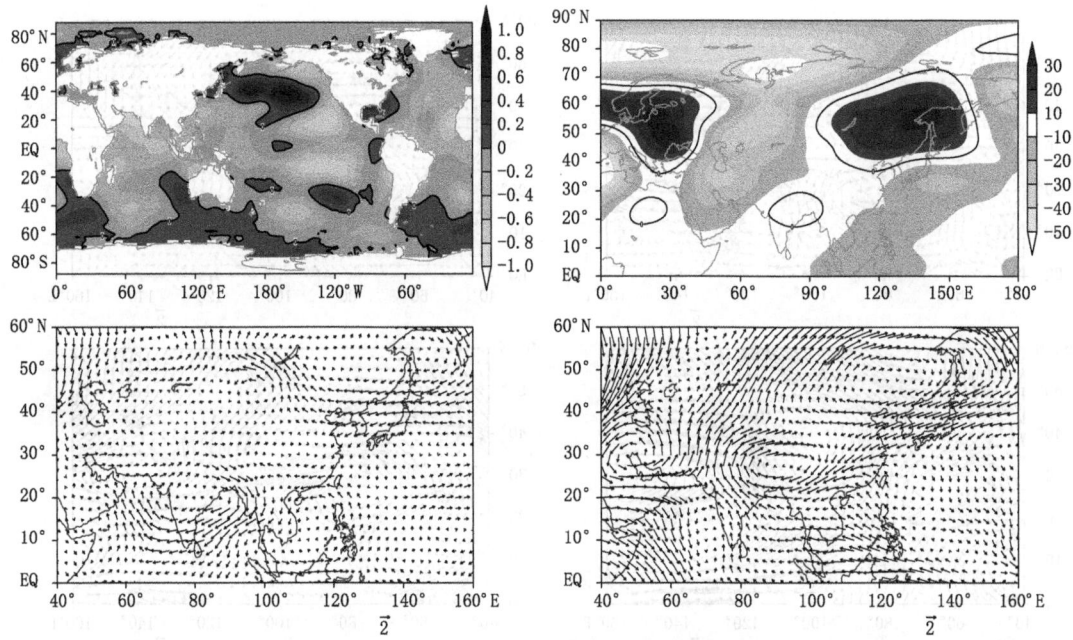

图 4.9　金沙江中下段雨季 5—10 月极端少雨年前期 3 月海温距平场(上左,单位:℃)、
500 hPa 位势高度距平场(上右,单位:gpm)、700 hPa 风距平场(下左,单位:m/s)、
200 hPa 风距平场(下右,单位:m/s)分布

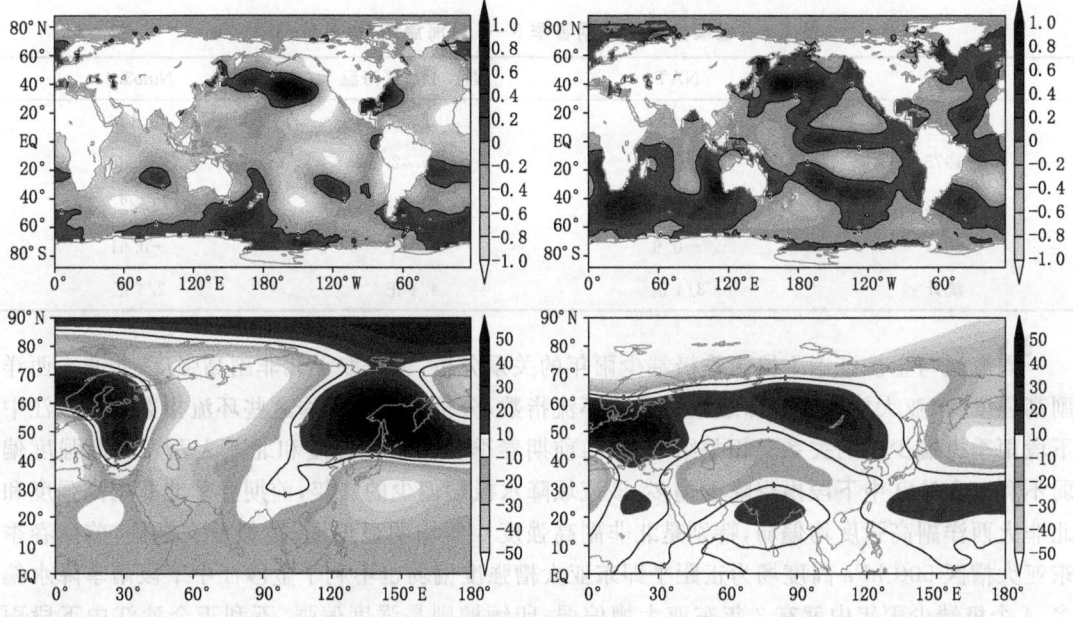

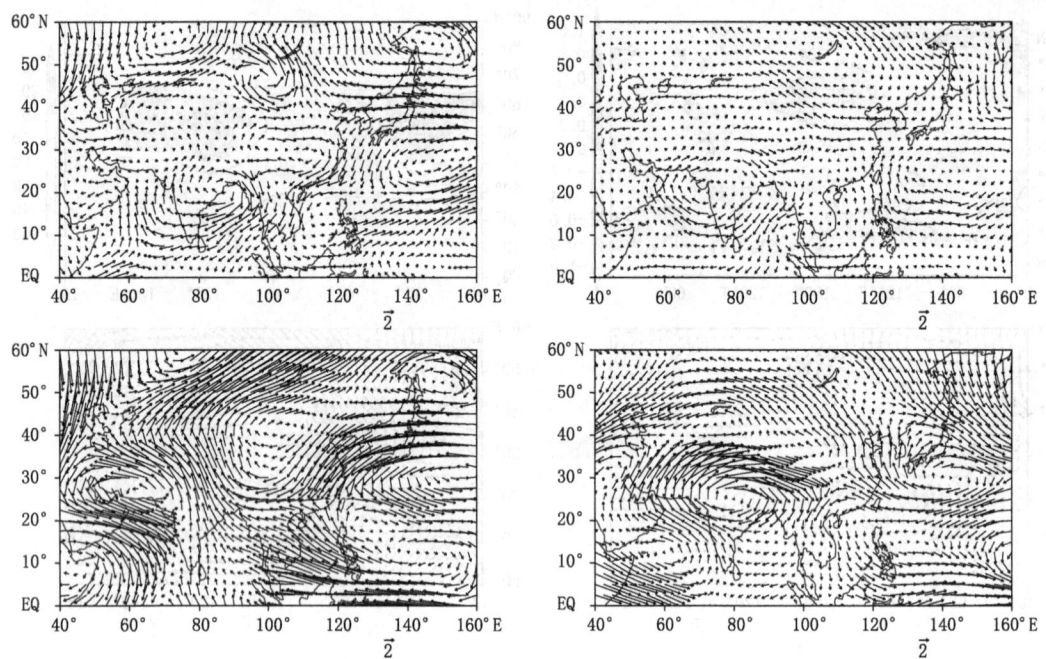

图 4.10 20世纪80年代前(左)、后(右)金沙江中下段雨季5—10月极端少雨年前期3月大气环流及海温分布
(从上至下依次为海温距平场,单位:℃;500 hPa位势高度距平场,单位:gpm;
700 hPa风距平场和200 hPa风距平场,单位:m/s)

表 4.6 极端少雨年前期春季3—5月海温指数(单位:℃)

年份	NAT	西风漂流区海温	Nino3.4
1972	1.13	1.09	0.12
1975	1.33	0.42	−0.88
1992	0.82	0.11	1.22
2011	−0.6	0.9	−0.61
统计	3/4 正	4/4 正	2/4 正

同海温与金沙江中下段雨季极端少雨年的关系分析,也提取了北非副高强度、北非大西洋副高强度、东亚大槽强度和印缅槽强度等环流指数,分析了前期春季这些环流指数和金沙江中下段雨季极端少雨的关系。相关结果表明:前期春季北非副高强度和北非大西洋副高强度偏弱不利于金沙江中下段雨季降水偏多,该流域降水极端偏少的4年,前期春季北非副高强度和北非大西洋副高强度均偏弱,特别是北非副高强度4年均明显偏弱;类似前文结论,前期春季东亚大槽区500 hPa高度场为正距平即东亚大槽强度偏弱也不利于金沙江中下段雨季降水偏多,4个极端少雨年中就有3年东亚大槽偏弱;印缅槽则是强度偏强,不利于金沙江中下段雨季降水的偏多,1972年、1975年和2011年印缅槽强度均是偏强(表4.7)。

表 4.7　极端少雨年前期春季 3—5 月关键环流指数距平值

年份	北非副高强度	北非大西洋副高强度	东亚大槽强度	印缅槽强度
1972	−1.32	−0.99	0.65	−1.23
1975	−1.31	−0.88	0.61	−1.30
1992	−1.07	−0.79	0.25	0.79
2011	−0.67	−0.37	−0.97	−0.67
统计	4/4 弱	4/4 弱	3/4 弱	3/4 强

金沙江中下段雨季极端少雨年为 1972 年、1975 年、1992 年和 2011 年。雨季极端少雨时会连续几个月降水偏少，特别在汛期 6—8 月该特征很明显。金沙江中下段雨季降水与西风漂流区海温和 NAT 密切相关，前期春季西风漂流区海温为正距平或前期春季 NAT 为正位相，不利于金沙江中下段雨季降水偏多；与环流场相关显示，前期春季北非副高强度和北非大西洋副高强度偏弱，金沙江中下段雨季降水偏少，前期春季东亚大槽强度偏弱或印缅槽强度偏强也是不利于金沙江中下段雨季降水偏多。

参考文献

曹杰,陶云,2002.中国的降水量符合正态分布吗?[J].自然灾害学报,11(3):115-120.
曹洁,叶文,刘焕彬,等,2014.山东省极端气温偏态性分布和变化特征[J].气象科学,34(2):193-199.
陈波,史瑞琴,陈正洪,2010.近45年华中地区不同级别强降水事件变化趋势[J].应用气象学报,21(1):47-54.
陈建昌,郭化文,魏生生,等,1995.用Jenkinson法推算山东年最大日雨量重现期值的初探[J].应用气象学报,6(4):486-491.
陈丽娟,顾薇,龚振淞,等,2019.影响2018年汛期气候的先兆信号及预测效果评估[J].气象,45(4):553-564.
陈峪,陈鲜艳,任国玉,2010.中国主要河流流域极端降水变化特征[J].气候变化研究进展,6(4):265-269.
陈子燊,黄强,李鸿皓,2015.珠江三角洲城市短时强降水概率分布模型的对比分析[J].中山大学学报(自然科学版),54(2):127-132,140.
崔玫意,张玉虎,陈秋华,2017.Box-Cox正态分布及其在降雨极值分析中的应用[J].数理统计与管理,36(1):8-17.
杜良敏,刘绿柳,高雅琦,等,2018.长江流域月季降水量的概率分布特征分析[J].气象科技进展,8(4):89-94.
杜晓阳,杜尧东,唐力生,2018.广州市单日降水量极值特征、分布拟合与推算[J].气象与环境科学,41(4):77-81.
封国林,杨涵洧,张世轩,等.2012.2011年春末夏初长江中下游地区旱涝急转成因初探[J].大气科学,36(5):1009-1026.
高洁,2019.基于GAMLSS的雅砻江流域极端降水时空特性研究[J].水力发电,45(1):13-17,56.
顾薇,陈丽娟,2019.2018年夏季海洋大气特征及对我国气候的影响[J].气象,45(1):126-134.
郭凌曜,李英,2015.湖南省短历时降水极值分布拟合与应用[J].气象与环境学报,31(3):69-74.
何干皓,李国龙,刘铁钢,等,2017.岷江流域降水极值概率分布研究[J].工程科学与技术,49(1):78-85.
李建,周天军,宇如聪,2007.利用大气环流模式模拟北大西洋海温异常强迫响应[J].大气科学,31(4):561-570.
李建云,孙君,黄雪辉,等,2013.基于RegCM3的2006年中国南方夏季持续高温干旱天气的模拟研究[J].气象与减灾研究,36(2):21-30.
李维京,1999.1998年大气环流异常及其对中国气候异常的影响[J].气象,25(4):20-25,57.
李永华,徐海明,刘德,2009.2006年夏季西南地区东部特大干旱及其大气环流异常[J].气象学报,67(1):122-132.
李跃清,蒋兴文,2007.1998年夏季长江上游暴雨过程的水汽输送特征[J].暴雨灾害,26(1):35-39.
梁忠民,卜慧,刘和昌,等,2016.干旱事件重现期计算问题研究[J].南水北调与水利科技,14(6):01-05.
林两位,王莉萍,2005.用Pearson-Ⅲ概率分布推算重现期年最大日雨量[J].气象科技,33(4):314-317.
刘银峰,徐海明,雷正翠,2009.2006年川渝地区夏季干旱的成因分析[J].大气科学学报,32(5):686-694.
柳艳菊,赵振国,朱艳峰,2008.2000年以来夏季长江流域降水异常研究[J].高原气象,27(4):807-813.
罗梦森,熊世为,梁羽飞,2013.区域极端降水事件阈值计算方法比较分析[J].气象科学,33(5):549-554.
牟婷婷,林爱文,方建,2018.基于广义帕累托分布的长江中下游极端降水重现期研究[J].国土与自然资源研究(2):42-45.
彭京备,张庆云,布和朝鲁,2007.2006年川渝地区高温干旱特征及其成因分析[J].气候与环境研究,12(3):

464-474.

任福民,高辉,刘绿柳,等,2014.极端天气气候事件监测与预测研究进展及其应用综述[J].气象,40(7):860-874.

任国玉,封国林,严中伟,2010.中国极端气候变化观测研究回顾与展望[J].气候与环境研究,15(4):337-353.

苏布达,姜彤,任国玉,等,2006.长江流域1960—2004年极端强降水时空变化趋势[J].气候变化研究进展,2(1):9-14.

隋翠娟,潘丰,蔡怡,等,2014.从副高及海温角度分析2013年夏季长江中下游地区高温干旱原因[J].海洋预报,31(5):76-81.

孙士型,陈良华,向永龙,等,2009.金沙江流域面雨量的气候特征[J].高原山地气象研究,增刊:7-10.

唐卫亚,孙照渤,2005.印度洋海温偶极振荡对东亚环流及降水影响[J].南京气象学院学报,28(3):316-322.

王文,许金萍,蔡晓军,等,2017.2013年夏季长江中下游地区高温干旱的大气环流特征及成因分析[J].高原气象,36(6):1595-1607.

吴佳,高学杰,张冬峰,等,2011.三峡水库气候效应及2006年夏季川渝高温干旱事件的区域气候模拟[J].热带气象学报,27(1):44-52.

伍丽丽,刘丙军,陈晓宏,等,2013.珠江流域极端降水阈值不确定性分析[J].水文,33(4):59-64.

肖舸,崔讲学,2014.三峡工程水库调度关键期流域气候特征及预测方法[M].北京:气象出版社.

肖子牛,晏红明,李崇银,2002.印度洋地区异常海温的偶极振荡与中国降水及温度的关系[J].热带气象学报,18(4):335-344.

杨宏青,陈正洪,石燕,等,2005.长江流域近40年强降水的变化趋势[J].气象,31(3):66-68.

杨玮,程智,2015.近53年江淮流域梅汛期极端降水变化特征[J].气象,41(9):1126-1133.

袁雅鸣,陈兴国,2011.长江上游秋季降雨特征及主要影响天气系统分析[J].人民长江,42(6):21-24.

袁媛,高辉,李维京,等,2017.2016年和1998年汛期降水特征及物理机制对比分析[J].气象学报,75(1):19-38.

翟盘茂,潘晓华,2003.中国北方近50年温度和降水极端事件变化[J].地理学报,58(z1):1-10.DOI:10.3321/j.issn:0375-5444.2003.z1.001.

张方伟,李春龙,訾丽,2011.金沙江流域降水特征分析[J].人民长江,42(6):94-97.

张灵,杜良敏,陈丽娟,等,2014.武汉异常强降水水汽来源、输送路径分析[J].气象与环境科学,37(1):69-74.

张培群,何敏,许力,2002.1999年夏季长江及以南地区洪涝的大尺度环流成因初探[J].高原气象,21(3):243-250.

张天宇,程炳岩,刘晓冉,2007.近45年长江中下游地区汛期极端强降水事件分析[J].气象,33(10):80-87.

张文,寿绍文,杨金虎,2007.长江中下游地区汛期极端降水量的异常特征分析[J].气象,33(3):61-67.

张增信,姜彤,张金池,等,2008.长江流域水汽收支的时空变化与环流特征[J].湖泊科学,20(6):733-740.

周长艳,李跃清,2005.长江上游地区水汽输送的气候特征[J].长江科学院院报,22(5):18-22.

周月华,刘敏,2005.长江上中游流域暴雨洪涝气候特征[C].武汉:中美定量降水监测与预报国际研讨会论文摘要.

周月华,刘敏,陈淑明,1999.湖北省1998年气候影响评价[J].湖北气象(1):45-47.

左金清,李维京,任宏利,等,2012.春季北大西洋涛动与东亚夏季风年际关系的转变及其可能成因分析[J].地球物理学报,55(2):384-395.

GOSWAMI B N, VENUGOPAL V, SENGUPTA D, et al, 2006. Increasing trend of extreme rain events over India in a warming environment[J]. Science, 314(5804):1442-1445, doi:10.1126/science.1132027.

IWASHIMA T, YAMAMOTO R, 1993. A statistical analysis of the extreme events: Long-term trend of heavy daily precipitation[J]. J Meteor Soc Japan, 71:637-640.

KARL T R, KNIGHT R W, 1998. Secular trends of precipitation amount, frequency, and intensity in the

USA[J]. Bull Amer Meteor Soc, 79(2):231-241.

WU Z W, WANG B, LI J P, et al, 2009. An empirical seasonal prediction model of the East Asian summer monsoon using ENSO and NAO[J/OL]. J Geophys Res, 114, D18120, doi:10.1029/2009JD011733.

ZHAI P M, SUN A, REN F, et al, 1999. Changes of climate extremes in China[J]. Climatic Change, 42(1):203-218.

ZUO J Q, LI W J, SUN C H, et al, 2013. Impact of the North Atlantic Sea Surface Temperature Tripole on the East Asian Summer Monsoon[J]. Adv Atmos Sci, 30(4):1173-1186.

附录：长江流域极端降水气候事件年表

附录A （一级分区）长江全流域极端降水气候事件年表

时间尺度	极端多雨气候事件		极端少雨气候事件	
	面雨量90%的阈值（mm）	年份（面雨量,mm）	面雨量10%的阈值（mm）	年份（面雨量,mm）
年	1136.8	1998（1196.0）、1983（1182.9）、2016（1181.4）、1980（1138.6）、2002（1136.8）	944.6	1978（869.9）、2011（883.6）、1986（914.6）、1966（917.8）、1971（923.5）、2006（937.8）
春季	324.9	1973(355.9)、2002(343.7)、1992(340.1)、1970(339.0)、1977(336.7)、2016(336.6)、1967(333.6)、1975(333.5)	236.1	2011（178.7）、1986（221.6）、2007（233.6）、1979(233.6)
夏季	535.3	1998(622.9)、1999(571.4)、1980(566.6)、1996(550.9)、1993(550.0)	403.9	1972（338.1）、1978（358.2）、2006（370.7）
秋季	251.2	1983(276.3)、1982(266.1)、1975(262.5)、1972(262.3)、1961(257.9)、2016(257.5)、2015(253.7)	170.6	1992（144.1）、1998（145.8）、2007（150.5）、2009(156.5)、1991(170.5)
冬季	107.5	1997(138.8)、2002(117.6)、1989(116.5)、1992(115.5)、1994(115.2)、2004(111.4)	58.2	1962(43.8)、1998(47.2)、1967(52.3)、1978(56.0)、1983(56.0)、1985(57.0)
1月	39.9	1998(57.1)、1989(49.1)、1991(45.0)、2001(42.2)、2000(41.0)、2016(40.8)	12.4	1963(2.4)、2013(9.5)、1972(10.2)、2014(10.6)、1986(12.0)
2月	50.1	1990(62.5)、2005(58.4)、1985(55.9)、2006(55.3)、1982(53.6)、1993(51.4)	20.3	1999(9.8)、1984(13.8)、1996(15.5)、1978(16.2)、2011(18.2)、1968(18.3)
3月	80.0	1992（132.0）、2017（93.4）、1991（86.0）、1998(85.1)、1961(83.2)、1996(82.6)	43.8	1971(35.1)、1974(38.6)、2011(40.8)、2001(41.2)、1966(41.5)、1962(42.9)、1984(42.9)
4月	118.5	1973(138.0)、1977(136.5)、1964(134.9)、2016(133.4)、1975(130.3)	67.4	2011(40.7)、1988(52.9)、1996(61.1)、2005(62.9)、1993(65.1)
5月	153.7	1967(170.8)、1973(169.1)、1970(161.3)、2002(160.5)、2013(155.0)	101.1	1986(77.0)、2007(95.3)、2001(95.8)、1982(96.9)、2011(97.2)、1979(97.4)、1965(100.0)

续表

时间尺度	极端多雨气候事件		极端少雨气候事件	
	面雨量90%的阈值(mm)	年份(面雨量,mm)	面雨量10%的阈值(mm)	年份(面雨量,mm)
6月	198.1	2017(227.7)、1995(214.8)、1998(214.7)、1999(211.6)、1964(210.8)、2015(202.7)	139.6	1963(113.4)、1972(132.7)、1988(137.5)、1985(138.2)
7月	201.2	1996(236.8)、1998(226.6)、1969(210.8)、1970(210.2)、2016(205.8)、2010(205.6)、1993(202.2)	126.1	1971(93.8)、2001(118.9)、1978(123.1)、1972(124.6)
8月	173.7	1980(219.1)、1998(181.6)、1993(177.6)、1999(176.8)、1988(176.7)、2008(173.7)	104.3	1972(80.8)、2006(85.2)、1978(94.1)、1986(95.2)、2016(96.9)、1992(101.0)、1997(103.0)、1990(103.3)
9月	131.5	1973(161.2)、1970(144.8)、1983(138.7)、1988(135.8)、1982(135.1)	79.7	1998(68.9)、2009(70.1)、2002(70.3)、2001(72.3)、1966(74.1)、1995(74.2)
10月	89.0	1983(112.3)、2000(97.9)、1975(90.6)、1964(90.4)	45.8	1979(32.1)、2004(35.3)、2009(40.5)、2007(42.2)、1968(44.1)、2013(44.9)
11月	60.3	1963(70.7)、1967(68.9)、2015(68.4)、1982(68.2)、1972(64.9)、2008(62.1)	19.2	1988(9.5)、1964(12.1)、1979(13.0)、1992(15.5)、2007(15.8)、1998(16.6)
12月	35.5	2002(47.3)、2015(41.9)、1994(41.8)、1997(40.7)、2010(36.5)、1968(36.1)	8.2	1987(4.7)、1999(5.0)、1973(5.1)、1969(6.5)、1981(6.8)、2008(7.5)、1988(7.9)

附录B (二级分区)金沙江流域极端降水气候事件年表

时间尺度	极端多雨气候事件 面雨量90%的阈值(mm)	年份(面雨量,mm)	极端少雨气候事件 面雨量10%的阈值(mm)	年份(面雨量,mm)
年	706.5	1998(766.0)、1965(741.2)、1974(738.2)、1999(718.0)、2008(711.9)	585.1	2011(545.8)、1972(560.8)、1992(565.4)、1969(570.8)、2006(574.4)、1975(579.5)、1994(583.9)
春季	113.2	1990(128.0)、1974(127.8)、2001(116.2)、2004(116.1)、2007(113.6)	63.7	1969(44.2)、1979(48.6)、1987(55.4)、1963(55.6)、2014(61.0)
夏季	451.5	1998(539.5)、1974(471.3)、2014(457.6)、1965(452.8)	339.8	2011(303.8)、2006(305.1)、1972(324.8)、1992(329.7)、1977(338.1)
秋季	173.8	2016(195.9)、1989(191.6)、1965(181.9)、1986(181.6)、1980(176.3)	122.6	1984(99.5)、1962(100.9)、2009(109.1)、1981(109.5)
冬季	19.8	1982(24.0)、2007(23.9)、1992(23.4)、1991(23.2)、1999(21.3)、1994(20.2)	8.3	2012(5.4)、2009(5.9)、1978(6.0)、1968(6.1)、1973(7.1)、1985(7.9)
1月	8.2	2008(12.4)、2015(11.9)、1993(10.5)、1991(9.6)、2000(9.5)、1983(9.5)	1.7	2006(0.5)、2010(1.2)、2013(1.4)、1986(1.7)、1972(1.7)
2月	9.3	1977(12.6)、1992(11.0)、1993(10.9)、2006(10.1)、1995(9.8)	2.3	1969(0.5)、1974(1.0)、2015(1.2)、1984(1.4)、2011(1.9)
3月	19.1	1994(35.5)、2005(25.4)、2011(22.6)、2017(20.7)、1996(20.5)、1983(19.4)	6.0	1966(4.0)、2007(4.4)、1975(4.9)、1984(5.8)、1986(5.8)、1971(5.9)
4月	31.2	2004(39.6)、2017(35.7)、2016(35.1)、1974(34.6)、2000(32.4)、2007(31.7)	14.6	1994(10.9)、1969(11.6)、1966(12.5)、1963(13.1)、2014(14.1)、1964(14.3)
5月	75.8	1999(89.3)、1978(86.7)、1990(85.8)、2001(85.6)、1974(79.3)、2008(77.5)、2007(77.5)、1984(76.4)	34.8	1979(25.4)、1969(26.1)、1987(30.1)、1982(30.2)、1963(32.6)、1986(33.7)
6月	147.7	2003(169.6)、1965(163.5)、1985(155.3)、1974(150.1)、1998(149.9)	97.0	1977(76.3)、2007(87.9)、1988(90.5)、2015(90.8)、1983(94.0)、1986(96.0)
7月	173.4	1970(212.1)、1998(203.0)、2012(176.3)、1996(174.8)、1987(173.8)	118.8	2015(99.2)、1994(103.3)、2006(111.4)、2001(114.1)、1976(116.9)、1978(118.2)
8月	164.5	1993(192.3)、1966(189.3)、1998(186.7)、1980(170.6)、1974(165.3)、2014(165.0)	88.7	1972(60.2)、2016(76.3)、2011(76.7)、2006(76.9)、1982(82.5)、1975(85.6)、2013(86.8)、1997(88.4)
9月	118.0	2016(136.6)、1987(135.9)、1968(122.5)、1982(119.3)	78.6	1984(64.3)、1998(68.9)、1992(69.6)、2009(70.2)、1961(73.7)、1962(74.0)、2008(75.2)

续表

时间尺度	极端多雨气候事件		极端少雨气候事件	
	面雨量90%的阈值(mm)	年份(面雨量,mm)	面雨量10%的阈值(mm)	年份(面雨量,mm)
10月	57.3	1989(79.1)、1963(67.7)、1980(64.7)、2008(58.1)	25.0	1981(9.3)、2014(24.1)
11月	16.8	1995(25.0)、1973(22.3)、1999(19.1)、1977(17.0)、1970(16.9)	3.3	1962(1.5)、2012(1.6)、1984(2.5)、1993(2.6)、2003(2.7)、1968(2.7)、2015(3.2)
12月	6.8	1979(12.0)、1983(10.6)、1965(9.9)、1970(8.7)、1997(6.9)	1.2	1978(0.6)、1968(0.8)、1975(0.9)、2017(0.9)、1976(1.0)、1996(1.2)

附录C （二级分区）长江上游极端降水气候事件年表

时间尺度	极端多雨气候事件		极端少雨气候事件	
	面雨量90%的阈值(mm)	年份(面雨量,mm)	面雨量10%的阈值(mm)	年份(面雨量,mm)
年	1051.2	1967（1106.3）、1983（1101.8）、1964（1077.6）、1998(1075.6)、1968(1054.9)、1963(1052.8)、1961(1051.3)	887.4	2006（808.5）、1997（823.5）、1986(866.6)、1994(873.7)
春季	257.0	1967(272.4)、1977(271.4)、1972(266.5)、1992(266.5)、1963(263.2)、1973(258.6)、2002(257.6)	189.3	1979（164.3）、1986（178.9）、1995(181.2)、1987(185.0)、2000(185.9)、2011(186.6)、1994(188.6)
夏季	539.8	1998(623.4)、1984(559.5)、1983(554.3)、1980(552.9)	403.2	2006（313.4）、1972（346.7）、1997(366.8)、2011(386.2)、1994(386.4)
秋季	280.7	1975(320.4)、1964(304.6)、1963(301.4)、1967(294.6)、1982(289.3)、2014(285.5)、1969(283.8)	189.1	2002（157.1）、1998（167.1）、1997(181.7)、2007(182.3)、1991(186.2)、1992(187.9)
冬季	52.4	1994(60.0)、1992（59.6）、2003(58.6)、2015(54.9)、1989(53.4)、1988(52.5)	29.7	2009(23.7)、2012(25.2)、1978(27.1)、1968(27.6)、1993(28.4)、1986(29.1)、1973(29.6)
1月	17.3	1991(20.4)、1989（19.7）、1971（19.6）、2016(19.4)、1993(19.0)、1983(18.9)	7.5	1963(2.8)、2013(5.2)、2010(5.2)、2014(5.5)、1966(6.7)
2月	23.4	2006(33.6)、1993（30.6）、1997（26.5）、1967(26.3)、1995(24.3)、1992(23.5)	8.8	1969(5.1)、2010(6.9)、1984(7.2)、1978(7.2)、1999(7.2)、1994(8.7)
3月	44.6	2014(50.8)、1967（50.4）、1968（49.5）、1961(48.9)、2016（48.5）、1977（47.5）、2008(46.7)、2004(45.9)、1992(45.2)	23.7	1966(20.0)、1982(20.9)、1963(21.9)、1979(22.6)、2003(22.9)、1999(23.4)
4月	90.8	1964(111.6)、1977(104.7)、1973(102.0)、1989(97.6)、1999(96.2)、2016(91.2)	52.3	2011(40.3)、1988(43.0)、1995(45.1)、1996(47.3)、1991(51.0)
5月	146.9	1967(166.0)、1963(165.3)、1984(157.5)、2013(155.1)、1972（152.4）、1992(147.7)	93.1	1994(82.2)、2000(83.0)、1979(84.2)、2001(87.5)、1965(90.2)、1989(90.3)、1961(93.0)
6月	178.6	1973(195.3)、1967(188.7)、2015(188.0)、1992(185.1)、1964(183.6)、2016(180.0)、2002(179.8)、1971(178.7)	119.8	1970（93.3）、1966（101.3）、1963(105.2)、2006(112.5)、1968(112.6)、2008(118.1)
7月	214.7	2007(240.6)、1984(237.6)、2012(230.2)、1998(223.8)、1982(219.4)、1996(219.3)、2010(215.3)	132.4	2002（109.8）、2015（112.2）、1971(114.7)、2001(119.6)、2006(121.6)、1994(124.4)、2017(130.2)

续表

时间尺度	极端多雨气候事件		极端少雨气候事件	
	面雨量90%的阈值(mm)	年份(面雨量,mm)	面雨量10%的阈值(mm)	年份(面雨量,mm)
8月	194.7	1998(246.5)、1968(209.1)、1981(204.7)、1974(199.9)	103.4	1972(67.7)、1997(74.5)、2006(79.4)、2011(93.9)、2016(97.8)、1994(102.9)
9月	165.4	1973(187.9)、1964(187.6)、1975(186.5)、1982(176.4)、1967(174.1)、1979(171.0)、2014(166.3)	90.9	2002(59.1)、1998(85.5)、1977(86.5)、2005(90.3)
10月	95.4	2017(113.5)、1961(106.6)、1977(98.6)、1980(97.3)、1975(96.5)	56.4	1986(50.2)、1984(50.2)、1979(51.3)、1981(53.1)、2013(54.3)、1997(55.7)、2003(55.7)、1985(55.8)、1996(56.3)
11月	47.2	1963(62.6)、1996(58.1)、2011(57.3)、1961(51.9)、1978(51.3)、1967(48.7)	17.5	1988(10.3)、1998(12.9)、1992(14.3)、2007(14.8)、2017(15.4)
12月	18.8	1965(23.0)、1994(22.0)、2003(21.7)、1989(20.5)、1979(20.5)、2015(19.8)、1961(18.8)	7.3	1990(4.3)、1978(4.9)、1996(5.0)、2017(5.6)、1969(7.2)

附录 D （二级分区）长江中下游极端降水气候事件年表

时间尺度	极端多雨气候事件		极端少雨气候事件	
	面雨量90%的阈值(mm)	年份(面雨量,mm)	面雨量10%的阈值(mm)	年份(面雨量,mm)
年	1500.5	2016(1610.9)、2002(1577.5)、1983(1555.6)、1998(1525.6)、1975(1517.6)、2010(1516.9)、2015(1515.7)、1970(1504.9)	1140.6	1978(989.1)、1966(1073.0)、2011(1076.4)、1971(1098.2)、1986(1110.6)
春季	514.8	1973(582.0)、1975(556.7)、1970(542.1)、2002(538.6)、1992(536.7)、2010(535.2)、1977(530.0)、1967(526.0)、2016(521.7)	343.8	2011(219.1)、2007(322.2)、1986(338.6)
夏季	621.6	1996(702.0)、1999(697.3)、1998(672.6)、1980(669.0)、1969(658.4)、1993(630.8)、2017(624.1)	404.2	1978(320.4)、1972(341.8)、1966(374.9)、1985(379.5)
秋季	308.4	1983(345.6)、1972(345.3)、1961(330.2)、2015(327.1)、2016(317.7)、1981(317.5)、2000(315.7)、1982(308.7)	161.3	1992(124.3)、2007(134.1)、1998(139.3)、1979(145.2)、2001(150.9)
冬季	199.9	1997(270.6)、2002(231.0)、1989(215.7)、2004(209.0)、1994(205.8)、1992(205.1)、1984(200.3)	99.3	1962(73.4)、1998(77.4)、1967(79.0)、1983(93.9)、1985(96.5)
1月	75.6	1998(115.9)、1989(95.0)、2001(83.3)、1991(81.4)、1969(76.2)、2016(75.9)	19.6	1963(1.9)、1972(16.8)、2013(16.9)、1965(16.9)、1962(18.2)、2014(18.7)
2月	94.9	1990(122.6)、2005(113.2)、1985(111.6)、1982(101.7)、2006(95.5)	34.7	1999(15.7)、1996(23.5)、1968(24.1)、1984(25.2)、1978(28.7)、1977(30.5)、2011(32.6)
3月	146.5	1992(253.7)、2017(167.6)、1991(166.3)、1998(161.5)、1996(146.7)	71.8	1974(53.9)、2011(56.9)、1971(59.3)、2001(68.8)、2006(68.9)
4月	197.4	1973(231.9)、1975(222.5)、1964(221.2)、1977(219.3)、2016(217.5)、2002(199.5)	98.9	2011(51.9)、1988(76.6)、2005(84.1)、1996(92.5)、1993(97.9)
5月	223.9	1973(262.3)、1967(250.3)、1970(243.5)、1975(228.2)、1977(226.8)、2002(224.2)	128.5	1986(90.2)、2007(104.4)、2001(107.0)、2011(110.3)、1966(121.5)、2017(125.7)
6月	261.5	2017(306.7)、1995(298.4)、1998(292.1)、2011(282.0)、1999(280.6)、2015(277.7)、1964(271.4)	154.2	1963(112.3)、1985(125.8)、1978(145.1)、1965(150.0)
7月	229.0	1996(285.2)、1969(264.2)、2016(261.5)、1998(242.6)、2010(241.5)、1993(241.1)	106.7	1971(60.5)、1972(86.0)、1978(92.6)、1988(93.8)、2013(100.7)

续表

时间尺度	极端多雨气候事件		极端少雨气候事件	
	面雨量90%的阈值(mm)	年份(面雨量,mm)	面雨量10%的阈值(mm)	年份(面雨量,mm)
8月	189.7	1980(263.9)、1999(218.8)、1969(204.6)、1988(204.5)、2017(192.8)	90.1	1966(45.5)、1986(64.3)、1978(82.7)、1992(85.7)
9月	136.3	1973(182.7)、1970(168.4)、1961(151.9)、1983(150.6)、2017(142.8)、1988(141.1)	54.8	2001(19.6)、1966(33.9)、1995(42.3)、2009(49.3)
10月	119.3	1983(166.3)、2000(139.2)、1987(139.0)、1972(131.3)、2002(125.2)、1981(124.0)	36.8	1979(5.6)、2004(18.4)、1992(27.4)、2009(28.9)、2007(30.4)、2013(36.8)
11月	105.0	2015(136.5)、1982(117.8)、1967(115.8)、1997(112.0)、1963(111.7)、1972(110.6)、1981(109.7)、2012(106.0)	22.2	1988(6.7)、1964(10.5)、1979(14.0)、1995(16.0)、2007(17.2)、1992(20.1)、1998(20.5)、2010(21.7)
12月	66.6	2002(94.5)、2015(77.0)、1997(76.8)、1994(76.7)、1968(72.2)、2010(70.2)、2012(68.2)	9.9	1987(2.0)、1973(2.8)、1999(3.6)、1981(5.6)、1969(9.1)、1988(9.5)

附录E （三级分区）金沙江上段极端降水气候事件年表

时间尺度	极端多雨气候事件 面雨量90%的阈值(mm)	年份（面雨量,mm）	极端少雨气候事件 面雨量10%的阈值(mm)	年份（面雨量,mm）
年	542.5	1989(560.6)、2005(557.9)、1998(553.2)、2003(552.9)、1993(548.5)、1985(544.8)	429.8	1994（401.0）、2015（406.2）、1986(417.4)、1973(420.3)、1978(425.4)、1972(425.6)、2006(428.6)
春季	89.6	2011(114.4)、2013(98.1)、1999(97.4)、1989(91.3)、2017(90.1)	52.2	1969(36.9)、1966(39.5)、1979(45.0)、1967(47.7)、1964(49.0)
夏季	349.6	2003(373.2)、1993(369.8)、2005(368.2)、1998(364.5)、2012(358.1)、2014(355.6)、2009(355.1)	249.4	1994（227.4）、1986（233.6）、2015(234.4)、1997(237.4)、2006(240.7)、1978（241.2）、1977（242.0）、2016(243.9)、1973(245.0)
秋季	125.4	1989(146.0)、2016(142.7)、2013(129.2)、1980(128.1)、1996(126.1)	88.0	1962(72.3)、1984(73.3)、1991(83.5)、1961(86.2)
冬季	14.5	2007(18.5)、1995(18.2)、1992(17.9)、1994(16.2)、2004(15.2)、1987(14.9)、1991(14.6)	6.5	1962(4.8)、1964(5.0)、2009(6.0)、2013(6.0)、1968(6.2)
1月	6.2	2008(10.7)、1993(9.8)、1994(7.6)、2012(7.0)、1991(6.6)	1.0	2006(0.3)、1982(0.5)、1965(0.5)、1963(0.9)、2014(1.0)、1976(1.0)
2月	7.3	2005(9.8)、1995(8.7)、2006(8.3)、1997(7.5)、1977(7.5)	2.3	1969(0.4)、1974(1.1)、1984(1.4)、2015(1.6)、1963(1.8)、1986(2.1)、1985(2.3)
3月	16.6	2011(37.6)、1985(18.4)、1994(17.9)	5.3	1969(3.9)、1971(4.2)、1964(4.6)、1975(4.6)、1966(4.8)、2015(4.9)、1962(5.3)、1973(5.3)、1986(5.3)
4月	25.0	2000(32.6)、2016（29.3）、2012(28.6)、1977(27.9)、1986(25.6)、2013(25.5)	11.8	1967(8.9)、1964(9.5)、2003(9.6)、1969(10.2)、1962(11.3)
5月	57.0	1999(75.9)、2013(66.0)、1989(63.3)	28.8	1969(22.9)、1966(22.9)、1979(23.1)、1982(25.4)、1987(25.7)、1983(28.2)、1972(28.5)
6月	114.4	1999(132.7)、1982(132.2)、2003(123.3)、1965(120.9)、2012(120.9)、2014(119.6)、2017(116.5)	73.7	1977(58.1)、1966(59.6)、2007(71.9)
7月	142.7	1970(182.1)、2009(157.8)、2013(157.3)、2012(153.3)、1987(147.7)、1984(145.8)	80.5	1994(52.6)、2015(60.0)、1973(71.5)、2006(77.5)、1986(78.3)、2001(78.5)

续表

时间尺度	极端多雨气候事件		极端少雨气候事件	
	面雨量90%的阈值(mm)	年份(面雨量,mm)	面雨量10%的阈值(mm)	年份(面雨量,mm)
8月	127.8	1993(156.7)、2005(145.6)、1980(140.6)、2003(137.8)、1998(135.6)	62.6	1972(45.3)、2016(46.8)、1984(47.6)、2013(50.0)、2002(59.5)、1982(60.4)、1975(61.3)
9月	93.5	1989(101.7)、1987(101.2)、2016(100.7)、1985(99.4)、1982(96.3)、1980(93.8)	60.6	1961(49.0)、1984(50.1)、2009(56.6)、1998(60.2)、1962(60.4)、2005(60.4)
10月	38.0	1998(49.6)、1999(48.3)、1983(41.8)、2008(38.8)、2016(38.7)、2009(38.5)	14.1	1981(7.8)、2014(9.7)、1962(11.3)、1991(12.7)
11月	7.1	1978(9.9)、1995(9.8)、2007(7.9)、1961(7.8)	1.5	1980(0.5)、1962(0.7)、1990(0.9)、1993(1.3)、1968(1.3)、2012(1.3)、1964(1.4)
12月	4.1	1979(6.3)、1977(5.7)、1997(5.5)、1995(5.2)、1987(5.2)、1991(4.9)、1973(4.2)、1989(4.1)	0.5	1996(0.0)、1980(0.3)、1975(0.4)

附录F （三级分区）金沙江中下段极端降水气候事件年表

时间尺度	极端多雨气候事件		极端少雨气候事件	
	面雨量90%的阈值(mm)	年份（面雨量,mm）	面雨量10%的阈值(mm)	年份（面雨量,mm）
年	962.5	1998（1047.2）、1965（1042.8）、1968（1038.6）、1974（997.8）、1999（974.7）、2001（967.0）、1991（963.6）	749.6	2011（617.1）、1975（725.3）、1992（732.7）、2009（737.4）、1972（739.3）、1969（739.9）
春季	156.5	1990（193.2）、1974（189.8）、2007（166.4）、1984（165.7）、2004（161.6）、1978（160.5）	70.7	1963（41.7）、1979（53.4）、1969（53.6）、1987（57.9）、2012（64.7）、2014（68.4）
夏季	609.8	1998（770.2）、1968（644.2）、1966（634.9）、1974（634.2）	433.7	2011（346.4）、2006（389.6）、1972（411.7）、1992（415.3）、1975（416.3）、1989（421.2）
秋季	250.1	1965（277.4）、1986（270.7）、2016（266.3）、1991（266.0）、2001（254.7）、1989（252.7）	157.1	2009（118.7）、1981（131.7）、1984（134.3）、1962（138.8）、2014（149.1）、2011（152.2）、2002（156.3）、1998（156.4）、1996（156.7）
冬季	29.2	1982（38.6）、1999（34.4）、1991（34.2）、2007（31.0）、1992（30.6）、1970（30.3）	8.9	2012（4.0）、1978（5.0）、2009（5.8）、1968（6.0）、1973（6.6）、1985（8.5）
1月	12.8	2015（22.2）、2000（16.7）、1983（15.4）、2008（14.7）、1999（13.9）、1992（13.7）、1991（13.4）	1.7	2006（0.8）、2010（0.8）、1986（1.1）、1961（1.4）、1966（1.5）、1996（1.6）
2月	13.2	1977（19.3）、1993（17.6）、1992（16.6）、2008（14.1）、1961（13.6）	1.8	1969（0.5）、1974（0.9）、1984（1.2）、1999（1.3）、2013（1.4）、2015（1.4）、2011（1.4）、2012（1.8）
3月	25.3	1994（59.2）、2005（37.1）、1996（30.2）、1983（29.6）、2017（28.8）	5.3	2007（2.8）、1966（2.9）、1982（3.7）、1978（4.2）、1975（5.2）、1984（5.3）、1999（5.3）
4月	44.7	2004（66.1）、1974（60.1）、2017（53.0）、2007（48.8）、1985（48.2）	14.5	1994（7.6）、1963（11.0）、1969（13.4）、1966（13.5）、2012（14.4）、1989（14.5）
5月	108.3	1978（138.5）、1990（132.3）、2001（128.0）、1984（126.3）、2007（114.8）、2002（113.6）、1974（111.4）	37.1	1963（20.3）、1979（28.0）、1969（30.1）、2005（34.7）、1987（35.5）、1986（36.1）、1982（36.4）
6月	204.9	2003（231.1）、1981（222.4）、1998（222.2）、1978（220.3）、1965（219.9）、1985（210.9）、2016（207.3）	117.9	1992（97.5）、1977（101.0）、2015（103.2）、1988（104.9）、1993（106.8）、1983（108.1）、2007（109.7）
7月	233.1	1998（293.5）、1970（252.1）、1996（250.9）、1986（250.1）、1968（245.8）、1997（243.6）、1991（236.0）	154.2	2011（133.3）、1980（142.9）、1965（143.2）、2003（152.3）、1964（152.7）、1989（154.0）

续表

时间尺度	极端多雨气候事件		极端少雨气候事件	
	面雨量90%的阈值(mm)	年份(面雨量,mm)	面雨量10%的阈值(mm)	年份(面雨量,mm)
8月	226.2	1966(279.2)、1998(254.5)、2015(248.9)、1965(245.3)、1993(241.5)	111.3	1972(79.8)、2011(80.1)、2006(80.2)
9月	163.2	1991(186.5)、1968(184.8)、2016(184.1)、1987(182.5)、1997(177.3)	92.5	1992(75.2)、2008(77.1)、1998(80.5)、1984(83.4)、2009(88.5)、1963(89.1)、1962(92.2)、1975(92.3)
10月	92.9	1989(133.9)、1963(124.8)、1980(105.8)、1965(104.5)、2006(97.3)、1979(93.0)	33.0	1981(11.2)、2009(27.1)、1972(30.8)
11月	32.0	1995(45.0)、1973(44.5)、1999(37.4)、1975(35.2)、1972(35.0)、1970(34.2)、2016(33.6)、1977(32.3)	4.3	2012(2.2)、2013(2.3)、1962(2.4)、1984(2.5)、2009(3.2)、2003(4.1)、1966(4.1)
12月	11.4	1983(20.6)、1965(19.6)、1979(19.5)、1970(19.4)	1.3	1968(0.6)、1978(0.6)、2012(0.8)、2001(1.0)、2017(1.0)

附录G （三级分区）岷沱江流域极端降水气候事件年表

时间尺度	极端多雨气候事件		极端少雨气候事件	
	面雨量90%的阈值(mm)	年份(面雨量,mm)	面雨量10%的阈值(mm)	年份(面雨量,mm)
年	944.8	1961(1041.1)、1966(1007.3)	765.9	1972（724.8）、2002（725.8）、2006（730.8）、1997（732.5）、1986（743.4）、1996（755.8）、2007（759.8）、2000（762.7）、1994(765.1)
春季	197.7	2005(219.9)、1984(214.5)、1999(206.0)、2004(205.9)、1985(204.0)	145.8	1986（112.0）、1979（137.5）、1987（139.6）、1994(140.7)、1983(145.2)
夏季	541.3	1961(639.9)、1966(627.1)、1962(572.6)、1984(548.0)、1981(544.8)	394.2	2006（344.4）、1997（364.6）、1972（375.4）、2011（376.0）、1994（385.9）、2002(393.1)
秋季	238.6	1963(291.2)、1967(266.4)、1975(264.3)、1964(256.0)、1978(249.9)、1982(244.6)	154.8	1984（130.6）、2003（135.0）、2002（142.6）、1997（144.5）、2007（146.9）、1972（150.7）、2000(151.8)
冬季	31.2	1967(39.6)、2015（35.1）、1994(32.6)、1991(32.6)、2004(31.7)	15.5	2012(12.0)、1980(12.2)、2009(12.5)、2002(12.9)、2008(13.4)、1968(14.3)、2014(15.4)
1月	10.5	1971(12.5)、1989（12.0）、1984（11.7）、2011(11.5)、1970(11.2)、2002(10.9)	3.3	2010(1.4)、1963(2.3)、2013(2.3)、2014(2.6)、2017(2.9)、1976(3.1)
2月	17.1	1968(23.9)、2006（23.1）、1992（20.3）、1997(19.5)、1995(18.4)、2005(17.1)	5.7	1984(4.1)、1969(4.4)、2003(4.8)、2015(4.9)、2010（5.3）、2013（5.4）、2009(5.5)
3月	35.6	1985(47.1)、2004（46.0）、1968（41.6）、2008(37.9)、1961(37.6)	16.6	1982(11.6)、2007(14.0)、1969(14.2)、1971(14.3)、1963(16.4)
4月	67.8	2001（83.3）、2016（76.1）、1989（75.6）、2000(70.8)、1977(70.2)、2017(69.5)、1964(69.4)	40.8	1986(36.3)、1988(37.7)、1962(38.0)、1987(38.2)、1978(39.0)、1967(40.4)
5月	115.2	1984(150.5)、2005(128.1)、1999(121.0)	72.9	1986(59.0)、1964(60.5)、2000(63.6)、1994(64.2)、1982(72.1)
6月	168.1	1973(212.7)、1961(193.5)、2014(190.2)、1992(183.1)	111.0	1970(91.3)、1996(99.2)、1978(105.6)、1979（108.0）、2008（109.0）、1977(110.2)、1968(110.7)
7月	214.0	1984(240.7)、1988(240.6)、2013(233.9)、1966(231.4)、1962(225.0)、2012(224.1)	125.9	2015（107.1）、2017（112.0）、2000(112.5)、2008(116.7)、1994(119.9)、2004(123.0)、1997(123.3)

续表

时间尺度	极端多雨气候事件		极端少雨气候事件	
	面雨量90%的阈值(mm)	年份(面雨量,mm)	面雨量10%的阈值(mm)	年份(面雨量,mm)
8月	210.0	1966(275.0)、1961(241.1)、1968(225.5)、2003(211.2)、2001(211.0)	108.1	1972(75.8)、2011(82.7)、2016(84.0)、2006(90.3)、2013(101.7)、1997(104.0)
9月	156.9	1964(187.8)、1963(186.6)、1967(173.6)、1975(172.3)、1982(171.1)、1985(164.3)	90.1	2002(61.8)、2007(81.5)、1984(82.9)、1961(87.5)、2003(88.2)
10月	73.4	2017(81.3)、1980(79.0)、1963(78.5)、1993(76.5)、1976(76.4)、1975(75.3)、1999(74.1)、1967(73.8)	39.2	1981(29.5)、1968(34.2)、1985(35.8)、1987(36.2)、1986(36.8)、2000(38.3)、2003(38.8)、1997(39.1)
11月	23.9	1961(37.3)、1978(35.9)、1963(26.0)、1990(25.3)、2004(24.5)	10.0	1992(6.4)、1984(7.8)、2003(8.0)、2012(8.4)、1988(9.3)、1974(9.7)
12月	8.6	1995(12.1)、1979(10.6)、1965(10.0)、1964(9.2)、2015(9.0)	2.8	2008(1.1)、1996(1.5)、1978(1.9)、1980(2.0)、1992(2.1)、2017(2.2)、1990(2.7)

附录 H （三级分区）嘉陵江流域极端降水气候事件年表

时间尺度	极端多雨气候事件		极端少雨气候事件	
	面雨量90%的阈值(mm)	年份(面雨量,mm)	面雨量10%的阈值(mm)	年份(面雨量,mm)
年	1026.9	1983（1145.8）、1981（1109.4）、2013(1050.3)、1961(1028.4)、1967(1028.2)	764.7	1997（635.3）、2006（740.6）、1986(740.8)、1996(743.2)、2002(748.3)
春季	239.2	1967(296.1)、1963(282.0)、1964(255.0)、1973(252.8)、1998(248.8)、1983(242.9)、2013(240.3)	144.0	1995（112.3）、1962（121.9）、2001(126.9)、1979(127.2)、2000(132.4)、1994(141.1)
夏季	552.6	1981(677.0)、2013(594.8)、1998(575.9)、1983(556.6)	338.8	1997（274.2）、2006（281.5）、1969(298.4)
秋季	313.6	1975(389.6)、1964(368.9)、2011(348.5)、2014(333.2)、1973(329.6)、1969(328.6)、1974(327.1)、1983(317.0)	169.5	1997（136.6）、1998（141.3）、2002(153.4)、1991(161.4)、1972(165.6)
冬季	39.0	1989(45.2)、1994(45.0)、1988(44.9)、2004(40.8)、1992(40.4)、2016(39.8)、2003(39.2)	18.0	2009(13.2)、1986(13.4)、1962(15.1)、1998(16.1)、2012(16.1)、1968(17.2)、2008(17.4)
1月	13.2	1989(20.3)、2011(16.2)、2012(15.1)	3.9	1963(0.3)、2010(3.0)、2014(3.1)、1966(3.5)、1992(3.5)、2013(3.6)
2月	19.1	2017(26.2)、1993(26.0)、2006(25.6)、1967(22.3)、1997(20.0)、1990(20.0)	5.1	1999(2.1)、1969(3.7)、1984(3.8)、1987(4.0)、1977(5.0)
3月	38.8	1967(59.8)、1968(48.0)、2017(44.9)、1977(39.3)、1970(38.9)	17.4	1962(13.7)、2013(13.8)、2001(14.3)、1966(15.0)、1971(15.1)、1984(15.8)、1980(17.2)
4月	84.8	1964(122.5)、1973(113.1)、1963(87.9)、1999(85.6)	38.9	1988(21.1)、2011(29.5)、1995(35.0)、1996(36.3)、2012(37.7)
5月	145.2	1967(187.5)、1963(173.9)、2013(173.3)、1983(165.0)、2011(148.8)、1998(146.4)	63.2	1994(43.5)、1965(48.3)、1979(51.3)、1995(57.6)、2000(59.0)、2014(60.4)、2001(61.8)
6月	167.1	1961(210.9)、2015(188.2)、2000(171.3)、1980(170.6)、2013(167.8)	76.2	1966(52.2)、1969(63.4)、2006(74.2)、1964(74.7)
7月	249.4	2013(306.2)、2010(278.4)、2007(273.7)、1981(267.9)、1988(260.0)、2012(256.8)、1984(254.8)	112.1	2002(60.9)、2015(75.3)、2001(94.0)、1976（102.0）、1991（107.6）、1994(109.2)、2004(110.3)
8月	205.8	1981(293.1)、1998(244.6)、2003(220.4)、1993(211.6)	86.8	1997(56.7)、1977(69.3)、2016(70.0)、1969(72.8)、1972(75.2)、2006(83.6)、1994(84.2)

续表

时间尺度	极端多雨气候事件		极端少雨气候事件	
	面雨量90%的阈值(mm)	年份(面雨量,mm)	面雨量10%的阈值(mm)	年份(面雨量,mm)
9月	207.1	1964(250.9)、1975(250.9)、1974(222.6)、1973(220.3)、2014(218.8)、2011(218.3)	84.8	2002(59.5)、1976(71.3)、1977(72.1)、1997(79.3)、1991(81.0)、2016(84.8)
10月	99.0	1961(132.2)、2017(119.3)、1975(117.0)、1983(104.5)、1964(100.2)	43.0	1981(32.5)、1984(34.5)、1997(34.5)、1989(35.4)、1979(38.5)
11月	43.0	2011(72.3)、1994(54.6)、1963(48.6)、1967(48.2)	11.0	1998(4.1)、2007(7.2)、1992(7.6)、1988(8.2)、2010(9.4)、1995(9.6)、1965(9.8)、2012(10.7)
12月	14.2	1994(19.1)、1965(18.9)、2004(17.0)、1989(16.8)	3.3	2017(1.4)、1996(1.8)、1978(2.3)、1990(2.7)、1967(2.8)、1972(2.9)、1969(3.2)

附录Ⅰ （三级分区）乌江流域极端降水气候事件年表

时间尺度	极端多雨气候事件		极端少雨气候事件	
	面雨量90%的阈值(mm)	年份(面雨量,mm)	面雨量10%的阈值(mm)	年份(面雨量,mm)
年	1286.3	1967（1401.1）、1977（1367.4）、1964（1330.1）、1996（1319.5）、1980（1305.7）、1983（1294.5）	977.2	2011（852.3）、1966（855.9）、1981（917.5）、2013（934.1）、2006（938.8）、2009（941.4）、1988（960.9）、1990（975.3）
春季	360.5	1977(420.8)、1972(382.7)、2016(371.1)、2002(369.2)、1974(367.0)	235.9	2011（147.3）、1979（186.9）、1991（213.1）、1986（217.3）、1988（219.1）、1987（225.5）、1993（229.1）、2017（233.8）
夏季	652.5	1996(752.0)、1998(707.1)、1967(692.5)、1999(690.8)、1964(668.2)、1980(660.8)、2007(653.5)	373.6	1972（274.7）、1966（287.1）、2013（306.6）、2006（322.4）、1981（346.7）、1990(351.4)、2011(360.3)
秋季	321.1	1972(406.6)、1961(343.0)、1982(333.0)、1965(328.7)、1994(328.1)、2008(326.4)	192.7	2002（154.6）、2009（158.6）、1998（186.2）、1991（186.4）、2003（190.0）
冬季	89.7	2003(117.4)、1992(110.2)、1994(107.2)、1970(100.9)、1982(98.7)、1996(91.1)	44.0	1978(33.7)、2009(36.8)、1973(36.8)、1977(40.4)、1993(40.4)、1995(41.9)、1968(42.2)
1月	32.3	1991（48.3）、1983（41.8）、1993（36.6）、1997(36.5)、2007(35.1)	10.5	1963(4.3)、1967(7.8)、2010(8.0)、1979(8.6)、2014(9.3)、1966(10.2)、2013(10.2)
2月	36.4	1993（50.6）、2006（47.8）、1995（43.9）、1997（41.9）、1982（41.2）、2002（40.4）、2004(38.2)、1992(36.7)	10.5	1969(4.7)、2010(5.3)、1978(6.4)、1996(8.3)、2011(10.2)、1974(10.5)
3月	60.0	2016（76.8）、2014（70.0）、1977（68.2）、1961（66.6）、1990（66.2）、1994（65.4）、2008(63.3)	24.7	1963(16.4)、1988(16.6)、1987(17.3)、1999(19.7)、1982(19.8)、1978(22.5)
4月	134.3	1964(174.9)、1977(152.7)、1961(147.2)、1974(146.7)、2016(144.3)、2009(137.0)、1997(134.8)	63.2	2011(41.6)、1979(49.8)、1996(55.6)、1991(59.1)、1995(62.8)
5月	204.2	1972(226.9)、1963(223.6)、1984(214.4)、2002(210.2)、2004(209.9)、1978(209.9)	116.8	2011(73.8)、1989(91.8)、1979(107.4)、2017（107.7）、1991（111.2）、1986（112.9）、2007(114.1)
6月	272.9	1964(367.5)、2017(324.4)、1967(307.1)、1996(288.9)、1999(283.5)、2016(279.5)	137.6	1961（94.4）、1970（116.7）、2008（118.0）、1963(121.7)、1966(129.5)、1984(136.0)

续表

时间尺度	极端多雨气候事件		极端少雨气候事件	
	面雨量90%的阈值(mm)	年份(面雨量,mm)	面雨量10%的阈值(mm)	年份(面雨量,mm)
7月	263.4	1996(334.1)、1991(329.7)、2007(287.1)、2014(279.8)、1986(269.9)、1970(267.1)	89.2	2013(40.0)、1972(66.1)、2011(69.1)、1966(76.4)
8月	206.4	1998(259.4)、1974(239.6)、1984(232.8)、1993(213.3)、1967(211.2)、2002(208.8)、1980(208.5)	78.3	1990(36.8)、1972(50.0)、2003(57.6)、1976(66.8)、1992(70.6)、1970(75.2)、1997(76.0)
9月	163.7	1970(212.5)、1972(211.5)、1982(176.5)、1979(171.9)、1973(171.6)、1967(171.5)	62.0	2001(40.9)、2002(44.9)、1966(48.8)、2016(56.6)、1992(58.7)
10月	136.9	2011(169.4)、1980(153.9)、1977(148.2)、2008(144.7)、2006(141.9)、2001(140.5)、1961(138.4)	60.5	1973(34.9)、1979(52.6)、2003(57.1)、2013(58.9)、1970(59.6)、1988(59.7)
11月	78.2	1963(117.6)、1996(102.2)、2008(92.5)、1961(89.6)、1978(84.4)、1975(83.5)	20.5	1988(5.2)、2007(11.5)、1979(13.9)、2017(16.8)、1974(19.6)
12月	35.3	1970(49.0)、2003(47.9)、2015(45.6)、1961(45.0)、1994(35.7)	10.3	1999(8.1)、1981(8.1)、1978(8.3)、1987(9.0)、1990(9.0)、1969(9.3)、1973(9.3)、1975(10.0)、1986(10.2)

附录J （三级分区）宜宾—重庆区间极端降水气候事件年表

时间尺度	极端多雨气候事件		极端少雨气候事件	
	面雨量90%的阈值（mm）	年份（面雨量,mm）	面雨量10%的阈值（mm）	年份（面雨量,mm）
年	1197.5	1968（1305.3）、2016（1250.2）、1974（1235.2）、1998（1233.4）、1973（1220.3）、2014（1203.6）	926.0	2011（716.2）、1971（915.7）、1993（919.6）、2003（921.6）
春季	308.6	1992（375.1）、2005（350.1）、1972（341.7）、2004（334.0）	191.8	2011（153.5）、1969（162.4）、1979（176.3）、2003（179.2）、1986（182.4）、1991（186.2）、1994（187.4）
夏季	620.9	1998（766.2）、1968（688.2）、1974（650.2）、2002（648.7）	392.6	2011（281.1）、2006（350.3）、1972（351.8）、1992（364.5）、1971（370.1）、1990（379.1）
秋季	301.4	1969（357.3）、1964（317.5）、1975（305.8）、2014（302.3）、1982（301.7）、1988（301.5）	181.7	2009（142.7）、2002（155.8）、1984（157.6）、1998（169.4）、1992（169.9）、1993（171.9）
冬季	87.9	1991（93.8）、1974（93.7）、1970（93.2）、1964（91.4）、2015（91.4）、2005（90.2）、1982（90.2）、1994（89.6）、2011（89.3）	52.7	1993（40.5）、1962（44.6）、1968（46.9）、2012（47.3）、1978（50.2）
1月	31.5	1965（42.2）、2016（37.6）、1971（37.0）、2012（33.4）、1962（32.6）	14.4	2013（7.5）、2014（10.4）、1963（10.5）、1966（13.2）、2010（13.5）、1994（13.7）
2月	33.5	2006（45.2）、1992（41.9）、1997（36.0）、1961（35.8）	13.6	2003（8.6）、2007（9.6）、1969（11.3）、1994（11.5）、2011（12.1）、2010（13.2）
3月	59.5	2014（103.4）、2016（76.8）、1961（69.3）、2004（68.2）、1994（65.7）、1992（59.9）	23.9	1963（15.7）、1966（18.5）、1998（20.7）、1981（22.2）、1997（23.9）
4月	107.2	1992（139.6）、1974（116.9）、2013（111.3）、1964（111.2）、2016（108.2）、2000（107.6）	48.6	1995（32.8）、1969（40.8）、1979（41.7）、2011（41.7）、1986（43.7）、1994（45.0）、1991（45.6）
5月	181.1	1972（237.2）、2005（201.2）、1984（199.5）、1962（198.2）、1978（185.4）、2004（181.4）	86.1	1964（67.7）、2007（70.6）、2011（71.8）、1994（76.7）、1993（82.6）、2000（83.3）
6月	231.5	1964（295.6）、1967（292.5）、2016（282.9）、2002（262.0）、1973（239.5）、2003（236.2）	111.3	1970（57.2）、1963（92.2）、1984（100.1）、1993（102.6）、1961（104.8）
7月	249.0	1968（309.8）、1970（296.0）、1986（287.8）、1996（286.8）、2007（284.7）、1984（277.3）、1998（266.4）	112.2	1971（83.0）、2011（85.0）、1992（90.4）、1964（101.5）、2017（106.3）、2001（112.1）

续表

时间尺度	极端多雨气候事件		极端少雨气候事件	
	面雨量90%的阈值（mm）	年份（面雨量，mm）	面雨量10%的阈值（mm）	年份（面雨量，mm）
8月	232.6	1974(294.4)、1998(268.4)、1979(266.8)、2002(254.2)、1968(237.5)、1984(236.6)	89.5	2011(48.6)、2006(59.1)、1997(60.0)、1972(68.8)、2003(69.7)、1990(72.4)、1976(83.5)
9月	173.5	1988(205.1)、1973(204.8)、2012(190.3)、1964(183.3)、1965(179.5)	64.4	2011(46.6)、2009(47.5)、2002(48.8)、1978(52.7)、1992(60.1)
10月	112.0	1963(139.6)、2008(136.1)、2017(122.9)、1990(122.9)、2011(117.7)、1969(117.6)、1994(117.1)	53.9	1996(40.0)、1973(40.2)、1986(41.9)、2003(45.6)、1984(50.2)
11月	65.7	1969(95.0)、1996(76.0)、1978(72.9)、1975(72.5)、1963(72.1)、2008(67.8)、2006(65.9)	23.0	1992(12.6)、1997(17.0)、1988(19.5)、2015(20.1)、2007(20.1)、1998(20.4)、1965(22.3)
12月	33.6	1974(38.4)、1991(36.9)、1965(36.9)、1961(36.0)、1967(35.3)、2011(35.2)、1970(34.1)	14.7	1978(7.8)、1990(8.4)、1986(11.0)、1996(11.5)、1962(12.8)、1987(13.4)

附录K （三级分区）重庆—宜昌区间极端降水气候事件年表

时间尺度	极端多雨气候事件		极端少雨气候事件	
	面雨量90%的阈值（mm）	年份（面雨量,mm）	面雨量10%的阈值（mm）	年份（面雨量,mm）
年	1320.0	1982（1452.8）、2017（1413.1）、1998（1402.8）、1983（1387.1）、2014（1320.9）	963.1	1966（842.3）、2001（867.0）、2006（896.2）、1997（921.0）、1976（947.1）、1988（952.8）、2012（957.6）、1978（960.1）
春季	380.0	1977（440.1）、2002（434.3）、1963（412.8）、1967（404.4）、2017（396.8）、1974（388.5）	242.2	1965（188.0）、1995（206.1）、2000（225.3）、1983（231.0）、1987（240.4）
夏季	632.7	1998（820.3）、1982（780.4）、1980（711.8）、1983（692.7）	352.5	2006（271.4）、1966（302.6）、1976（314.7）、2012（323.9）、2001（326.6）、1990（331.1）
秋季	382.7	2017（494.8）、1972（429.0）、2014（425.6）、1979（415.3）、1983（405.3）、2011（404.4）、1971（393.5）	212.7	1998（171.1）、1997（204.0）、2001（208.6）、2002（209.6）、1990（211.0）、1991（212.6）
冬季	83.6	1992（123.5）、1988（100.5）、1989（95.0）、2006（94.7）、1965（85.8）、2001（85.3）、2003（84.7）	37.1	1967（31.3）、1983（32.4）、1998（33.3）、2009（34.6）、2012（34.7）、1978（35.1）、2013（37.0）
1月	26.2	2016（35.9）、1989（35.8）、1993（35.1）、1971（31.1）、2015（26.9）	6.4	1963（1.8）、1966（2.4）、1972（3.6）、1999（4.4）
2月	39.3	1993（66.4）、2007（62.9）、2006（51.3）、1967（44.9）、2002（42.8）、1989（41.9）	8.3	1984（4.0）、1978（5.1）、1969（5.6）、2012（5.7）、1999（7.4）、1994（7.6）、2000（7.7）
3月	74.5	1967（97.9）、1977（92.6）、1972（89.8）、1968（88.5）、1992（81.1）、1996（80.9）	29.0	1979（23.1）、1965（24.2）、1988（25.5）、1975（28.0）、2000（28.0）、1984（28.1）、1966（28.7）
4月	141.6	1977（179.7）、1999（160.9）、1973（156.8）、2017（153.3）、2002（149.0）、1989（148.5）、2007（147.7）、2003（145.7）、1975（144.2）	65.6	1996（47.3）、1988（50.4）、2011（56.2）、1993（58.7）、1995（61.4）
5月	208.6	1963（248.7）、1967（232.5）、1990（229.7）、2002（221.3）、2013（219.9）、1970（212.4）、1974（210.5）	112.8	1965（84.4）、1982（106.2）、1968（108.3）、1983（108.4）、2014（110.2）、1989（110.3）、1995（111.6）
6月	235.2	2016（298.8）、1975（284.6）、1971（279.6）、1980（260.3）、1983（245.8）、1998（240.1）、2015（235.4）	111.3	1961（73.5）、2012（81.4）、2006（101.0）、1968（108.6）、1966（110.6）、2010（111.2）

续表

时间尺度	极端多雨气候事件		极端少雨气候事件	
	面雨量90%的阈值（mm）	年份（面雨量,mm）	面雨量10%的阈值（mm）	年份（面雨量,mm）
7月	258.3	1982(451.4)、2000(294.5)、2007(277.3)、1983(266.1)	100.7	1992(67.6)、1971(75.0)、2009(79.7)、1966(91.1)、2001(93.7)、1988(96.4)
8月	228.7	1998(362.1)、2014(281.9)、2008(258.3)、1980(252.9)、2005(252.5)、1993(229.8)	70.6	1990(40.1)、1972(51.7)、1976(52.8)、1997(56.7)、2006(60.7)、1967(62.5)
9月	225.6	1979(350.5)、1973(298.5)、2014(262.2)、2017(253.2)、1971(246.5)、1970(230.5)	63.4	2001(21.3)、1977(43.8)、1966(46.3)、1997(57.2)、1990(57.2)、2016(58.6)
10月	150.7	2017(216.2)、1983(188.4)、1995(170.1)、2001(165.7)、1999(153.3)、2000(152.1)	57.6	1973(35.8)、1979(45.1)、1991(46.4)、2004(52.6)
11月	84.8	1996(137.9)、2011(126.6)、1963(107.1)、2016(97.8)、1967(92.9)、2004(87.6)	21.8	1998(2.0)、1988(17.1)、1979(19.7)、1973(20.6)、2001(21.6)
12月	32.7	1965(48.4)、1994(38.5)、1979(38.1)、1989(38.0)、2003(36.0)	8.6	1990(2.1)、1996(5.1)、2017(5.2)、2005(6.2)、1980(8.6)

附录L （三级分区）汉江流域极端降水气候事件年表

时间尺度	极端多雨气候事件		极端少雨气候事件	
	面雨量90%的阈值（mm）	年份（面雨量,mm）	面雨量10%的阈值（mm）	年份（面雨量,mm）
年	1210.5	1983(1415.7)、1964(1308.3)、1980(1241.0)、1989(1240.5)、1996(1220.5)、2017(1214.0)	870.9	1966(717.1)、2001(788.7)、1978(795.7)、1976(828.2)、1997(841.5)、2006(845.2)
春季	355.7	1998(412.3)、1964(393.3)、2002(388.3)、1963(386.8)、1977(385.5)、1973(385.1)、1967(356.9)	203.5	2011(152.3)、2000(167.3)、2001(186.6)、1997(189.8)、1984(197.7)、2005(201.9)
夏季	582.2	1980(695.0)、1996(646.1)、1983(639.9)、1998(613.9)、2010(591.8)	342.0	1966(268.7)、1972(275.8)、2006(301.9)、1976(325.3)、1985(330.4)、2001(334.8)、1978(336.0)、1974(341.3)
秋季	319.4	1983(461.4)、2017(384.2)、2014(343.9)、1964(336.5)、1967(332.0)	147.8	1998(95.0)、1991(104.6)、2007(107.9)、2001(141.6)、1966(145.4)
冬季	106.8	1989(140.9)、1992(136.8)、1988(127.2)、2002(124.9)、1968(108.9)	43.2	1998(30.4)、1967(31.8)、1962(34.8)、1982(38.6)、1983(39.1)、1976(39.4)、2010(41.9)、1985(43.2)
1月	36.3	1989(52.6)、2001(50.2)、2000(47.4)、1993(45.0)、2008(39.0)、1969(37.0)	7.8	1963(0.1)、1975(5.8)
2月	56.0	1990(85.9)、1993(67.6)、1989(66.4)、2007(61.6)、2003(59.7)	12.0	1968(2.5)、1999(5.6)、1984(7.8)、1977(9.8)、1963(9.9)、1996(9.9)
3月	87.5	1992(126.1)、1972(103.6)、1967(101.3)、1961(94.6)、2010(89.8)、1980(87.6)	31.6	1962(18.8)、2000(23.2)、2006(23.9)、2001(30.4)、1995(31.3)
4月	140.0	1973(173.5)、1964(172.8)、1977(165.9)、1975(151.3)、2002(147.3)	51.9	1988(27.5)、2011(30.0)、2000(37.1)、1996(42.9)、1978(50.1)、1997(51.2)
5月	168.7	1998(196.6)、1963(191.2)、1974(177.0)、1985(177.0)、1988(174.5)、2013(173.2)、2002(170.3)、1970(169.8)	81.7	1981(48.0)、1965(58.7)、2001(66.4)、1986(72.3)、1994(73.3)
6月	196.4	1971(228.2)、1980(224.9)、1983(216.0)、2011(206.7)、2016(205.4)、1996(204.6)、2015(202.7)	91.9	1963(63.4)、1968(64.2)、2006(71.8)、2012(90.6)
7月	255.2	2010(330.9)、1969(294.7)、1996(282.7)、2016(281.9)、2007(281.6)、1983(281.0)、1998(262.2)、1982(258.3)	113.3	1971(74.1)、1976(100.7)、1972(102.7)、2015(112.7)、1966(112.7)

续表

时间尺度	极端多雨气候事件		极端少雨气候事件	
	面雨量90%的阈值(mm)	年份(面雨量,mm)	面雨量10%的阈值(mm)	年份(面雨量,mm)
8月	205.4	1963(273.6)、1980(249.9)、1998(236.6)、2008(219.3)、2005(214.6)、1988(207.9)、1982(206.2)	77.2	1997(51.6)、1966(56.7)、1972(57.8)、1986(67.7)、1978(69.5)
9月	170.8	1973(213.4)、2017(207.6)、1983(194.0)、1984(192.2)、1979(182.9)、1970(182.4)、2014(180.3)	51.5	2001(26.6)、1966(37.5)、1998(38.4)、1995(43.5)、2007(46.8)、1990(47.1)、1977(48.3)、1976(50.8)
10月	129.8	1983(235.4)、2017(155.9)、1964(155.9)、2000(134.1)	32.5	1979(8.2)、1991(14.3)、2013(27.3)、1963(29.2)、2004(30.5)、1969(31.6)
11月	76.8	1967(122.6)、1996(97.5)、1990(77.3)、1993(77.3)	14.5	1998(2.4)、1995(4.4)、1988(5.3)、1973(6.9)、2010(12.7)、1979(13.4)、1964(13.7)
12月	35.9	1968(48.4)、2002(48.3)、1984(47.5)、2001(45.2)、1974(36.5)	3.8	1987(1.3)、1967(1.6)、1980(1.9)、2014(2.0)、1996(2.1)、1973(3.7)

附录M （三级分区）两湖流域极端降水气候事件年表

时间尺度	极端多雨气候事件		极端少雨气候事件	
	面雨量90%的阈值(mm)	年份(面雨量,mm)	面雨量10%的阈值(mm)	年份(面雨量,mm)
年	1745.9	2002（1924.3）、2012（1811.5）、1970(1782.4)、1998(1766.1)、2015(1763.9)、1973（1763.6）、2016（1755.5）、1975(1755.2)、2010(1753.0)	1267.8	2011(1105.8)、1971(1178.5)、1963（1186.4）、1978（1189.0）、1986(1240.8)、2009(1261.6)
春季	664.9	1975(790.9)、1973(734.1)、1992(711.5)、1970(700.7)、2010(691.5)、2016(672.4)	428.4	2011(279.3)、2007(379.3)
夏季	673.8	1999(765.9)、1993(738.7)、1998(736.1)、2002(730.5)、2017(728.3)、1996(704.7)、1969(692.7)	403.5	1972（344.4）、1978（351.5）、1963(358.0)、1981(368.0)、2013(390.9)、2003(397.0)
秋季	336.9	2015(392.2)、1972(390.3)、1982(373.8)、1987(353.4)、1997(353.3)、1961(347.0)、2012(345.6)	143.2	1992（90.4）、1979（116.7）、1996(121.4)、2007(121.7)、1971(130.2)、1974(130.7)、2003(134.3)
冬季	262.4	1997(373.2)、1994(298.2)、2002(282.6)、2015(281.7)、2004(278.0)、1984(268.6)	125.1	1998（100.3）、1962（101.2）、2008(105.6)、1967(112.7)、1964(118.6)、1983（119.9）、1961（124.5）、1986(125.1)
1月	100.3	1998(156.3)、1989(126.8)、1991(121.1)、2016(107.9)	24.5	1963(3.5)、1972(18.0)、2014(19.8)、1965(21.1)、1962(21.3)、2013(22.5)
2月	126.4	1985(165.5)、1982(155.2)、2005(152.2)、1990(138.6)、1983(135.9)	42.9	1999(17.5)、1978(28.8)、1996(32.4)、1984(33.1)、1962(40.2)、1968(40.9)
3月	192.8	1992(330.6)、2017(229.1)、1991(221.6)、1998(205.5)	88.9	1974(58.2)、1971(67.9)、2011(73.1)、1977(75.6)、1972(82.4)
4月	255.7	1973(284.1)、1975(283.1)、1981(278.9)、2016(270.4)、1964（261.7）、2010(260.3)、1977(257.9)	122.1	2011(69.3)、2005(97.4)、2015(115.5)、1988(116.0)、1985(117.6)
5月	293.9	1975(346.7)、1973(338.3)、1967(327.3)、2005(316.4)、1962(313.8)、1970(307.4)	151.1	2007（106.4）、1986（107.5）、1966(132.0)、2011(136.9)、2017(146.1)、2001(146.7)、1964(148.0)
6月	325.0	2017(420.6)、1998(408.6)、1995(407.0)、1962(353.7)、1964(335.2)、1977(329.2)、2010(325.8)	173.1	1963（136.0）、1991（142.4）、1985(147.1)、1972(165.1)
7月	230.4	1993(315.6)、1996(269.6)、1999(257.4)、1997(239.3)、2002(236.2)、1998(236.0)	81.4	1971(50.5)、2013(53.6)、1972(66.0)、1978(68.4)、1988(76.1)、2011(76.1)

续表

时间尺度	极端多雨气候事件		极端少雨气候事件	
	面雨量90%的阈值(mm)	年份(面雨量,mm)	面雨量10%的阈值(mm)	年份(面雨量,mm)
8月	200.8	1980(260.8)、1999(254.4)、1969(246.2)、1988(219.5)、1996(217.7)、2002(210.7)	79.5	1966(40.9)、1986(58.7)、1992(66.3)、1981(70.4)
9月	130.8	1961(174.7)、1970(158.8)、1973(155.0)、1988(152.3)、1982(135.9)、2013(134.9)	42.2	2001(16.7)、1966(17.3)、2009(36.8)、1996(37.6)、1974(41.1)、1980(42.1)
10月	130.6	2002(179.4)、1987(164.9)、2000(155.4)、1976(141.6)、1966(140.3)、1972(140.2)	31.5	1979(5.6)、2007(14.8)、2004(15.5)、1992(16.3)、2013(23.7)、2009(28.4)
11月	130.3	2015(179.8)、2012(157.1)、1963(156.9)、2008(150.7)、1982(139.7)、1997(134.6)、1972(133.9)、1981(131.6)	22.5	1988(8.9)、1964(9.1)、1979(9.9)、2007(10.8)、1971(19.5)、1992(20.6)
12月	87.6	2015(124.9)、2002(112.8)、2010(112.6)、1994(111.0)、1997(101.7)、2012(89.2)	11.7	1987(2.9)、1973(3.0)、1999(3.2)、1981(4.9)、1988(11.5)、1969(11.5)